農業経営支援の課題と展望

石田正昭　小池恒男
佐々木市夫　辻井　博
　　　編　著

東　京
株式会社
養賢堂発行

稲本志良先生に捧ぐ

編著者および執筆者一覧

(各五十音順) 2002年12月末日現在

編著者(所属)

石田　正昭(三重大学　生物資源学部)
小池　恒男(滋賀県立大学　環境科学部)
佐々木市夫(帯広畜産大学　畜産学部)
辻井　博(京都大学大学院　農学研究科)

執筆者(所属,主要担当章)

浅見　淳之(京都大学大学院　農学研究科,第3章)
伊庭　治彦(神戸大学大学院　自然科学研究科,第4章)
小田　滋晃(京都大学大学院　農学研究科,第1章・第5章)
桂　明宏(大阪府立大学大学院　農学生命科学研究科,第5章)
金岡　正樹(農林水産省　農林水産技術会議事務局,第2章)
香川　文庸(帯広畜産大学　畜産学部,第1章)
清原　昭子(中国学園大学　現代生活学部,第3章)
高橋　明広(農業技術研究機構　中央農業総合研究センター,第4章)
土田　志郎(農業技術研究機構　中央農業総合研究センター,第3章)
南石　晃明(農業技術研究機構　中央農業総合研究センター,第2章)
野中　章久(農業技術研究機構　東北農業研究センター,第2章)
松島　貴則(高知大学　農学部,第3章)
宮部　和幸(農業開発研修センター,第3章)
森　佳子(島根大学　生物資源科学部,第5章)
横溝　功(岡山大学　農学部,第3章・第5章)

はしがき

　司馬遼太郎『坂の上の雲』によれば，どの歴史時代の精神も30年以上はつづきがたいと言うが，戦後30年を過ぎたあたりから，ニッポン株式会社と呼ばれるような官主導による国づくり精神は失われていったような気がする．それは同時に，戦時体制下でつくられた上意下達型の経済社会システムにゆらぎが見えはじめたことを意味するが，中央政府が管理（コントロール）しようとしても管理しきれないような経済社会が生みだされていった．このゆらぎをもたらした大きな要因は，資本主義の高度な発展と，それと同時並行的にすすんだ分衆化した市民による生活欲求の増大・差異化も無視できないが，それ以上に経済小国がいつの間にか経済大国に生まれ変わってしまい，わが国の歴史や文化に根ざした制度・政策上の国内基準が国際的に見て通用しなくなったという事情が大きい．いわゆる国際化の進展である．

　戦後30有余年，条件不利産業として位置づけられる農業は，産業政策的に見れば一貫して保護すべき対象とみなされてきた．保護するからには管理もする，これが中央政府の変わらぬ考え方であった．この考え方は中央政府のみならず地方自治体，さらには関連団体に至るまで広く深く浸透していたし，またそれに唯々諾々にしたがう農民たちも大勢いた．それは言い換えれば物動主義行政を反映した国家管理システムであり，農民たちがいかにうまく生産を管理し，品質を管理し，労働を管理するかといった点に意が注がれてきたシステムである．その反面，農民たちの創造性，やる気，能力の発揮をいかに引きだすかとか，製品やサービスの最終的な顧客たちのニーズや願いをいかにかなえるかといった問題は等閑視されてきたと言ってよい．

　こうした物動主義行政による国家管理システムは，戦後30年を経てすでにほころびを見せていたにもかかわらず，新たな時代精神に適合した農業政策への転換は遅れ，平成4年の「新しい食料・農業・農村の方向」においてはじめてその転換の構図が示され，ついで平成12年の「食料・農業・農村基本法」によってその法定化が実現した．平成12年は戦後55年に相当するから，激変する経済社会システムへの後追い的対応だったことは言うまでもないが，しかしそこには消費者主権，地域分権・自立，農業者の主体性発揮などの新しい重要な

考え方が示されている．それは要するに，政府セクターのみならず，企業セクター，家計セクター，非営利協同セクターなど，経済社会システムを構成するすべての主体が，それぞれの責任において食料・農業・農村の新たなシステム構築に貢献すべきことを謳っているのである．

このことはとりもなおさず政府の役割の後退を意味するが，それは同時に官と民を上下の関係ではなく対等の関係に置くことによって，人々の自己実現や経済社会の活力を引きだすことが可能になると中央政府が表明したことを表している．政府と農業者の関係で言えば，政府が農業者の「自主的な努力を助長する」（農業基本法第5条）のではなくて，「自主的な努力を支援する」（食料・農業・農村基本法第11条）ことを良しとするものである．ここにおいて，われわれのキーワードたる「支援」の真の意味が了解できるようになるであろう．すなわちそれは，本文でも引用されている今田高俊にしたがえば，支援とは「管理くずしの戦略」であって，「自生的秩序の形成」，「自在性の確保」，「ゆらぎの構造化」を主内容とする脱近代の経済社会システム構築の中心概念なのである．

もっとも，支援という用語が農業分野で使われだしたのは食料・農業・農村基本法からだったわけではない．平成5年の「農業経営基盤強化促進法」における農業経営改善計画の認定制度（いわゆる認定農業者制度）に関連して，国・県・市町村の各段階に経営改善支援センターが設けられ，そこを拠点として，行政，農業委員会，農業改良普及センター，農協などが連携して認定農業者の経営改善支援に乗りだしたことを嚆矢とする．物動主義行政から経営主義行政へ，あるいは管理システムから支援システムへの転換を意味するこの取り組みは，経営相談・研修の実施，農用地利用集積への支援，金融・税制面での特例措置などからなるが，これらを根底から成立させているものは，被支援者たる農業者の経営改善に対する強い意欲，言い換えれば，決断と実行，そしていかなる結果が生じてもその責任は自らがとるのだという自己責任の徹底にあることは言うまでもない．

こうした政策転換がすすめられて以降，農業分野で「支援」という用語を題名に掲げた著書が十冊程度は出版されている．しかし，それらはすべて日常言語としての支援を単純にあてはめているか，さもなければ，はじめに経営支援ありき，といった点から出発しているかのいずれかに属している．本書の最大

の特徴は，社会学など他分野におけるこれまでの学問的蓄積に依拠して，支援の定義や分析枠組みから問題の解きほぐしを行っている点にある．その意味で，本書は農業経営支援という問題に本格的にアプローチした最初の試みであると同時に，実践性よりは科学性に重きが置かれているという点にすぐれた特徴がある．

　本書の構成については第1章　第5節でも述べられているが，編者としての見解を示せば，第1章は農業経営支援における支援とは何か，支援をどうとらえればよいか，といった分析上の基礎理論を提示している．第2章は plan（計画）- do（実行）- see（評価）のマネジメントサイクルのうち，主として see → plan 過程における経営支援を，農業改良普及事業の側面から論じている．第3章は，上記のマネジメントサイクルのうち，主として do 過程の経営支援を，外部化と農業サービスの関連から経営部門別に検討している．われわれの理解では，農業サービスの提供は，そのサービスを受けとる農業経営にとってみれば，外部化によって経営資源の節約と集積を同時に達成できるという意味で，経営支援の一種と考えている．ここで留意すべき点は，農業改良普及事業，農業サービスを含めて，経営支援が有料か無料かとか，その提供主体が官か民かなどの問題は，二次的な問題としてとらえていることである．

　第4章は地域農業組織における経営支援のあり方を論じている．ここでの最大の特徴は，管理システムと共鳴しあうところが多い旧来の地域農業組織論を排し，支援システムに共鳴しあうところが多い相互支援の地域農業組織論を展開していることにある．ここで相互支援とは，支援者と被支援者が支援の内容によって入れ替わるような関係，あるいは他者への支援が自己の支援となるような関係をもつ農業者間の支援のあり方を指している．地域社会に見られるこのような相互支援は，集落営農に典型的に見られるように，しばしば効率性の面で劣り，資源配分や利益分配にゆがみをもたらしやすいとされているが，多様な主体間のパワー関係を均衡させるようなまとめ役（オーガナイザー）を確保できれば，効率性の高い自発的な（ボランタリーの）地域農業組織を生成できることを事例に即して展開している．

　第5章は農地制度，金融制度，価格安定制度など政策支援のあり方を経営支援の観点から論じている．ここで留意すべき点は，そもそも政策支援は「支援」に要請される条件を満たしているかどうかという問題である．支援が成立する

ためには,「あくまでも課題を達成しようとしている被支援者の意図が中心となるべきであり,支援者の目的がこれを凌いではならず,また支援者の都合で支援を押しつけるようなことがあってはならない．被支援者の置かれた状況に応じて自らを自在に変化できなければ,有効な支援は行えないのである（今田高俊による）」．こうした支援の本来的なあり方から考えて,農地制度,金融制度,価格安定制度,さらには現在検討がすすめられている経営安定対策などの政策支援が真の意味の支援となっているどうかについては,読者にとっても興味深い研究テーマであろう．

　これで解題部分を閉じたいが,本書全体が以上で述べたようなシステム転換の視点で貫かれていないという点は,あらかじめお断りしておかなければならない．支援の考え方やアプローチの方法に関して各章間で整合がとれていない部分も多いし,難解な部分やくどい部分も多い．その反面,論じられていない問題も数多くある．しかし,本書の出版ははじめの第一歩であって,これを一つの契機として編者を含めて執筆者一同,経営支援への関心と取り組みをより一層深めていき,さらにすすんだ研究成果を生みだしたいと考えている．その理由は,そうすることが,経営支援という用語を単なる行政用語に終わらせないための研究者のなすべき務めだと思うからである．

　本書は,稲本志良先生が本年3月に京都大学を定年ご退官されるのにあわせて,日頃の学恩に感謝する気持ちを込めて,門下生が中心となって共同研究をすすめ,その活動成果を世に問い,先生に捧げることを本旨とするものである．先生は常日頃からわが国農業経営学のあり方に意をくだかれ,幅広く奥深いご経験と高いご見識のもと,たえず新境地を切りひらかれ,学会を先導されてこられた．その成果は,『農業の技術進歩と家族経営』（大明堂）をはじめとして数多くの編著,論文が示すように,経営主体論,経営形態論,経営管理論,経営発展論,地域農業論,農業改良普及論,経営政策論など,農業経営学のほぼ全領域を網羅しておられるが,そのなかで,先生の最近のご関心と門下生が日常従事する研究とが重なりあう部分として「農業経営支援」というテーマを選定し,これを共同研究の成果としてとりまとめることを契機に,門下生による先生のご研究の継続と発展をお誓いしたいと考えたわけである．

　農業経営支援という領域は,先生が主任教授の任にある経営情報会計学教育研究分野の主たる研究領域であると同時に,先生の編著による『新しい担い手・

ファームサービス事業体の展開』(農林統計協会)や『農業経営の外部化とファームサービス事業体の成立・発展に関する研究』(科学研究費助成金一般研究Ｂ１研究成果報告書),さらには先生が編集委員として参加された『新農業経営ハンドブック』(全国農業改良普及協会)などに見られるように,先生と門下生が成果を共有してきた研究領域でもある.本書がそれらよりも一歩でも二歩でもすすんでいるとすれば,それは先生のお力の賜物と考えなければならない.

　研究会を立ち上げるにあたって,われわれ編者は,学究上の友人としてのみならず,常日頃から先生と親交を深めさせていただいている立場から,先生のご退官をお祝いする気持ちを込めて,コメンテーターとして共同研究に参加することとなった.本書がこのような形になるまでの間,全体研究会や章別に構成されたグループ会議のほか,全員のメールのやりとりによって意思疎通と共通認識の徹底を図ってきたが,まとめ役である事務局のご苦労は並大抵のものではなく,われわれとしてはただただ頭が下がるのみである.ここにその労をねぎらいたい.また,各章のグループリーダーの方々には,章編成上のご苦労のほか,編者からの法外な要求で戸惑われたことも多かったように思われる.この場をお借りしてお詫び申し上げたい.

　本書は,以上のような本旨と経緯をもって完成されたものであり,その出来ばえについては執筆者全員が共有するものである.論考の不十分な点,あるいは不明瞭な点の改善は他日を期したい.なお,本書の出版にあたっては養賢堂及川清社長に一方ならぬご尽力をいただいている.ここに厚くお礼申し上げる次第である.

　最後に,先生のご健康の回復と,ご研究の発展を心からお祈りして刊行の序としたい.

平成15年 正月　戊寅の日

　　　　　　　　　　　　　　　　　　　　　　　　　編者　石田　正昭
　　　　　　　　　　　　　　　　　　　　　　　　　　　　小池　恒男
　　　　　　　　　　　　　　　　　　　　　　　　　　　　佐々木市夫
　　　　　　　　　　　　　　　　　　　　　　　　　　　　辻井　　博

目　次

第1章　農業経営支援研究の分析視角と接近方法 …… 1
第1節　はじめに …… 1
第2節　農業経営支援研究の枠組み …… 2
(1)「支援」研究の入口 …… 2
(2)「支援」研究の方向と「働きかけ」の枠組み …… 4
(3)「支援」の評価と認識 …… 7
第3節　農業経営支援研究の課題と対象 …… 9
(1)「支援」研究の分析視角 …… 9
(2)「支援」研究の方法論的課題 …… 10
第4節　農業経営支援研究の方法論に関する試論
　　　　　―アドバイスという「働きかけ」をめぐって― …… 11
(1) 本節の課題 …… 11
(2) 外部主体から農業経営への「働きかけ」の捉え方 …… 12
(3) アドバイスという「働きかけ」に関する基本的論点 …… 14
(4) アドバイスにおける支援の側面 …… 18
(5) 小　括 …… 20
第5節　本書の構成と各章の位置づけ …… 23

第2章　経営意思決定支援とコンサルテーション …… 27
第1節　はじめに …… 27
第2節　「支援」研究の動向 …… 27
第3節　農業改良普及事業における「カウンセリング・コンサルテーション」 …… 33
(1) 農業改良普及事業の制度 …… 33
(2) 事例とした岩手県および茨城県の普及基本計画 …… 34
(3) 普及センターの課題に差異が生じる背景 …… 42
(4) 関連機関 …… 46
(5) 普及センターと「カウンセリング・コンサルテーション」 …… 48
第4節　農業改良普及事業における経営意思決定支援情報システム …… 49
(1) 企業における意思決定支援情報システム開発の動向 …… 49
(2) 経営指導・支援内容と情報システムの活用状況 …… 52
(3) 新農業経営指導支援システム FMSS の概要と課題 …… 52
(4) 経営意思決定支援と情報システム開発の課題 …… 56

第5節　おわりに……………………………………………… 58
　(1) 意思決定支援の内容と主体……………………………… 59
　(2) 意思決定支援研究の領域と課題………………………… 63

第3章　農業生産・販売過程の外部化と農業サービス……… 70
　第1節　はじめに…………………………………………… 70
　第2節　農業経営，市場と農業サービス………………… 71
　　(1) 契約関係としての農業経営…………………………… 71
　　(2) 農業経営にとっての農業サービス…………………… 73
　第3節　農業サービスの対象領域と供給主体…………… 76
　第4節　稲作経営における農業サービス………………… 80
　　(1) 農作業受託サービスの現状と研究課題……………… 80
　　(2) 米販売の外部委託の現状と研究課題………………… 89
　第5節　畜産経営における農業サービス………………… 93
　　(1) わが国の畜産経営における特徴と構造……………… 93
　　(2) 農業サービスの現状と実態…………………………… 94
　　(3) ふん尿処理作業，堆肥の生産・流通………………… 95
　　(4) 酪農ヘルパー…………………………………………… 98
　　(5) 今後に残された研究課題……………………………… 101
　第6節　花き作経営における農業サービス……………… 102
　　(1) 花き作経営の特徴と農業サービス…………………… 102
　　(2) 育苗サービスの現状と動向…………………………… 104
　　(3) 育苗サービスに関する研究動向……………………… 105
　　(4) 今後の研究課題－育苗サービスをめぐって－……… 107
　第7節　野菜作・果樹作経営における農業サービス…… 108
　　(1) 野菜作・果樹作経営の特徴と農業サービス………… 108
　　(2) 野菜作・果樹作における農業サービスの内容と供給主体の特徴……… 110
　　(3) 出荷作業サービスの動向と研究課題………………… 112
　第8節　おわりに…………………………………………… 117

第4章　地域農業組織と経営支援……………………………… 131
　第1節　はじめに…………………………………………… 131
　第2節　個別農業経営支援と地域農業組織の役割……… 131
　　(1) 地域農業組織と支援…………………………………… 131
　　(2) 既存研究の成果とボランタリー支援………………… 133
　第3節　集落営農におけるボランタリー支援の方向と課題…… 138

(1) 集落営農におけるボランタリー支援に向けた分散シェアリング……… 138
　(2) 富山県I営農組合におけるボランタリー支援…………………………… 140
　(3) 集落営農におけるボランタリー支援の形成方策とその効果………… 144
　(4) 小　括………………………………………………………………………… 147
第4節　地域農業の組織化によるリスク負担の効率化と経営支援……… 148
　(1) 問題意識と課題……………………………………………………………… 148
　(2) 農業経営におけるリスクと組織的対応…………………………………… 149
　(3) 事例分析―転作作物経営に関わるリスク負担の効率化―……………… 154
　(4) 小　括………………………………………………………………………… 160
　第5節　おわりに………………………………………………………………… 161

第5章　農業政策と経営支援……………………………………………… 167
　第1節　はじめに………………………………………………………………… 167
　(1) 制度や政策としての「働きかけ」の任務………………………………… 167
　(2) 制度や政策としての「働きかけ」の枠組み……………………………… 168
　(3) 「政策支援」の方向………………………………………………………… 169
　(4) 本章の構成…………………………………………………………………… 170
　第2節　農地制度と農地集積支援……………………………………………… 170
　(1) 農地制度の展開と農地集積支援施策の進展……………………………… 170
　(2) 認定農業者の農地集積支援ニーズ………………………………………… 173
　(3) 市場メカニズムの限界と農地管理―地域的組織による農地集積支援の根拠―
　　…………………………………………………………………………………… 175
　(4) 農地集積支援の実効性とその条件………………………………………… 178
　(5) 農地集積支援の今後の方向―まとめにかえて―………………………… 180
　第3節　農業制度金融と農業投資……………………………………………… 181
　(1) はじめに……………………………………………………………………… 181
　(2) 金融支援研究の枠組み……………………………………………………… 182
　(3) 金融支援という観点から見た農業制度金融……………………………… 187
　(4) おわりに……………………………………………………………………… 196
　第4節　価格安定制度と経営安定……………………………………………… 197
　(1) 「働きかけ」としての価格安定制度の仕組み…………………………… 197
　(2) 「働きかけ」としての価格安定制度における「支援」の側面の評価と認識…… 199
　(3) 「支援」研究の対象としての価格安定制度……………………………… 201
　(4) 価格安定制度一般への応用………………………………………………… 205
　(5) 「支援」研究の対象としての価格安定制度研究の課題………………… 206
　第5節　おわりに………………………………………………………………… 207

(1)「働きかけ」の方向や方法 ･･････････････････････････････････････ 207
  (2) 経営支援の意義 ･･ 209
  (3) 今後の研究課題 ･･ 210

第6章　農業経営支援研究の到達点と残された課題―編者コメント―
　･･ 216
　被支援者から見た経営支援論の展開 ･･････････････････････････････ 216
　「支援」の「誰が何をなぜどれだけ誰に」について考える ･･････････ 220
　対称性回復の知としての「支援」････････････････････････････････ 224
　農業政策分析の枠組みの農業経営支援分析への利用 ･･･････････････ 227

あとがき ･･ 231

第1章　農業経営支援研究の分析視角と接近方法

第1節　はじめに

　今日，個別農業経営の維持・発展という問題を扱う場合，個別農業経営の内部条件の変化もさることながら，それらを取り巻く外部条件の変化の方向を見定めることが極めて重要である．その中で，「農業経営支援」(以下，「支援」と略記)という問題が近年しばしば話題に上り，重要性を増してきている．具体的には，稲作作業の受委託事業をはじめとする各種作業代行サービス事業，ITの発展を基礎とした様々なレベルの情報化や各種の情報提供サービス事業，新規就農者や後継者育成に関するサポート事業，経営者への各種アドバイザリー・サービス事業，「家族協定」等を根拠とした近代的な家族関係構築のための生活改善事業，「農業経営基盤強化促進法」に代表されるような様々な制度・政策等が「支援」という観点から注目されてきている．しかし，個別農業経営を軸に置いた時，古くは結・手間替といった地域農業レベルでの慣行や今日まで極めて重要な役割を担ってきている農業改良普及制度を基礎とした農業改良普及員による個別農業経営への普及・指導活動等，「支援」の一環として考慮すべき問題は既に存在していたと言える．

　ただし，「支援」に基軸を置いた研究は確かに散見できるが，「支援」そのものの捉え方や考え方が十分とは言えず，「初めに「支援」ありき」という立場で，具体的・個別的事例を分析の対象としているものが多い．このことは決してそれらの既存研究の意義を損なうものではなく，むしろ農業経営学の領域で，「支援」という概念が十分に認識されてこなかったことによると考えられる．「支援」という概念は，経営主体論，経営形態論，経営目標論，経営管理論，経営要素論，経営組織論，経営発展論，地域農業論・産地論，農業改良普及論，経営政策論等の農業経営学の既存研究領域にまたがる新たな研究領域として認識される必要があろう．

　そこで，本章においては，第1に農業経営学における新たな研究領域として

第1章　農業経営支援研究の分析視角と接近方法

認識されるべき「支援」研究の枠組みを構築すること，第2に「支援」研究の展開方向を提示すること，第3にそれらの成果に基づいて本書の構成とその論理を概説することを目標とする．

第2節　農業経営支援研究の枠組み

(1)「支援」研究の入口

　個別農業経営は，経営形態にもよるが開始・参入・継承も含めその「営み」において，いわゆる農業の特質を前提に一般に様々な内部環境・条件やあるいは外部環境・条件への多面的な対応や関わりの必要性に絶えず迫られており，近年ますますその度合いを増し，多様化・複雑化してきている．特に内部環境・条件に関する多面的な局面を頼平に従って具体的に挙げれば，生産要素調達局面，生産技術局面，経営要素構造局面，経営部門組織局面，マーケティング局面，共同組織局面，経営管理技術局面等，がそれぞれ想定できる．個別農業経営の行うこれらの局面への対応は，基本的には個別農業経営の経営管理・経営目標と強く関連していると言えよう．また，外部環境・条件に関しては，経営主の家計・生活に関する局面，地域農業・農村や地域社会に関する局面，制度・規制等に関する局面等が想定できる．

　そこで，個別農業経営（経営者の家計部門も含む）を分析軸の中心に置く時，我々は個別農業経営の開始・創造，個別農業経営の自立的な「営み」，個別農業経営を取り巻く外部環境・条件の三つの「ステージ」を考える．さらに，そこに個別農業経営以外の外部主体を想定する．そして，対象となる個別農業経営やこの外部主体が持つなんらかの動機や理由に基づいて，この外部主体が各「ステージ」に何らかの行為・対応を直接的あるいは間接的に行っているまたは行うことを考える．我々は，まずこの外部主体が各「ステージ」に行う行為・対応（以下，「働きかけ」と略記）に着目する．そして，「支援」研究の直接的な関心は，この「働きかけ」に「支援」という側面を認識・評価することにある．

　ここで，次の点に留意する必要がある．一つは，外部主体の行う各「ステージ」への「働きかけ」の認識についてである．すなわち，外部主体の行う各「ステージ」へのなんらかの行為・対応において「働きかけ」という色彩が薄くなるような場合が考えられる．例えば，外部主体からの提供により個別農業経営が

ある財を購入するという場合，これが通常の市場からの財の購入と見なされるなら，この現象は個別農業経営が行う「営み」の範疇に入ってしまうと言える．二つは，「働きかけ」と「支援」の関係である．すなわち，ある「働きかけ」において「支援」の側面が希薄であったり，あるいはなかったり，「支援」とは逆の側面を持つと判断される場合も想定されるということである．さらに，「支援」の側面を持つと認識されるある外部主体の行うある行為・対応が時間の経過と共に「働きかけ」としての色彩を徐々に失う場合でも，「支援」としての側面が依然として残る場合も想定されよう．

　我々は，以上のように考えることでなんらかの外部主体が各「ステージ」に対して行う「働きかけ」とそこに認識される「支援」としての側面とを峻別して，あるいは混同しないで両者を整理，分析することが可能となる．

　ここで，本稿における「支援」研究の入口に関する以上の検討の理解を助けるために，具体的な例を挙げておこう．

① 個別農業経営が必要とするある農業生産に関する「ある部分作業の遂行」を外部に求める場合，それを直接的に担う外部主体が行う「部分作業の代行」という「働きかけ」に，「支援」としての側面をどのように認識・評価するか．

② 個別農業経営が必要とする「追加的な資金の充当」を外部に求める場合，それを直接的に担う外部主体が行うその個別農業経営への「資金の提供」という「働きかけ」に，「支援」としての側面をどのように認識・評価するか．

③ また，その資金を「どのように使うか」という「情報・知識」の「発現」を外部に求める場合，それを直接的に担う外部主体が行うその個別農業経営への「アドバイスの提供」という「働きかけ」に，「支援」としての側面をどのように認識・評価するか．

④ 「支援」の側面を持つ何らかの外部主体による「働きかけ」を個別農業経営が受け入れる時，その「「働きかけ」の受け入れ方」という「情報・知識」の「発現」をさらに外部に求める場合，それを直接的に担う外部主体が行うその個別農業経営への「アドバイスの提供」という「働きかけ」に，「支援」としての側面をどのように認識・評価するか．

⑤ ある個人が個別農業経営を新規に立ち上げるために，経営技術やノウハウを必要とする時，その個人に外部主体が行う「教育・訓練」という「働きかけ」に，「支援」としての側面をどのように認識・評価するか．

⑥ 個別農業経営の出荷生産物価格の安定化（個別農業経営が行いたい行為の一種と考える）に関して，間接的に影響を及ぼす外部主体としての行政等が行う価格安定政策等の制度の運営という「働きかけ」に，「支援」としての側面をどのように認識・評価するか．

　以上より，「支援」研究の入口としての外部主体が行う各「ステージ」への「働きかけ」，そしてその「働きかけ」が持つ「支援」の側面の関係が理解できるであろう．また，各「ステージ」の多様性・多面性に基づく，外部主体が行う「働きかけ」とその「働きかけ」が持つ「支援」としての側面とには，それぞれに重層性やその中での関連性を考慮しておくことも重要である．

（2）「支援」研究の方向と「働きかけ」の枠組み

　以上のような「支援」の考え方を踏まえ，「支援」研究の枠組みをみておこう．まず，外部主体が各「ステージ」に対して行う「働きかけ」について具体的な整理が必要となる．その際，外部主体の具体的な姿・有様の整理も必要となる．次に，検討の対象となる具体的な「働きかけ」が行われる原因，理由の解明が必要となる．この場合，「働きかけ」が行われる各「ステージ」における個別農業経営や外部主体の動機，その「働きかけ」が可能となる条件が明らかにされる必要がある．そして，その「働きかけ」が実際にどのような対象や場所にどのような方法で展開・実現されるのかが明らかにされる必要がある．そして，この「働きかけ」を巡る歴史的・現代的位置付けや役割・特徴・問題点を個別農業経営と外部主体との関連・関係を通じて明らかにする必要がある．

　以上の分析・検討を踏まえた上で，具体的な「働きかけ」に「支援」の側面をどのように認識することができ，評価することができるかを明らかにする．すなわち，具体的な「働きかけ」において何が「支援」なのか，どこが「支援」なのか等を追求することが求められる．この「支援」の側面の認識・評価を通じて具体的な「働きかけ」の個別農業経営における本来の意味を浮き掘りにし，そのことを通じて従来の「働きかけ」の改善方向や新たな「働きかけ」の模索を行うことが可能となる．

　ここで，やや具体的に「働きかけ」の枠組みについてアウトラインを押さえておこう．

① 「働きかけ」の方向

　「働きかけ」の方向とは，各「ステージ」における外部主体が行う「働きかけ」の具体的な対象や場所，場面等を意味している．ここで，その方向に関して具体例を列挙しておこう．ただし，このような分類以外では，plan-do-seeの経営サイクルの各場面での分類や，人・金・物といった各対象等での分類も考えられよう．

　　1) 直接的な生産・販売管理（生産要素調達，生産技術等を含む）
　　2) 経営管理（財務・投資管理，意思決定等を中心とする）
　　3) 経営者そのものの育成・継承・開発
　　4) 農家としての「生活」
　　5) 地域（共同組織等を含む）や一般の社会・経済関連事情

② 「働きかけ」が行われる動機・理由

　ここでは，具体的に以下の七つの動機・理由を列挙しておこう．

　　1) 技術水準の確保，向上
　　2) 時間，労力，費用の節約・軽減（3Kの回避等を含む）
　　3) 生産・経営要素（土地，資金，人材，資材，固定資本財等を含む）の確保
　　4) 価格・収益の向上・安定
　　5) 経営管理・意思決定の高度化（ビジネス・チャンスの発見等を含む）
　　6) リスクの負担
　　7) 未利用資源の認識，活用

③ 「働きかけ」の方法

　「働きかけ」の方法とは，文字通り外部主体が行う「働きかけ」における具体的な方法を，その「働きかけ」が行われるタイミング，期間，時期等を含めて意味している．ここでは，以下の四つの方法を列挙しておこう．

　　1) 部分作業・過程・工程の代行（自動化等を含む）
　　2) 特定の財・サービス（土地，資金，人材，資材，固定資本財，情報等を含む）の提供
　　3) 普及，教育，アドバイス
　　4) システム，制度

④ 「働きかけ」の外部主体

　「働きかけ」を担う外部主体の形態としては次の五つの形態が考えられる．

ただし，これらの関連や連携，役割分担に留意する必要がある．

1) 個人・個別農業経営
2) 民間会社・機関
3) 組織・団体
4) 国や地方の行政
5) 大学や試験・研究機関

⑤「働きかけ」を巡る個別農業経営と外部主体との関係の強弱

ある「働きかけ」を巡って現れる個別農業経営と外部主体との間には一般に権利・義務等を含む様々な関係が築かれる．ある関係（例えば，情報量，交渉力，経営の体力等）に着目すると以下に示すような三つの強弱関係が想定できる．

1) 個別農業経営＝「働きかけ」を行う外部主体
2) 個別農業経営＜「働きかけ」を行う外部主体
3) 個別農業経営＞「働きかけ」を行う外部主体

⑥「働きかけ」に関する「市場」・「取引」の状態（料金水準・体系問題を含む）

ある「働きかけ」にかかる何らかの財・サービスの「市場」・「取引」の状態としては以下の五つの場合が想定できよう．特に，「市場」が少なくとも形成されている場合は，料金水準や料金体系といった問題も考慮する必要がある．

1)「ビジネス」として通常の市場が成立している
2) 市場が地域に限定されている
3) 市場は形成されているが，「働きかけ」に関する財・サービスが均一化されていない
4) 市場は形成されているが，農業の特質からその市場を有効に利用できない
5) 市場がない，市場が不完全

以上の枠組みを考慮しつつ，ある「働きかけ」が必要となる，あるいは行われる論理を踏まえ，その「働きかけ」が個別農業経営に対して「支援」の側面をどのように持つかをまず分析する必要がある．

この場合，既に述べたように明示的に「支援」と呼ばれる「働きかけ」でも，実は「支援」という側面を持たないか，ほとんど持たないと言える「働きかけ」も存在する可能性がある．あるいは，以前は「支援」という側面を持っていた

「働きかけ」でも現在は「支援」という側面がないか，あるいは希薄になってしまっている「働きかけ」も存在する可能性がある．また，以前に「支援」という側面を持った「働きかけ」が様々な条件変化や経緯からその「働きかけ」自体が持続・維持困難となり，新たな形態の「支援」という側面を持った「働きかけ」を必要とする，必然化させる場合も考えられよう．

（3）「支援」の評価と認識

次に，外部主体が行う「働きかけ」に対して「支援」の側面をどのように評価・認識するかについての考え方を検討しておこう．この場合，四つの視点からの評価が必要となる．第1に個別農業経営からの視点，第2に外部主体からの視点，第3に地域社会・地域農業あるいは国という視点，第4に歴史的な考慮を踏まえた視点である．

1）個別農業経営からの視点

ここでは，第1に個別農業経営が目指した外部主体の行う「働きかけ」による課題・目的の達成度を客観的評価と主観的評価に分けて検討する必要がある．客観的評価に関してはその「働きかけ」に関する技術的評価，経済的評価，社会的評価等が考慮される必要がある．また，主観的評価に関してはその「働きかけ」を享受した個別農業経営の「満足度」（効用水準）が考慮される必要がある．この「満足度」（効用水準）とはその「働きかけ」によって「助けられた」「ありがたかった」と認識する度合いと言い替えることも可能であろう．逆に言えば，その「働きかけ」の享受が個別農業経営の自立的な「営み」の範疇へ属する程度の度合いと言うこともできよう．これらは，農家の主体均衡論的問題として考えることもできよう．

第2に外部主体が担う「働きかけ」を巡って外部主体から被ると考えられる個別農業経営の経営主催権・裁量権の拘束度合いとその範囲について考慮する必要がある．すなわち，その「働きかけ」を巡って発生する個別農業経営が果たす必要が生じる義務や制約，あるいは外部主体からうける何らかの支配の有無やその程度が問題となる．

2）外部主体からの視点

ここでは，第1に外部主体の行う「働きかけ」に関連し，その「働きかけ」を行った外部主体自体が持つ課題・目的の達成度に関して客観的評価と主観的評

価に分けて検討する必要がある．客観的評価に関しては個別農業経営からの視点の場合と同様にその「働きかけ」に関する技術的評価，経済的評価，社会的評価がそれぞれ考慮される必要がある．また，主観的評価に関してはその「働きかけ」を行った外部主体の「満足度」(効用水準)が考慮される必要がある．ここでの「満足度」(効用水準)とはその「働きかけ」によって「助けてあげた」「役に立った」と認識する度合いと言い替えることが可能であろう．逆に言えば，外部主体がその「働きかけ」をビジネスと考える程度の度合いと言うこともできよう．これらは，外部主体の主体均衡論的問題として考えることもできよう．

したがって，その「働きかけ」が個別農業経営の視点からは「支援」の側面が評価・認識できるとしても，外部主体からは純然たるビジネスとして行われており，「満足度」が全く認識されない場合も想定できよう．逆，ボランタリー的な色彩が強く，「満足度」が高い水準にあると評価・認識される場合も想定できよう．

第2にある「働きかけ」を巡って個別農業経営から被ると考えられる外部主体の経営主催権・裁量権の拘束度合いとその範囲について考慮する必要がある．この場合もその「働きかけ」を巡って発生する外部主体が果たす必要が生じる義務や制約，あるいは個別農業経営から受ける何らかの支配の有無やその程度が問題となる．

3）地域社会・地域農業あるいは国という視点

ここでは，外部主体による何らかの「働きかけ」がそれに関して期待される個別農業経営の発展を巡って地域社会・地域農業あるいは国というレベルでどう評価されるかを検討する必要がある．特に外部主体による何らかの「働きかけ」が制度やシステムの運営に関する場合には特に重要となる．

4）歴史的な考慮を踏まえた視点

ここでは，歴史的経緯・流れや歴史的必然性との関連で外部主体による何らかの「働きかけ」が出現してきた歴史的経緯やその「働きかけ」の歴史的役割等が，個別農業経営の発展や地域社会・地域農業あるいは国レベルでの位置付けを踏まえてどう評価されるかを検討する必要がある．

第3節　農業経営支援研究の課題と対象

(1)「支援」研究の分析視角

「支援」の認識，評価の考え方を踏まえ，「支援」研究の分析視角を明らかにしておこう．

まず，第1に外部主体による同じ「働きかけ」でも「支援」としての側面に関して，認識の視点や個別農家間で評価が異なる場合もあると考えられる．すなわち，何らかの外部主体の「働きかけ」が持つ「支援」としての側面は，地域社会・地域農業あるいは国という視点や歴史的な考慮を踏まえた視点における認識とその評価において一定のコンセンサスを得ていたとしても，個別農業経営，外部主体のそれぞれの視点からの客観的および主観的認識とその評価の相違により大きく左右されると言うことである．

第2に「支援」としての側面を分析する場合，対象となる外部主体の担う「働きかけ」が個別農業経営の自立的な「営み」の範疇にどの程度包摂されているのか，またはされていくのかを，個別農業経営を取り巻く様々な条件や環境を考慮して押さえておく必要がある．これは特に，外部主体が担う「働きかけ」の普及度や市場条件を考慮しておくことを意味し，ある「働きかけ」が「支援」としての側面をどの程度持つかに大きく影響すると考えられる．

第3にある外部主体の「働きかけ」が個別農業経営にとって「支援」の側面を持つと認識される時，その「働きかけ」に関わる個別農業経営と外部主体とのそれぞれについての意思決定過程を含む「働きかけ」の具体的中身と，その結果としての成果の評価とを常に関連付けて考慮しておく必要がある．すなわち，どちらか一方のみの分析では不十分だということである．その際，個別農業経営と外部主体を取り巻く外部条件や環境との関連付けは，後者を所与と前提する場合と前者・後者の相互作用を考慮する必要がある場合とが考えられる．

第4に，さらにある「働きかけ」に関して「支援」の側面を認識，評価する際は，個別農業経営と外部主体それぞれについて「働きかけ」を巡る満足度（効用水準）を考慮したそれぞれの主体均衡を常に意識しておく必要がある．

第5にある「働きかけ」が「支援」の側面を持つと認識，評価される時，農業の特質とも関連付けて分析する必要がある．すなわち，ある「働きかけ」が行

われる理由や動機に関して農業の特質を始めから前提としているのか，あるいは農業の特質からの回避が前提となっているのかを考慮する必要があると言うことである．

（2）「支援」研究の方法論的課題

　以上の分析視角を踏まえて，「支援」研究の方法論的課題を検討しておこう．
　第1に，まず各「ステージ」において外部主体が行う「働きかけ」と個別農業経営との関連を明らかにする方法の構築が課題として考えられる．この場合，① なぜ個別農業経営が外部主体の「働きかけ」を必要とするのかということについて，その条件や論理を私経済からの観点と地域経済や国家経済からの観点との双方から明らかにするための方法，② 外部主体による「働きかけ」に関する具体的な有様，展開条件，展開論理，展開方向，問題点等を ① と同様に私経済および地域経済や国家経済からの観点との双方から明らかにするための方法の構築が中心となる．
　第2に，外部主体の「働きかけ」が「支援」の側面を持っていると具体的に評価・認識する方法の構築が課題として考えられる．その場合，評価・認識するための基準軸として，例えば，① 主観的指標－客観的指標，② 貨幣的指標－非貨幣的指標，③ 経済的指標－非経済的指標（社会的指標），④ 個別農業経営レベルの指標－地域，国家レベルの指標，⑤ 経営主催権レベルの指標－支配レベルの指標等を考慮することが考えられる．そして，これらの基準軸を頼りに具体的な指標の開発が必要となる．
　第3に，「支援」の側面の評価・認識を踏まえて，個別農業経営，外部主体の「働きかけ」，そしてその「働きかけ」が持つ「支援」としての側面との関係を踏まえ，そのような関係が成立する条件や論理を明らかにする方法の構築が課題として考えられる．ここでは，「支援」の側面を持ちつつ，その「働きかけ」を維持・継続する場合，「支援」の側面は希薄になるあるいは消滅するが，その「働きかけ」自体は維持・継続する場合，ある「働きかけ」が「支援」としての側面を徐々に持つに至る場合，「支援」の側面を持った「働きかけ」が，その達成と共に終了する場合，「支援」の側面を持った「働きかけ」が維持・継続困難か不利になり，同様な「支援」の側面を持った別の「働きかけ」に変化する場合等，個別農業経営に関わる外部主体の「働きかけ」を出発点として，その「働きかけ」と

「支援」としての側面との様々な関係が想定される.

　以上の方法論を踏まえて，個別農業経営の維持・発展を展望したとき，外部主体の行う様々な「働きかけ」が持つ「支援」という側面が有する意義を，具体的に個別農業レベル，地域農業レベル等の各視点で明らかにすることが可能となろう．

第4節　農業経営支援研究の方法論に関する試論
　　　　―アドバイスという「働きかけ」をめぐって―

（1）本節の課題

　以上の各節における検討結果を踏まえつつ，本節では農業経営支援研究の研究方法に関する試論を，農業経営に対するアドバイスという「働きかけ」を具体例としつつ提示してみたい．ここで，アドバイスを題材として取り上げる理由は，その「働きかけ」が極めて多面的であり，他の多様な「働きかけ」との関連が非常に深いことにある．

　例えば，資金調達の際に金融機関から提供を受けることは，本書の区分では金融の領域に属する．また，農業経営の信用力が低いことが理由で民間金融機関から資金提供を受けることができない場合に，農業経営に低利で資金提供を行う組織が存在すれば，そこでの資金提供には「支援」としての性格・側面が含まれるとみることが可能かもしれない．一方，「どのように資金調達を行うべきであり，調達先は何処にすべきか」といった助言はアドバイスという「働きかけ」の領域に属するとみてよい．こうした意味で，アドバイスは農業経営の経営活動，経営行為の全局面にわたって行われうるものであり，その内容は極めて多面的だと言える．

　本書の各章における結論部分を，例えば金融の場合，「単に資金を提供するだけでなく，効率的な資金の調達方法や返済方法についてアドバイスを行う必要がある」といった形で締めくくることも可能だと言えるのであり，経営外部から農業経営への何らかの「働きかけ」を論じる場合，それが如何なるものであれ，アドバイスという側面をも考慮する必要があると言える．そこで，本節では，こうした点を踏まえ，外部主体から農業経営へのアドバイスという「働き

かけ」に着目しながら農業経営支援研究の試論的な方法論の大枠を提示することにする．

（2）外部主体から農業経営への「働きかけ」の捉え方

　外部主体から個別農業経営への何らかの「働きかけ」について実際に研究しようとする場合，現実に行われている「働きかけ」をどのようにして捉え，把握し，さらには類型化していくかがはじめに問題となる．まず，この点から検討をはじめよう．

　例えば，アドバイスの場合，外部主体から個別農業経営に対して与えられる助言は，それを受けた農業経営が最終的な意思決定を行うための材料や素材，意思決定の前段階において必要となる情報，知識であり，農業経営者は，そうした助言をうまく吸収・活用することで日々の営農活動を効率的に行ったり，経営者能力の向上やスキルアップを図ったりすることが出来ると言える．

　さて，かつては，そうした素材，情報，知識の収集は個別農業経営自らが独自に行っていたとみてよい．また，生産力が低位にあり，貨幣経済の浸透度が低い時代，農産物と市場との関わりが現在ほど高度化しておらず，農外の内外資本との対抗関係が顕在化していない時代においては，アドバイスの萌芽的形態は作業のコツや品種の特性に関して農業経営相互が情報交換をし，互いに助言し合うというものだったと考えられる．それでは，何故，農業経営以外からの「働きかけ」という形でのアドバイスが発生したのだろうか．基本的には，その背後に，次のような流れがおそらくあるものと考えられる．

　① 従来の経営方針や運営方法では，対応できない問題の発生
　② それを解決するための新たな対応策の導入が必要
　③ 従来の枠からはみ出る行為に対する専門的知識・情報の欠落
　④ その知識・情報を個別経営，仲間内では収集困難
　⑤ 外部主体からのアドバイスが要求され，必要となる

　以上の流れにしたがう場合，個別経営の従来の経営方針や運営方法では対応できない問題の発生がおおもとだから，例えば，戦後や高度経済成長期以降に農業を取り巻く環境やその他の社会情勢にどのような変化が生じ，それが農業に如何なるインパクトを及ぼしたのか，それによって農業にどのような問題が生じ，個別経営はどんな問題に直面せざるを得なくなったのかを明らかにする

必要が，まずあるように思われる．

　その上で，そうした問題を解決するために，どのような対応をとる必要が生じたのか，それに関連した知識・情報としてどのようなものが必要となったのかを整理し，そうした状況を発生させた背景・契機が今現在においてどう変化しているのかをみたり，新たに発生した問題をフォローしたりすれば，今後，どのようなアドバイスが必要となるのか，それをどのように把握・類型化し，如何なる角度から論じるべきかが分かってくるのではないだろうか．

　なお，農業を取り巻く環境やその他の社会情勢の変化，それが農業に如何なるインパクトを及ぼしたのかを整理するための視点としては以下に示す各局面が有効だと言えよう．

・農産物の商品化・市場対応の動き，生産要素市場との関連
・農家労働力の他産業賃労働就業の程度と労働力の不足，農業と労働市場との関連
・生産手段の高度化とその所有形態，生産力の向上と生産関係
・内外資本との対抗関係，資本と農業の関連の変遷
・社会情勢ではないが，農業生産に固有の問題（自然条件を要因とした不確実性）の変化
・海外資本，海外農業との関連

　こうした社会的背景や社会情勢の変化と，それらが農業全体や農業経営の生産過程・経営管理過程のどの側面に如何なるインパクトを及ぼしたのかを歴史的に踏まえ，さらに，その現状と動向を把握すれば，現実に行われているアドバイスがどの様な性格のものであるのかが把握できるとともに，それらを類型化する糸口が発見できるように思われる．そして，今後，必要となるアドバイスの種類やあり方が判断でき，今後のアドバイスのあり方を見据えた場合に必要となる研究の対象や範囲，枠組み，論理，方法論を探ることも可能になると考えられる．

　なお，いうまでもないが，社会的背景や社会情勢の変化とそれらが農業に及ぼした影響を歴史的に踏まえ，さらには，その現状と動向を把握することによって現存する「働きかけ」を捉え，今後，必要となる「働きかけ」の種類やあり方を判断し，今後のあり方を見据えた場合に必要となる研究の対象や範囲，枠組み，論理，方法論を探るという要領・手順はアドバイス以外の「働きかけ」に

とっても有益であろう．

（3）アドバイスという「働きかけ」に関する基本的論点

　こうして，外部主体から農業経営への「働きかけ」を捉えることができるようになるが，次に，外部主体から農業経営への「働きかけ」を論じる際の留意点や基本的論点を整理しておく必要があるだろう．この作業は，外部主体と個別農業経営との関係や「働きかけ」が有する性格・特徴の把握にもつながるので，外部主体から農業経営への「働きかけ」に関する研究にとって極めて重要な意味を持つとともに，そうした留意点や論点から「支援」という概念ないしは「働きかけ」が帯びる「支援」という性格が意味するところを探るための手掛かり・糸口が発見できるように思われる．ここでも，アドバイスを例とするが，アドバイスという「働きかけ」一般を論じる際に留意すべき点，基本的論点としては以下のようなものを重視すべきだと考えられる．

　a．アドバイスは農業経営外部の主体が農業経営に対して行うものである．よって，外部主体の相違によって同じ農業経営に対するアドバイスが異なる可能性があることに留意すべきだろう．外部主体の能力・力量の差によってアドバイス・助言の内容が異なることもありうるのである．

　b．一般に，外部主体から農業経営へのアドバイスは，現に農業経営を営んでいる農家・経営に対して行われることが多く，個別農業経営の開始・創造の「ステージ」における「働きかけ」としてのアドバイスはこれまでのところあまり重視されていないように思われる．しかし，新規参入時における制度面での助言やノウハウの伝授，農業経営者としての教育・人材育成に関わるアドバイスもありうるし，それらが農業全体に対して持つ意義は無視できない．こうした側面を射程に入れることはきわめて重要だと言えよう．また，現に行われているアドバイスの多くは即時的かつ現にある問題を解決するための処方箋的なものとなりがちだと思われるが，農業経営における様々な行為を生み出す源泉ないしは農業経営の基本構成要素としての経営者能力・スキルに対する「働きかけ」という形態のアドバイスもありうるし，そうしたアドバイスにも極めて重要な意義があることを忘れてはならないだろう．

c.「アドバイスの基本は農業経営の目的・目標であり，外部主体は農業経営が自ら立てた目標を達成するために助言を与える」というのがアドバイスにおける外部主体と個別農業経営の関係に関する一般的な解釈だろうが，農業経営の目的については次の点を再検討する必要があろう．

　① 農業経営の目標は経営成長・発展である場合もあれば，現状維持，ともかく農業を継続すること，土地を守ることなど，多様なものがありうる（本書では基本的な対象を経営発展を志向するものに限定しているが，アドバイス一般を論じるならば，いわゆるホビー農家の目標も考慮する必要があろう）が，その各々が必ずしも適正なものである保証はない．その場合，目標や目指すべき姿を作ってやることもアドバイスの範疇に含まれるのか，アドバイザーが農業経営の目標や目的に干渉することが許されるのか，目標・目的の妥当性に関するアドバイスというものもあり得るのか，という問題が検証課題として浮かび上がることになろう．

　② 個別経営の目的が，その個別経営の活動の場・環境である地域農業が目指す方向とマッチしないケースがありうる．個々の農業経営にアドバイスをおくる場合，その経営のみの視点に立つのではなく，地域的な視点をそこに加味する必要があるのか．その場合，地域的な視点と個別経営の目的のいずれを重視すべきだろうか．

d. アドバイスを受けた農業経営がその助言を踏まえてどのような成果をあげるかは，基本的にそれら農業経営の自助努力に左右される．よって，仮に，同じ状態にある二つの農家に対して同じ助言を与えたとしても，それが持つ重要性や意味が農家によって異なることはあり得るし，その結果も異なる．その意味でアドバイスの効果を計測することは極めて困難だと言える．その評価方法の考案も一つの検討課題だろう．また，逆に，被アドバイス主体の性格によって同じ問題に対して必要とされる助言の内容は異なるとも言える．どのような性格の農業経営に対し，どのような助言を行うことが有効なのかを見極め，判断することも重要な課題であろう．なお，アドバイスを受け入れるか否かはアドバイスを受ける側の農業経営が決定すべきことであり，それを活かしてどのような成果をあげるかもアドバイスを受ける側の農業経営の力量や能力に左右される．そうした意味で，アドバイスは強制的な指導とは異なるのであり，こ

の点は留意しておく必要があろう．また，アドバイスの結果与えられた助言を十分に活用可能とするために，被アドバイス主体＝農家・農業経営に教育を施すことも重要かつ必要だろう．

e．アドバイスの中身が経済計算上可能であっても，農業経営にとって実行不可能なものである場合がままあるように思われる．例えば，借地を二倍にすれば，高い小作料を支払ったとしても収益は確実に増加するといった結果が提示されたとする．それが計算上事実だとしても，実際にそれだけの借地を集めることは困難であるし，そこでは「突出した存在」に対する村意識のようなものは考慮されていない．よって，アドバイスする側の主体は，農業の特質，地域の状況などを熟知した上で，一面的な勧告・指導を行わないよう務める必要がある．どういう主体をアドバイザーとして据えることが望ましいのかが問題であるとともに，アドバイザーにそうした知識を如何にして備えさせるのかも重要な検討課題となるだろう．なお，農業経営がある行為や経営内局面に限定して変革を施すことは不可能であり，ある局面に変更を加えれば必ず他の局面に影響を及ぼす．よって，アドバイスは，本来的には経営全体に対して総合的に行われるべきだが，実際のアドバイスの多くは部分的に行われているケースが少なくないような印象を受ける．例えば，「作目の変換」，「それに必要な農機具の調達」，「農機具調達に要する資金の準備方法」，「資金返済が困難な場合の対処方法」，についてそれぞれ別々の主体がアドバイスを行っているような状況は珍しいものではない．助言のあり様がいわば「縦割り」であり，各局面のアドバイスが相互に矛盾するような状況が発生している可能性を否定できないように思われる．総合的なアドバイスは可能であるのか否か，またそうしたアドバイスを誰が行うのか，行うべきなのかを検討する必要があろう．

f．農業部門におけるアドバイザーをどのように確保・育成するのか，アドバイザーが農業経営や新規参入者への助言を継続的に行うことが可能となるような条件をどのように整備するのかが問題となろう．また，的確なアドバイスや助言を行うために必要となる情報の収集システム，供給システムを整備することも重要だろう．

g. 現行のアドバイスは,「生産要素の組み合わせ方」,「アウトプットの組み合わせ方」,「生産技術指導」,「経営管理（特に簿記・会計）」に重きが置かれており,「生産要素の調達方法（調達資金の獲得方法を含む）」や「生産物の販売関連（マーケティング等）」は手薄であると思われる．従来は農協がこうした業務を購買・販売，共販といった形で担っていたことが一端なのだろうが，今後は，生産前段階や生産後段階におけるアドバイスも重要な意味を持つことになるだろう．

h. 近年の担い手多様化を踏まえ，個別農業経営における経営形態の選択（法人化のみではなく，生産組織の形成なども含む）といった局面にもアドバイスは必要となるだろう．また，そうした意味から言えば，農家・個別経営のみならず，集落営農組織や生産組織を被アドバイス主体の射程に入れる必要がある．さらに，経営発展を志向する農家のみならず，農家の多くを占める兼業農家やホビー農家へのアドバイス・助言も今後重要になるだろう．そこでは，例えば経営外部化（農業サービスへの依存）の必要性や農地所有のあり方などが主題となるだろうが，場合によっては「離農を選択する」というアドバイスもあり得る．さらに，新規参入者等これから農業を企業しようとする者へのアドバイスも今後は重要だろう．

i. 様々な局面で農家の完結性が崩れている以上，個々の農家・農業経営，組織にのみ視点を置いたアドバイスは現実味を欠かざるを得ない．したがって，個別経営・組織に対してアドバイスを行う場合でも地域との兼ね合いや地域農業の現状を踏まえる必要がある．地域農業組織の一翼をアドバイザーが担うような仕組みを形成することも有益であろう．

　外部経済主体から農業経営へのアドバイスという形態の「働きかけ」について論じる際の留意点，基本的な論点となるのは，概ね，これらの事項であろう．そして，こうした視点から整理を行うことによって，着目している「働きかけ」の性格が明確になるとともに，その「働きかけ」が今後，どのような方向に展開していくことが望ましいのかが見えてくるように思われる．そのことは，ある「働きかけ」が支援としての側面を有するか否かの判断を助けることにもなる

だろう．さらに，そもそも「支援」とは何であるのかを論じる際の基礎資料としても役立つものと思われる．なお，ここではアドバイスを例として取り上げたが，ここで提示した留意点・論点は他の「働きかけ」について論じる際の留意点・論点発見にも参考となろう．

（4）アドバイスにおける支援の側面

以上の文脈では，農業経営支援としてのアドバイス，ないしは，アドバイスという現象，「働きかけ」がどのような状況において支援としての性格・側面を帯びるのかについては触れていない．次に，この点をみることにしよう．

外部主体から個別経営への「働きかけ」に対して「支援」としての側面・性格をどのように評価・認識するのかに関する基本的な考え方は以上の各節で提示されているので，ここでは，特に①「働きかけ」が行われる市場の状態，②個別経営の性格と外部主体との関係，③「働きかけ」を行う外部主体の性格・形態，の三点について若干の補足説明をしておきたい．この三点について論じれば，アドバイスという現象・取引の基本構成要素である「アドバイスが行われる場」，「アドバイスを受ける主体」，「アドバイスを行う主体」を一応押さえたことになろう．

まず，①についてだが，一般的な経済取引として成立可能なアドバイスは何らかの意味でルーチン化され，規格化されているはずである．もちろん，多くのメニューが用意されている場合もあり得るだろうが，そのメニューは供給者が用意したものであり，需要者がメニューの追加を要求することはできない．例えば，複式簿記の記帳を前提とした経営分析とその結果を利用した経営計画の作成・提示などは，一定のプログラムを作成することによって大量の顧客への対応が可能であり，市場―それが完全に近いか不完全かはともかくとして―で取引可能となる．

しかし，それを超えた部分，農家の多様な目標，農家によって異なる環境に応じたアドバイスは経済取引には馴染みにくいように思われる．また，実際に金銭的な報酬が支払われるとしても，そうしたアドバイスは送り手側の外部主体にとっては，他のアドバイスに比べれば非効率的であり，「旨い儲け設け話」ではないだろう．そうしたアドバイスは通常の市場では取引しにくいものである．このように，本来的には市場で取引しにくく，個別農業経営にとっては得

がたいと考えられるアドバイスが外部主体によって提供されているとき，そうしたアドバイスは「支援」としての側面・性格を帯びているとみることができるように思われる．

　次に，②についてだが，アドバイスの場合，外部主体の方が多くの有用情報を持っており，個別経営はそうした情報を独自収集できないからこそアドバイスという「働きかけ」が行われると考えられる．その意味で外部主体と個別経営の力関係については，前者の方が強く，対等ではない場合が多いと言える．したがって，個別経営がアドバイスと同等の情報収集業務を内製することは非常に困難であり，たとえ通常の市場で取引され，対価が支払われる場合でも，アドバイスの取引は他の財・サービス取引とは性格を異にするものとみることができる．そして，そうした特殊性があるゆえに，アドバイスには——それが如何なるものであれ——本来的に「支援」としての性格があるとみることもできるように思われる．

　ただし，外部主体と個別経営の関係が常態化した場合や外部主体に個別経営が完全に従属してしまった場合，逆に——アドバイスに関しては，ほとんどないと考えられるが——個別経営が外部主体の活動・行為を支配するような場合については，「支援」という性格・側面は弱まると考えられる．

　最後に③についてだが，一般に，何らかの意味で公的な性格を有する主体が個別経営に対して「働きかけ」を行う場合に，「支援」という用語が使われることが多い．公的な主体がアドバイスを与える，ないしは，何らかの「働きかけ」を行う場合に，ここで示した①，②が満たされることが多いのは事実だろうが，その他の主体が「働きかけ」を行う場合でも①，②が満たされるのならば，その「働きかけ」には「支援」としての側面が存在するとみるべきではないだろうか．

　なお，アドバイスの内容はアドバイザーの能力によって異なる．したがって，より優れたアドバイザーから助言を受けることが望ましいが，多くの農家や農業経営はそうした主体の所在に明るくないと言える．その場合，優れたアドバイザーを農家・農業経営に紹介するという「働きかけ」自体も「支援」としての側面を有していると考えられる．また，現状では，アドバイザーは，むしろ，一般企業関連に多いが，こうした主体を農業関連分野に参入させるとともに，彼らに欠けている農業特有の知識を側面からサポートするという取り組み

も「支援」としての性格が強いと言えるだろう．

こうした機能が担えるのは事実上，農協や自治体に限定されるが，そうした公的な地域主体とアドバイザーが連携することによって，地域的な視点を盛り込んだ，個別経営へのアドバイスが可能となるかもしれない．また，農業関連の公的な地域主体が中心となることによって，簿記・会計的なアドバイスのみならず，農業土壌や農業機械などの視点を含んだ学際的なアドバイザー組織の形成とそれによる地域ぐるみのアドバイスが可能になるものと思われる．

(5) 小　括

以上の検討結果を整理しながら，農業分野におけるアドバイス一般および農業経営支援としてのアドバイスを論じる際の代表的な研究領域や論点，視角，論理の大枠を，やや大胆にではあるがいくつか提起してみよう．ただし，「働きかけ」一般や「支援」一般に関する論点は，これまでの各節ですでに提起されているので，ここではより具体的な論点提示を試みる．

1) 農業経営の目標とアドバイス

繰り返し指摘してきたように，アドバイスは受け手側の目標を実現するために行われるものである．しかし，今後は，農業経営の目的・目標に関するアドバイスが重要な意味を持つと考えられるのであり，個々の農業経営の規模や性格に応じて，どのような目的を設定することが適切であるのかを経営目標論などの枠組みを援用しながら議論する必要があると言える．

また，個としての農業経営の目標と地域ないしは集団としての農業部門の目標を整合させる場合にもアドバイスは有用であり，そうした問題を考察するに当たっては，個と社会の関係，個の目標と産業ないしは地域レベルにおける農業の目標の関係についてもう一度検討する必要があると考えられる．なお，その場合，アドバイスに「指導」ないしは「強制」という性格が付帯することもありうるだろうが，そうした状況をどう評価するべきかも重要な論点である．個別経営の目標にアドバイザーが何らかの形で干渉するということの意味，特に，「支援」という側面とそうした干渉との兼ね合いについて整理・検討が必要だろう．

2) 必要となる情報とその加工手法

次に，アドバイスを行うために必要となるデータや情報をどのように入手

し，どう加工するかという問題を意識しておかねばならない．この点に関しては，データや情報の収集・開示システムをどのように構築し活用するか，的確な助言を与えるためにどのような情報・データが必要となるのか，がまず問題になる．今日では，簿記・会計を中心とした計数的なデータだけでは個々の経営の内情やそれを取り巻く環境は把握できないのであり，「農業・農村情報化論」や情報システムによる個別経営，地域農業の管理・運営を検討した「情報システム論」などの枠組みを利用しつつ，いかなる情報・データが有用であるか，そうした情報・データを収集するためにどのようなシステム・仕組みが有効かについての検討が必要になろう．また，そうした情報をどのように加工するのかに関しては，伝統的な経営管理論や経営計画論はもちろんのこと，経営組織論やリスク経済学をはじめとする隣接諸分野の研究成果を援用する必要がある．そして，どういう分野の成果が有用であるかをさらに吟味していく必要があろう．また，データを収集し，開示する主体の機能をどのように評価し，性格づけるかも一つの論点だろう．

3）アドバイザーの発掘と育成・教育

個別農業経営の発展ないしは個別経営の発展を通した地域農業，産業としての農業の発展を展望する場合，どのようなアドバイザーから助言を得ることが望ましいのかについても検討しておく必要があろう．本節ですでに述べてきたように，農業経営に対する助言は総合的なものであるべきだと考えられるゆえ，単独の主体ではなく，そうした助言を行う組織ないしはチームがアドバイザーとして機能することが望ましいと言える．そうした組織・チームをどう編成すればよいのか，また，如何にして，適切な助言を与えることが可能な状態にまで導いていくのかが重要な論点となろう．さらに，そうした組織やチーム，あるいは個としてのアドバイザーにおける費用・収入の考え方や会計処理の理論開発，そうしたアドバイザーに対する政策的な補助や資金充当に関する正当性・妥当性についても議論しておく必要があろう．

4）アドバイスを受ける農業経営の育成

アドバイスという「働きかけ」によって，適切な助言を得たとしても，それを十分に活用する能力やスキルが受け手側の個別農業経営に備わっていなければ，その助言は機能しない．したがって，"アドバイスを有効に活用するための能力形成のためのアドバイス"といったものが重要な意味を持つことになる．

経営者能力論や経営者能力の育成に関する先行研究を踏まえつつ，どのような手順・プログラムが有用であるのか，そうした手順・プログラムに見合うような助言ないしは教育とはどのようなものであるのかについて研究する必要があろう．また，本書では外部主体からの「働きかけ」の対象を，基本的に，経営発展を志向する個別農業経営に限定しているが，その他の経営，例えばホビー農家や生産組織などを射程に入れる必要があるし，新規参入者に対するアドバイスも今後は重要だと言えよう．特に新規参入者に対するアドバイスに関しては，アドバイザーとアドバイスを受ける主体の間に圧倒的な知識・情報量格差が存在するゆえに，「支援」としての性格・側面を重視すべきだと考えられる．

5）アドバイスの効果と弊害

アドバイスが行われる場合，ことにそのアドバイスの授受において農業経営が費用負担やその他の何らかの意味で優遇される場合，アドバイスの効果ないしはコスト・ベネフィットが重要視されることがあるだろう．すでに述べたように，アドバイザーによって助言の内容は異なることがあり得る．また，助言を受け入れて意思決定に組み込むか否かを決めるのはアドバイスを受けた主体であり，さらに，それをどう活かすかはその主体の力量・能力に左右される．この意味で，アドバイスの効果を計測することは極めて困難である．

1980年代に，ナレッジ・ストックが生産性に及ぼす影響に関する計測が盛んに行われた（註1）．そこでは，研究開発投資を技術知識獲得への投資と捉え，その蓄積が生産性・収益性の向上に貢献するか否かが計量モデルで確かめられている．アドバイスを一種の知識情報の提供と捉えるならば，これらの研究やその流れをくむ近年の研究で採用されているモデルをモディファイすることによって，一定の結果を導出することは可能かもしれない．ただし，この類の研究では，ナレッジ・ストックを資本蓄積と同様に取り扱うという，やや強引な前提が置かれており，結果の信頼性には疑問が残らざるを得ない．今後，アドバイザー，アドバイスの受け手，アドバイスそのものの特性を組み込みつつ，その効果を計測するための新たな方法論の開発が必要となるだろう．

その一方で，そもそもアドバイスの効果を敢えて計測する必要があるか否かを検討する必要もあると思われる．例えば，公共経済学や財政学にはメリット・ウォンツ（価値欲求），メリット財という概念があり，「本質的に価値があり，メリットがあるものは，そもそも支払おうとする意欲を計測する必要がな

い」ともいわれる（註2）．こうした考え方に習えば，「アドバイスが何故必要であるのか」「アドバイスは農業において不可欠である」に関する論理を構築・提示できさえすれば，アドバイスの効果を計測し，そのコストとベネフィットを比較するといった作業は，ことさら必要ではないように思われるのである．

なお，仮に，アドバイスの効果を何らかの形で計測・評価することが望ましいということであれば，逆にアドバイスの弊害についても考慮する必要がある．アドバイスを受けてそれを実行したが，経営者の手腕や能力，その他（例えば，環境の激変等）が原因でうまくいかなかったということもあり得るからである．そして，このことの関連でいうならば，一般的に「支援」という用語で呼ばれており，当事者達も「支援」と考えている「働きかけ」が実は「支援」になっていないケースもあり得るのであって，そうしたケースを見極め，評価することが重要課題となろう．

第5節　本書の構成と各章の位置づけ

さて，本書において我々が取り上げた，個別農業経営の開始・創造，個別農業経営の自立的な「営み」，個別農業経営を取り巻く外部環境・条件の各「ステージ」への外部主体の「働きかけ」は情報提供・経営意思決定とコンサルテーション，作業代行（流通を含む），地域営農組織，土地制度・金融制度・価格安定制度，といった領域でくくることができる．しかし，それ以外にも重要な「働きかけ」は存在する．例えば，土地改良や新品種・新資材の開発といった経営や生産に関する要素そのものに対する「働きかけ」やリース・レンタルといった概念も含めた要素調達の効率化に対する「働きかけ」，自動化やIT化への取り組み，インキュベーション，家計部門への「働きかけ」（家族経営協定等），その他にも多種多様な「働きかけ」が存在しており，それらはいずれも重要である．しかし，本書では，執筆に参加した研究者がこれまで手がけてきた分野との兼ね合いを重視し，上記領域に分析対象を限定することとした．なお，本書においては各章における対象領域の特殊性を考慮し，それぞれの章における独立性を一定程度尊重することとした．したがって，第1章で展開された分析視角に必ずしも縛られることなく独自の論理の構築も許容することとした．これは，既に述べたように当研究が農業経営研究における新たな領域を模索することを課題としたことによるものであり，本書全体としてこの課題に接近し，課題を

浮き彫りにすることを目指したためである．以上のことを踏まえ，ここでは各章の構成を可能な限り本章の枠組みに沿って述べておこう．

まず，第2章では一般経営学で近年展開されてきている「管理から支援へ」というパラダイム転換を踏まえ「支援」の枠組みを規定し，その上でカウンセリング・コンサルテーションと経営意思決定支援という「働きかけ」について，その意義と動機，方法等を具体的な事例を用いて概説し，それを踏まえた上で今後の研究領域と課題について検討を行っている．その際，農協，農業会議，民間機関等の役割分担にも留意し検討を行っているのが特徴的である．

第3章では，個別農業経営の自立的な「営み」に対する「働きかけ」の中で，具体的な作業過程や販売過程の一部を外部主体が代行することとして農業サービスを位置づけ，稲作，園芸作（花き作，野菜作），畜産を取り上げその中でも特徴的な農業サービスに具体的に着目して，その展開論理を「経営支援」との関わりで位置づけて概説し，それを踏まえた上で今後の研究領域と課題について検討を行っている．

第4章では，地域農業組織において重要な個別農業経営間の相互扶助に着目し，それを「ボランタリー支援」と位置づけ，その展開論理を具体的な事例に依拠しつつ検討している．その際，個別農業経営への具体的な「働きかけ」の主体として集落営農組織等の地域農業組織を位置づけ，その役割を「経営支援」との関わりで「リスクシェアリング」に焦点を当てつつ検討しているのが特徴的である．

最後に，第5章では，農業経営を取り巻く環境・条件に関する「働きかけ」として農地制度，農業金融制度，価格安定制度を具体的に取り上げる．ここでは外部主体として主に国や地方自治体が想定されており，その上で各制度の位置づけや意義，展開論理を「経営支援」との関わりで検討し，それを踏まえた上で今後の研究領域と課題について考察している．

ここで再度，本章における分析視角ないしは押さえておくべき留意点・論点を示しておこう．

第1に，既に述べたように，外部主体からの「働きかけ」と「支援」を混同してはならない．この「働きかけ」の何処にどの程度「支援」としての側面を認識・評価するのか，その契機は何であるのかを検討することが重要である．

第2に，そうした「支援」としての側面を認識・評価することの農業経営研究

における意義を意識しておく必要がある．外部主体の「働きかけ」に「支援」という側面を認識・評価するという視点から，新たに何が分かるのか，どのような問題が浮かび上がるのかを検討することは重要であろう．

第3に，具体的な「働きかけ」に「支援」としての側面を認識・評価する時，個別農業経営の発展を睨めば，留意すべき検討課題は何かを明らかにし，今後どのような新たな「働きかけ」が必要であり，あるいは，既存の「働きかけ」が必要無くなるのか，といった視点を持つ必要がある．

第4に，「支援」としての側面を有する外部主体の行う「働きかけ」を継続して行うためにはどのような条件が必要となるのかも重要な課題となろう．そして，そうした条件の中に外部主体の費用構造や損益・収支状況も含まれてこよう．

なお，ここで示した，外部主体からの「働きかけ」を論じる際の視角や態度，留意点などはあくまでも一般論であり，各「働きかけ」に対して有効な視角や態度，留意点，さらには分析手法などの具体像を示すことが課題として必要となろう．

註

（註1）代表的な研究としては，Griliches［3］，Mansfield［7］，などを参照．最近の研究では，Basant & Fikkert［1］，Cincera［2］，農業分野への応用としては伊藤順一［5］がある．

（註2）長南史男［8］，p.11.

参考文献

［1］Basant R. & B. Fikkert, "The Effects of R & D, Foreign Technology purchase, and Domestic and International Spillovers on Productivity in Indian Firm," The Review of Economics and Statistics, Vol.LXXVIII, No.2, 1996.

［2］Cincera M., "Patents, R & D, and Technological Spillovers at the Firm Level : Some Evidence From Econometric Count Models," Journal of Applied Econometrics, Vol.12, No.3, 1997.

［3］Griliches Z., "R & D and the Productivity Slowdown," The American Economic Review, Vol.70, No.2, 1980.

〔4〕稲本志良編著『新しい担い手・ファームサービス事業体の展開』農林統計協会, 1996.
〔5〕伊藤順一「農業研究投資の経済分析」一橋大学経済研究所編『経済研究』第43巻第3号, 1992.
〔6〕黒河 功編著『地域農業再編下における支援システムのあり方』農林統計協会, 1997.
〔7〕Mansfield E., "Basic Research and Productivity Increase in Manufacturing," The American Economic Review, Vol.70, No.5, 1980.
〔8〕長南史男『農業発展と公共投資』明文書房, 1986.
〔9〕小田滋晃「地域農業・産地の再編と経営政策」『農業経営研究』第35巻・第4号, 1998.
〔10〕小田滋晃「農業経営をめぐる情報化の進展と経営発展の課題」藤谷築次編『日本農業の現代的課題』家の光協会, 1998.

第2章　経営意思決定支援と
　　　　　コンサルテーション

第1節　はじめに

　本章では，農業経営意思決定に焦点をあて，農業改良普及事業を主な対象として，「支援」の内容および方法の現状を概観すると共に，経営支援研究の対象と方法についても検討を加える．第2節では先ず，「支援」研究一般の動向について概観すると共に，本章と関連が深いと考えられる組織科学における支援の考え方について整理する．第3節では，経営支援の主要分野の一つと考えられる農業改良普及事業を対象に，要請される支援の内容が時代とともにどのように変遷してきたのか，地域農業構造によってどのように規定されてきたのかを実態分析に基づいて分析する．次に第4節では，意思決定支援を標榜してきた情報システムの研究開発一般の動向を整理すると共に，農業改良普及事業における農業経営指導支援システムの現状と課題について検討をおこなう．最後に第5節では，現実の経営意思決定支援のあり方や方向について論じると共に，経営支援研究の対象と研究課題についても検討を加える．

第2節　「支援」研究の動向

　社会システム論，組織科学，認知科学，経営工学，経営情報システム論といった多くの分野で，「支援」が注目され新たな研究領域として認識され始めている．例えば，今田〔2〕は，政府の干渉をできるだけ排除しようとする規制緩和の流れ，企業における付加価値創造のための支援組織の重要性の増大，NPO活動に代表される自発的な支援活動の高まりなどを背景として，「管理システムが限界を露呈し，これに代わって支援システムの要請が高まっている」ことを社会システム論の立場から論じている．また，支援を論じる際には，① 管理崩しの戦略，② 自生的秩序の形成，③ 自在性の確保，④ ゆらぎの構造化，が重要な視点となることを指摘している．小橋・飯島〔8〕は，企業経営において，「企業構成員の創造性，やる気，能力の発揮をいかに支援するか，製品，サービス

(28) 第2章 経営意思決定支援とコンサルテーション

の顧客をいかに支援するか」が主要課題となるという主張や,「人間を物理的世界,情報世界との関わりにおいて支援するための装置」としてコンピュータを捉えるアプローチを紹介し,支援への関心が多くの分野で広がっていることを述べている.

支援への関心の高まりは,研究分野だけでなく社会的な動向でもある.図2.

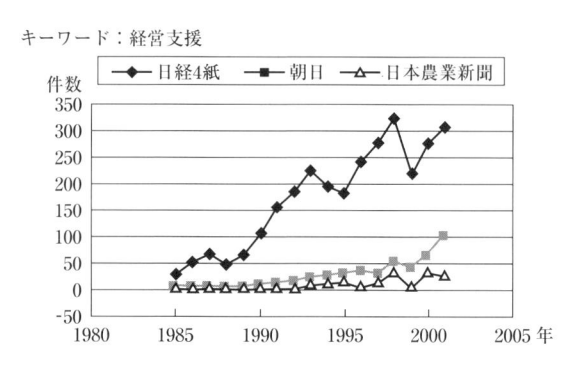

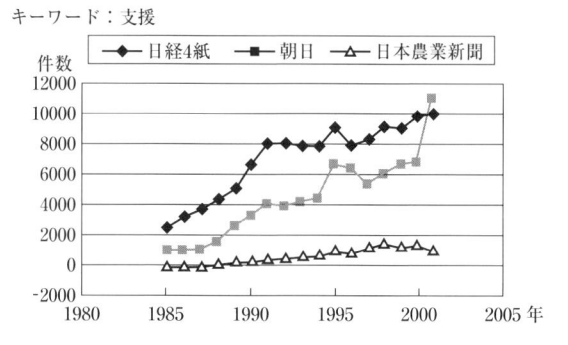

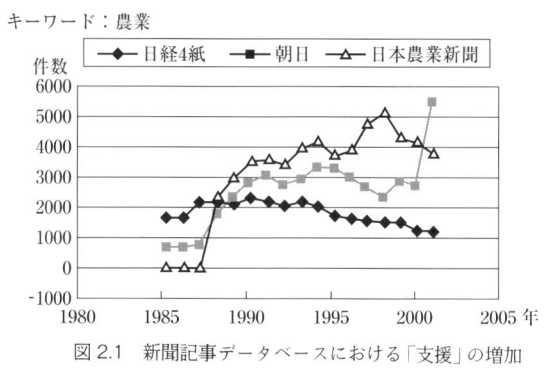

図 2.1　新聞記事データベースにおける「支援」の増加

1 は，新聞記事データベース（日経テレコム 21）に登録されたキーワード（支援，経営支援，農業）の登録件数の年次動向を示している．日経 4 紙，朝日，日本農業新聞の何れにおいても，「支援」の登録数は増加傾向にある．特に，朝日および日本農業新聞では 1992 年以降の 10 年間で登録数は 2.2〜2.8 倍になっている．「経営支援」についても同様の傾向がみられ，朝日および日本農業新聞では 1992 年以降の 10 年間で登録数は 8.8〜12.5 倍に大幅に増加している．一方，「農業」の登録数にはこうした増加傾向はみられず，「支援」の増加が特徴的であることがわかる．

　農業分野においては，ファームサービス事業体の分析（稲本〔3〕）を契機として経営支援に対する関心が高まっている．農業改良普及事業においても，経営指導からカウンセリングやコンサルテーションへアプローチの重心が移っている（木村他〔6〕）．酪農においてはこの傾向が顕著であり，民間サービスによる経営支援への期待と公的サービスとの役割分担が論じられている（小林他〔7〕）．また，地域農業再編においても支援システムをキーワードとして検討が行われている（黒河〔10〕）．

　Plan-Do-See の経営管理過程に即して言えば，Do の部分はいわゆる農作業の外部化による経営支援に対応し，See-Plan の部分が経営意思決定に対応するものといえる．佐々木〔15〕は，経営支援サービスをその属性から，財貨生産，機械労働サービス，情報サービス（伝送型および対話型）に区分している．ここで，伝送型情報サービスが「一方向から伝達されるだけ」であるのに対し，対話型情報サービスは「人と人とのコミュニケーションによる情報編集を条件」としており，「対面して個別経営対策を行うコンサルタント活動」は対話型情報サービスの典型とされている．上記分類による情報サービスは経営意思決定支援に対応すると考えることができる．

　土田〔16〕は，水田作経営における経営管理項目を担当職能と管理領域（戦略的管理，戦術的管理）の軸で整理している．戦術的管理項目としては，農地管理，機械施設管理，労務管理，購買管理，生産管理，販売管理，財務管理があり，これらは管理者的機能および監督者的機能に対応している．このうち，水田の維持管理，機械・施設の整備・修繕，雇用者の監督・指示，作業管理などは農作業の監督者的機能に対応している．一方，発注・代金支払い，注文受付・代金回収，会計事務，財務諸表作成などは，経営事務の監督者的機能に対応し

ている．これらの監督者的機能が果たす業務・作業は定型的であり，外部委託を行うことが比較的容易である．こうした業務・作業の代行サービスも経営支援の一つである．

これに対して，同じ戦術的管理項目であっても管理的機能が求められる水田の購入・借入，機械・施設の廃棄・購入，雇用労働力確保・人員配置，購買先の決定，生産技術体系の選択・土地利用計画，販路の決定・開拓，資金の調達・運用などでは，経営戦略や経営目標との整合性などの高度な判断が求められる．こうした機能を外部委託することは困難であり，むしろ，判断の参考となる情報や助言を提供するサービスが経営の支援につながる．戦略的管理項目としては，経営目標の設定，新規参入部門・撤退部門の決定，部門間の調整があり，経営者的職能に対応しており，これらの領域でも判断の参考となる情報や助言の提供サービスが経営支援になる．

稲本〔3〕は，ファームサービスを，経常的業務，戦略的業務，環境保全型農業経営のための業務に区分している．このうち，経常的管理業務，経常的管理情報，戦略的業務が，経営事務の監督者的機能，管理的職能，経営者的職能に対応するものであると考えることができる．また，稲本〔4〕では，経営支援を主体と手段から次の四つに区分している．

① 財政的・金銭的手段による経営支援．各種補助事業がその典型．

② 制度的手段による経営支援．担い手経営への集積を目的とした農地流動化関連制度がその典型．

③ 本来的には農業経営が行うべき業務と役割の代行による経営支援．普及事業，農協の営農指導事業，経営改善支援センターの営農事業がその典型．

④ 機能的・地縁的組織による経営支援．

この区分に従えば，本章で対象とする経営意思決定の支援は，「本来的には農業経営が行うべき業務と役割の代行による経営支援」に該当するものである．

ところで，経営意思決定に焦点をあてた場合に，「支援」は，どの様に定義できるであろうか？以下では，組織科学における支援の考え方を概観し，「経営支援」を考える出発点とする．小橋・飯島〔8〕によれば，支援とは，「他者の意図を持った行為に対する働きかけであり，その意図を理解し，その行為の質の改善，維持あるいは達成をめざすもの」(p.17)と定義される．「支援」が，「管理

の厳しさを隠蔽する隠れ蓑」や「充分自動化できていないシステムの欠陥を覆い隠す言い訳」にならないためには，「多様な支援行為および支援システムの背後にある一般的な原理を探るとともに，それぞれの特殊性を的確に記述する方法が必要」であるとされる．支援の一般的特徴として，以下の3点が指摘されている．

① 意図的である

「支援システムと呼ぶ以上は何かその望ましい性質を保証し，維持する仕掛けが組み込まれていなくてはならない．単にある行為を支える役に立っているだけでなく，役に立ち続ける意志と企図をもっている」ことが必要である．これは，結果的に役立つだけでは，支援とは言えないことを意味している．

② 二次的である

「進行中の行為を第一次的な主たる行為とするとき支援は二次的な行為」であり，「支援の問題は最適解を見つけだすことではなく，被支援者（例えば診断システムのユーザ）が最適解を見つける可能性を高める」ことであるとされる．つまり，支援される側の被支援者の「意図を持った行為」がなければ，支援も存在しないことを意味している．

③ 知識に依存する

支援は，「支援者の知識や経験によって巧みにも稚拙にも」行われる．「行為を対象とする支援は被支援者の知識にも依存する．そのため，ある被支援者に適切な支援が他の被支援者には適切でない」ということが起こりうる．支援の効果は，知識の蓄積によって改善されうることを意味している．

「支援」との対比で用いられることの多い用語に「管理」がある．両者の違いは，目的の決定と手段の決定を誰が行うかという視点で考えることができる（表2.1）．小橋・飯島[8]は，目的の決定を第三者が行う場合を管理的状況，行

表2.1 支援と管理の分類

	目的の決定	手段の決定	
自己管理型	行為者	行為者	支援的状況
コンサルティング型	行為者	第三者	支援的状況
教育的指導型	第三者	行為者	管理的状況
命令型	第三者	第三者	管理的状況

注）小橋・飯島[8]の表1に加筆

為者が行う場合を支援的状況として整理している．支援的状況のうち，手段の決定を行為者が行う場合を自己管理型，第三者が行う場合をコンサルティング型に分類している．

　支援のポイントの一つは，「行為の目的の決定を，被支援者が主体的に行うという点である．ただし，被支援者が自己の目的をいつも明確に認識しているとは限らない．こうした場合には，「被支援者が目的や手段を明確にすることを助けるのも支援の重要なポイント」である．

　ところで，経営支援との関係で，「カウンセリング」，「アドバイス」，「コンサルテーション」といった用語が，最近しばしば用いられているが，これらの用語の定義に関して明確な共通認識は未だ形成されてないようである．本章では，試論的に，「カウンセリング」とは「経営上の悩みや疑問を聞くことによって，相談者が自分の考えを整理するのを助けたり，心理的な負担を軽減すること」と定義する．また，「アドバイス」は「経営上の意思決定事項について，参考となる情報を与えたり，選択肢の例示をすること」と考える．「コンサルテーション」は「複数の選択肢の中で，経営目標からみてどの様な意思決定が望ましいのかを，総合的に判断して助言すること」と定義する．こうした定義に従えば，「カウンセリング」と「アドバイス」は「自己管理型」支援的状況，「コンサルテーション」は「コンサルティング型」支援的状況，に対応することになろう．また，従来の「経営指導」は，簿記ソフトを利用した記帳や分析の集団的経営指導が代表的なものであり，その意味では，「アドバイス」の一種と位置づけることができる．なお，「カウンセリング」，「アドバイス」，「コンサルテーション」は，相互に関連しながらも独立したものである．

　こうした支援の概念に最も近い農業経営支援は，農業改良普及事業であろう．そこで，次節では農業改良普及事業における普及基本計画の動向や地域農業構造との関連を分析することにより，これから重要となる経営支援の内容と方法について検討を行う．

第3節　農業改良普及事業における「カウンセリング・コンサルテーション」

　今日，1999年に制定された食料・農業・農村基本法に基づき，新しい農業政策の枠組みが整備されつつある．農業改良普及事業（註1）もこの例に漏れず，従来とは異なる特徴が加えられている．ところが，この農業改良普及事業における変化は，農業経営・経済研究として，未整理のまま残されている．そこで本節では，この農業改良普及事業の新しい特徴を捉えたい．

（1）農業改良普及事業の制度

　食料・農業・農村基本法以前の農業改良普及事業に関しては，山極〔17〕に網羅的に整理されている．重点が置かれる課題は年々変化しているが，農業改良普及事業の制度的枠組みは，食料・農業・農村基本法制定以降も山極〔17〕の整理と，基本的に同じものである．ここにその制度を簡潔に示せば，次のように整理できる．

　農業改良普及事業は，農林水産省と都道府県が協同実施する事業である．この事業の実施は，まず農林水産省が運営方針を示し，これを基礎としながら各都道府県の担当部署が実施方針を作成し，各普及センターがこれを実施するものである．農林水産省の運営方針は，概ね5年ごとに示される．各都道府県は，この農林水産省の運営方針が示されるたびに，これに連動して実施方針を作成する．また，農林水産省が運営方針の実施中に，方針を変更する場合には，各都道府県もまた，5年を待たずに実施方針を変更する．

　各普及センターは，都道府県が策定した実施方針に従い，具体的な普及基本計画（註2）を作成する．この普及基本計画は普及センター毎に作成されるが，都道府県の実施方針に従って作成されているため，その課題の項目は，都道府県内でほぼ共通する文言となる．ただし，具体的な普及内容や対象農家の設定等は，それぞれの普及センターにおいて，実効性のある計画として作成される．そのため，農林水産省の運営方針および都道府県の実施方針が示されている一方で，普及センター独自の性格が現れるものであるといえる．このため，次に見るように，普及基本計画には普及センター毎の特色が現れる．

(2) 事例とした岩手県および茨城県の普及基本計画

1) 農林水産省告示に示された特徴

2000年3月付けで出された農林水産省の告示「協同農業普及事業の運営に関する指針」(農林水産省告示第328号)は，1999年に制定された食料・農業・農村基本法に適合する協同農業普及事業の運営方針として交付された．この告示は，同時に配布された「協同農業普及事業の実施についての考え方」と題されたガイドラインにその内容の詳細が示されている．この運営方針およびガイドラインに示されている最大の特徴は，農家の経営管理能力の向上が重点指導内容として取り上げられている点にある．

農家の経営管理能力の向上は，山極〔17〕が整理（同 p.33）しているように，1990年代後半に，重点指導内容として明記され始めたものである．2000年の農林水産省告示「協同農業普及事業の運営に関する指針」には，この農家の経営管理能力に対する方針がさらに強調され，「普及事業の効率的かつ効果的な実施を図るため，次に掲げる事項を基本的な課題とする」として，① 経営感覚に優れた農業の担い手の育成及び支援，② 農業者自らによる地域の重点課題への取組に対する支援の二つの課題が示されている．また，普及指導活動の方法に関する方針として，個別の農業者の経営全般に対する支援の推進が示されている点も，特徴の一つである．この個別の農家の経営全般に対する支援の内容については，次のように示されている．

> 「農業者による『生産者』から『経営者』への意識の転換や，自主的な経営の展開を促進することが重要であることから，単なる画一的な技術指導に終わることのないよう，個別の農業者の経営の発展の程度に応じた技術の紹介や経営分析を踏まえた支援等，個別の農業者の経営全般に対する支援を中心とした普及事業の推進に努めるものとする」(農林水産省告示「協同農業普及事業の運営に関する指針」2000年)

この引用に示されているように，今後の普及事業は，個別の農業者の経営全般に対する支援を展開するとされている．この支援の推進の方法として，新たな普及活動手段の活用と関係機関との連携強化に留意することが，ガイドラインに示されている．この新たな普及活動手段の具体的な内容は，次のようなも

のである.

　「個別の経営全般に対する支援を中心とした普及活動を展開するに当たっては，個々の農業者の経営実態や意向等を踏まえ，経営分析システム等を活用して技術・経営等の現状把握や計画づくりを支援するとともに，農業者と相談を行いながら計画的に課題の解決に取り組むカウンセリング・コンサルテーション等の手法を効果的に活用する」
　（農林水産省「協同農業普及事業の実施についての考え方」2000 年）

　このように，2000 年に交付された「協同農業普及事業の運営に関する指針」では，農業者の経営管理能力の向上に重点が置かれており，これを実現するために，個別農家の経営全般に対する普及活動を展開する事が示されている．そして，これを「カウンセリング・コンサルテーション」という新たな手法により，推進する事が示されている．

　この「カウンセリング・コンサルテーション」を通じた経営全般に対する普及活動は，従来と異なる性格を持つ点に注意する必要がある．従来の普及活動は，技術指導や簿記の記帳のような，教科書的な要綱が存在し，講習会のような形態で普及が図られるものであった．ところが，この「カウンセリング・コンサルテーション」を通じた経営全般に対する普及活動は，個別の農家に対する面談を通じて，必要に応じた経営に対する支援を行うものである．これは普及センターの活動が，全ての農家に等しく働きかける普及活動のみならず，個々の農家が抱える具体的な経営上の問題に対応することを示すものである．これは普及活動の新しい局面を意味すると言って良い．

　加えて，ガイドラインに示されているように，関連機関との連携強化が求められる点も，大きな特徴となっている．この関連機関との連携強化は，次の二つの要因によって求められていると考えられる．それは，一つには，新しい「カウンセリング・コンサルテーション」を通じた経営全般に対する普及活動が，対象とする農家のニーズに対応した具体的な支援内容を持たなければならないためである．そして，その農家のニーズに対応した支援内容を持つためには，従来の普及センターが担当していた領域を越えた問題に取り組まざるを得ないためである．また，農業経営は地域的な条件に規定される側面を持つため，経営全般に対する普及活動は，地域的な条件を反映した柔軟な対応が求められる．上述の二つの要因とも地域的な条件と深く結びついており，関連機関

との連携強化も，この地域毎の柔軟な対応の一環として捉えることが出来る．

　地域の特徴に応じた柔軟な対応は，場合によっては「カウンセリング・コンサルテーション」そのものに対する，普及センターの取り組みの濃淡を作ることになる．それは，普及センター以外の組織がすでに「カウンセリング・コンサルテーション」に取り組んでいる場合には，普及センターはその組織との連携を取るだけでよいことになろうし，またすでに経営者として十分な経営管理能力を備えた農家が多数存在している地域では，普及センターがこの課題に取り組む必要性が薄い場合もあるからである．この普及センター毎に「カウンセリング・コンサルテーション」に対する必要性に濃淡があることも，この新しい普及方法の特徴である．そこで，次にそれぞれの普及センター毎の普及基本計画を検討し，その中に「カウンセリング・コンサルテーション」がどのように課題化されているかを確認してゆきたい．事例として岩手県と茨城県を取り上げる．この２県を取り上げるのは，両県とも東京の市場を主な出荷先とした野菜産地化が進んでいる点，そして農業が地域の主要な産業の一つに位置付いている点による．

２）岩手県

　岩手県は，2000年の農林水産省告示を受けて，普及基本計画を変更している．そのため，1996年より実施されていた普及基本計画は，2000年度までの計画であったが，最後の１年を残して変更されている．このため，次の普及基本計画は2000年から2004年の期間となっている．

　岩手県の各普及センターが作成する普及基本計画では，概ね五つの課題が設定され，それぞれに対してより細かい指導項目が設定され，さらにその指導項目に対して具体的な指導内容が規定されている．この普及基本計画に設定されている課題は，1996～2000年と2000～2004年のものでは，それぞれ異なっているが，農家の経営管理能力の向上に関する課題が含まれている点は共通している．この1996～2000年と2000～2004年の普及基本計画の，農家の経営管理能力の向上に関する課題を表2.2に比較した(註3)．この表2.2に示された農家の経営管理能力に関する課題における指導内容を比較すると，1996～2000年の普及基本計画では，簿記の記帳や認定農業者への誘導が主なものとなっているのに対して，2000～2004年のものでは，「カウンセリング・コンサルテーション」が新たな指導内容とされている点が大きな特徴となっている．

第3節　カウンセリング・コンサルテーション

表 2.2　岩手県におけるカウンセリング・コンサルテーションの普及課題化の状況

普及センター	1996年～2000年			2000年～2004年		
	課題	指導項目	指導の内容	課題	指導項目	指導の内容
一関	体質の強い経営体の育成と農業生産基盤の加速的な整備	認定農業者等の経営体の経営管理能力の向上	認定農業者への誘導 経営診断、分析指導の効率実践	経営感覚に優れた主業型農家の育成	農業経営管理能力の向上	個別対応方式による経営改善指導　カウンセリング 経営分析・診断による経営改善指導　コンサルテーション
花巻	体質の強い経営体の育成と農業生産基盤の加速的な整備	経営感覚に優れた経営体の育成	認定農業者制度の啓発 記帳の完全実施による経営の見直し 主業型農家の認定農業者への誘導促進 農用地の利用集積・調整支援 経営記帳、経営分析・診断指導 経営改善、制度資金、融資指導 組織作りと活動の支援	経営感覚に優れた主業型農家の育成	個別対応方式による経営改善総合指導	経営の分析・把握 農家カウンセリング指導 農家コンサルト指導
水沢	体質の強い農業構造の確立と農業生産基盤の加速的な整備	優れた経営感覚の醸成	異業種の経営戦略の優れた生産組織の経営戦略の研修 各作目最低コスト生産	主業型農家の育成	方面隊によるカウンセリング、コンサルタント活動による経営意識の醸成	
		生産組織、主業型農家の経営指導	簿記記帳 経営分析、診断等		パソコンを利用した経営管理能力の向上	
					家族協定経営推進による就業条件整備	
久慈	多様な担い手の育成	主業型農家等担い手の育成	経営記帳、管理能力の向上対策 認定農業者育成	経営感覚に優れた主業型農家の育成	認定農業者へ誘導と経営改善支援	経営管理研修、家族協定締結等
		企業感覚を備えた経営体の育成				

資料：各普及センター「普及基本計画」各年次

いま，表2.2に示した2000〜2004年の課題を見てみよう．各普及センターともほぼ共通して「経営感覚に優れた主業型農家の育成」という課題名が示されている．これは(1)に引用した農林水産省告示に示された主要課題の一つである，「経営感覚に優れた農業の担い手の育成及び支援」に対応する課題であると言える．すでに整理したように，この農林水産省告示に合わせて，岩手県は運営方針を作成しており，各普及センターはこの県が作成した運営方針を参考としながら，普及基本計画を作成している．そのため，表2.2に整理した普及センターの全てが，ほぼ同じ課題名を持っているのである．そしてこの「経営感覚に優れた主業型農家の育成」の推進のために，「カウンセリング・コンサルテーション」を手法とすることが，過半の普及センターで明記されている．これも農林水産省および県の方針に示されているものである．ただし，表2.2に示されているように，全ての普及センターでこの「カウンセリング・コンサルテーション」が明記されているのではない．

表2.2に整理した普及センターの中では，久慈普及センターには「カウンセリング・コンサルテーション」の手法を取ることが明記されていない．その普及内容は，経営管理研修と家族協定締結である．それはむしろ従来通りの普及内容であると言うことが出来る．

このような差異は，単なる課題作成担当者の意向とは考えにくく，むしろその管轄地域の農業構造や普及の現場におけるニーズに規定されたものであると考えられる．なぜなら，このような普及センター毎の普及課題の差異は，茨城県においても見られるものだからである．

3）茨城県

茨城県については，2001〜2005年の普及基本計画と2002年に変更された普及基本計画を表2.3に対比した．すでに見たように，岩手県においては，2000年に告示された農林水産省の運営方針を受けて，2000〜2004年の普及基本計画として，普及基本計画が変更されている．一方，茨城県は表に見るように，2001〜2005年の普及基本計画は，2000年に告示された農林水産省の運営方針に準じた普及課題となっているものの，「カウンセリング・コンサルテーション」の手法を取ることが明記されるのは，2002年に変更された普及基本計画からである．このため，表2.2に見た岩手県における普及基本計画の内容の変化は，茨城県においては，2001〜2005年の普及基本計画と2002年の変更の間

第3節　カウンセリング・コンサルテーション　（ 39 ）

表2.3　茨城県におけるカウンセリング・コンサルテーションの普及課題化の状況 I

普及センター	2001年〜2005年			2002年の変更		
	課題	指導項目	指導の内容	課題	指導項目	指導の内容
下館	経営管理に優れた経営体の育成	農業経営の計画化	経営ビジョンの明確化／家族経営協定の推進／家族労働の適正化／休日制、給料制の導入推進／臨時雇用の安定導入／就業規則等の整備	同左	経営改善の計画化／農業経営の近代化	コンサルテーションによる技術・経営改善支援／課題解決のための実証圃場設置／家族経営協定の推進／認定農業者への誘導
麻生	経営感覚に優れた中核的農業者の育成	経営基盤の整備によるゆとりある経営の確立支援	経営基盤の整備強化／制度資金利用推進、積極方策等の指導／経営改善指導の強化／経営体個別濃密指導、経営診断、家族経営協定の推進	同左		カウンセリングの実施／技術および経営改善支援／経営改善モデル策定、制度資金活用等
笠間	認定農業者など意欲ある経営体や法人の育成		経営管理向上講座等の実施／アンケート、カウンセリング等の実施／家族経営協定の啓発／制度資金活用支援／経営改善計画の誘導等	同左	個別経営改善モデル農家育成／経営管理能力の向上／経営改善計画の推進	カウンセリングの実施／経営分析診断／経営改善対策提示等／パソコン簿記講座開催／法人への経営診断コンサルの実施等

資料：各普及センター「普及基本計画」各年次

表2.4 茨城県におけるカウンセリング・コンサルテーションの普及課題化の状況Ⅱ

普及センター	2001年～2005年			2002年の変更		
	課題	指導項目	指導の内容	課題	指導項目	指導の内容
土浦	経営管理能力に関する指導課題無し			消費者ニーズに対応した経営体の育成	経営管理能力の向上	パソコンを利用した複式簿記記帳／財務諸表作成と経営分析／制度資金を利用した経営改善
						経営改善目標の早期達成
江戸崎	優れた担い手の育成	個別経営体の育成	経営目標、経営計画／生活と営農設計の樹立支援／新技術、作目、作型の導入定着促進	同左	同左	制度資金借受者への事前、事後指導
			経営改善計画の樹立支援／簿記記帳や分析・診断の実施支援／家族経営協定締結推進／農業労働・労務管理の促進／制度資金の利活用支援／JA、農業委員会、市町村との連携による農地流動の促進			認定農業者への経営改善指導／複合経営農家に対する経営診断・分析
						支援体制の強化／経営改善支援センターとの連携／家族経営協定の推進

資料：各普及センター「普及基本計画」各年次

第3節　カウンセリング・コンサルテーション　（41）

で生じていると考えて良い．そしてそれは，表2.3に見るように，岩手県に見られたものと同様の傾向を示している．

　表2.3に，普及基本計画に「カウンセリング・コンサルテーション」を明記している代表的な普及センターの，農業者の経営管理能力の向上に関する課題を示したが，これは岩手県に確認したと同様に，農林水産省が示した重点課題の「経営感覚に優れた農業の担い手の育成及び支援」に対応することは明らかである．そしてこの課題における普及指導の内容に，「カウンセリング・コンサルテーション」が示されている．この点においても岩手県と同様である．

　一方，表2.4に，普及基本計画に「カウンセリング・コンサルテーション」を普及内容として示していない普及センターを示した．表に示した土浦，江戸崎では，「カウンセリング・コンサルテーション」が明記されていない．とくに土浦では，2001〜2005年の普及基本計画には，農家の経営管理能力に関する課題そのものが設定されていなかった．これは特筆すべき特徴である．表2.2に整理した岩手県も含め，経営管理能力に関する事項を課題化していなかった普及センターは土浦以外に見られない（註4）．そこには簿記記帳をはじめとする，経営分析の基礎となる指標を把握する事も，課題には挙げられていなかったのである．この簿記記帳や経営分析は，2002年の変更において課題化されていることが興味深い．農業者の経営管理能力に関する課題に関して，2002年の変更において土浦普及センターは，他の普及センターが変更前に持っていた指導の内容に変更した事になる．

　以上のように，土浦を例外とするが，農業者の経営管理能力の向上に関する普及内容は，表2.2，表2.3，表2.4に共通して，農林水産省告示を受けた変更の前では，経営改善計画の作成と認定農業者への誘導，家族協定締結促進，制度資金利用の支援といった制度的な事項に関するものと，簿記記帳の指導が主な内容であった．これが「カウンセリング・コンサルテーション」を通じた農業経営全般を対象とした支援に変更されているのである．しかし表2.2における久慈普及センター，表2.4における土浦普及センターと江戸崎普及センターでは，「カウンセリング・コンサルテーション」を通じた農業経営全般にわたる支援が課題として明記されていない．この三つの普及センターに示された普及内容は，家族協定の推進や，簿記記帳推進といった，他の普及センターの改訂前の普及内容が示されている（註5）．

このような普及センターごとの普及内容の差異は，その地域の農業構造と深い関係が有ると考えられる．そこで，次に，表に示した普及センターの管内の農業構造を，最も明示的に示すと考えられる指標を元に，その特徴を確認してゆきたい．

(3) 普及センターの課題に差異が生じる背景

前項に見た，それぞれの普及センターの担当する地域の，販売農家に占める専業農家率と3,000万円以上の農産物販売額がある農家(注6)の比率を，図2.2に示した．図には，「カウンセリング・コンサルテーション」の課題を掲げていない土浦普及センターと久慈普及センターの管内では，販売額3,000万円以上の農家割合と専業農家率の両方が高いという特徴が示されている．ただし，茨城県では，土浦の他に江戸崎普及センターも，「カウンセリング・コンサル

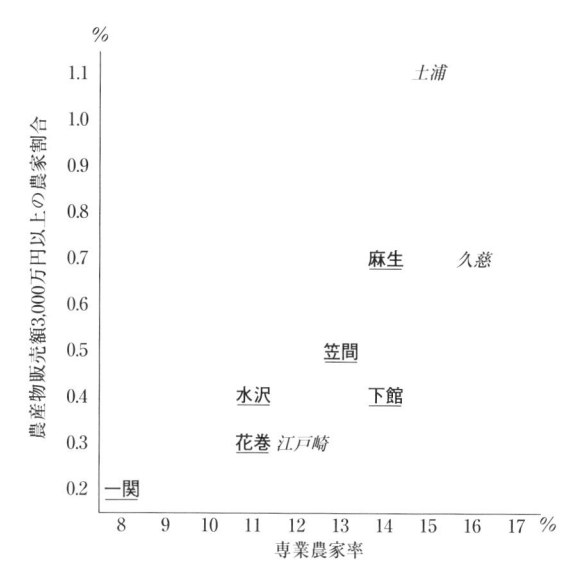

注：農産物販売額3,000万円以上の農家割合は，それぞれの普及センター管内の市町村のうち，最大と最小の値をもつ市町村を除いて集計した．専業農家率も，集計した市町村の値である．
太字下線は「カウンセリング・コンサルテーション」を普及基本計画に明記している普及センターを表す．
資料：農林水産省統計情報部『世界農林業センサス』2000年

図2.2 各普及センター管内における農業生産の担い手農家の存在状況

第3節　カウンセリング・コンサルテーション　（43）

テーション」を明記していなかった．この江戸崎普及センター管内の販売額3,000万円以上の農家割合と専業農家率は，土浦・久慈より遙かに低く，「カウンセリング・コンサルテーション」を課題として明記している普及センターの値と同様の水準を示している．この江戸崎普及センターを例外とすれば，「カウンセリング・コンサルテーション」の課題と，専業農家率および販売額3,000万円以上の農家割合との間に，一定の相関関係が見られる．

　この大規模に経営を展開している農家が相対的に多い地域の普及センターにおいて，「カウンセリング・コンサルテーション」といった，個別面談による農家・農業経営体の経営管理能力の向上を図るという課題が明記されない傾向は，とくに農産物販売額3,000万円以上の農家の割合が最も高い土浦普及センターが明瞭に示している．土浦普及センターでは，表2.4に見るように，2001～2005年の普及基本計画に，そもそも経営管理行為に関する事項を課題化していなかった．そして2002年の変更において，あらためて経営管理能力の向上が課題となるのだが，その内容は簿記記帳を中心としたものであった．これは表2.2～4に示した他の普及センターにおける，2000年の農林水産省の告示を受けた普及基本計画変更前の課題であると言うことができる．この過半の普及センターで「カウンセリング・コンサルテーション」が課題化される中で，土浦普及センターのように「カウンセリング・コンサルテーション」を明記しない普及センターが存在する背景は，仮説的に次のように指摘できる．

　第1に，簿記記帳の普及の有無が，「カウンセリング・コンサルテーション」の展開の基礎となっている事が考えられる．なぜならば，経営管理上必要となる計数の把握ができる農業者でなければ，「カウンセリング・コンサルテーション」の効果的な実施は難しいと考えられるからである．

　簿記記帳の普及は作物や経営状態によって大きく規定されると考えられる．例えば，酪農や大規模水稲経営，園芸経営のような資本集約型の経営にとっては，簿記記帳による計数管理が重要となるが，露地野菜のような労働集約型の経営では，総売上と総経費（註7）の把握以上の管理を行う問題意識は低いと言って良いだろう．このため，簿記記帳の普及状況は，地域によって異なると考えられる．表2.4に確認したように，土浦普及センターでは，もともと簿記記帳の推進の課題も掲げられていなかった．これは簿記記帳がすでに普及していたためではなく，むしろその地域の主要な作物の特徴から，簿記記帳の必要性

が農家に認識されていなかったためではないか，と考えられる．

表2.5に，普及基本計画を検討した各普及センター管内における，労働集約型の作物と考えられる野菜の，単一および準単一経営農家の割合を比較している．ここには，「カウンセリング・コンサルテーション」が明記されていない普及センターの管内では，野菜の単一および準単一経営農家が多い傾向が示されている．まず，茨城県について見ると土浦・江戸崎は麻生を除いた他の普及センターよりも露地野菜の単一および準単一経営農家が多い傾向にある．続いて，岩手県だが，岩手県に関しては，施設野菜も表に示した．これは，岩手県の施設野菜は，雨よけホウレンソウや夏場のビニールハウス栽培といった，露地野菜と同様に労働集約的な作物が多いためである（註8）．この岩手県においても，「カウンセリング・コンサルテーション」を課題化していない久慈普及センターの管内において，露地野菜と施設野菜の単一および準単一経営農家が多い事が示されている．この，茨城県と岩手県に共通する傾向が確認されることから，労働集約的な作物が盛んな地域では，「カウンセリング・コンサルテーション」よりも，簿記の記帳がまず強化されるべき課題となっていることが示唆されているといえる．

「カウンセリング・コンサルテーション」の前提として，まず簿記の記帳が進められる必要がある点は，普及センターに対する聞き取り調査においても，回答を得ている点である．土浦普及センターの経営に関する課題の担当者に対する聞き取り調査（註9）において，「カウンセリング・コンサルテーション」が明記されていない理由として，次の3点が挙げられた．まず，管内の作物が古くから取り組まれている作物であるため，経営に関するノウハウが農家に蓄積されており，普及センターが課題化する必要性が低い点である．次に，管内では露地野菜としてレンコン，果樹としてナシが多いが，両方とも比較的収益性が

表2.5 各普及センター管内の野菜農家の比率
(単位：%)

普及センター	単一および準単一経営	
	露地野菜	施設野菜
土浦（茨城）	10.02	
久慈（岩手）	2.98	17.88
江戸崎（茨城）	6.88	
麻生（茨城）	10.99	
下館（茨城）	1.74	
笠間（茨城）	1.00	
一関（岩手）	0.98	1.16
花巻（岩手）	1.65	0.90
水沢（岩手）	1.33	1.52

資料：農林水産省統計情報部『世界農林業センサス』2000年

高いため，経営に関する改善指導に対する農家のニーズが小さい点である．そしてこれらの作物はいずれも労働集約的であるため，計数把握があまり積極的に取り組まれていない点である．

次に「カウンセリング・コンサルテーション」が普及課題に明記されていない普及センターが有る第2の背景として，地域内の他機関が，すでに経営に関する「カウンセリング・コンサルテーション」を実施している場合が考えられる．

久慈普及センターの経営関係課題の担当者への聞き取り調査(註10)によれば，久慈地域内で「カウンセリング・コンサルテーション」の課題が明記されなかった背景として，次のような回答を得ている．それは「地域内では酪農家が多く，資金管理がシビアなこれら酪農家に対しては，以前より酪農専門農協が経営全般に関するカウンセリングやコンサルテーションを行っていた．このため，普及センターが新にカウンセリング・コンサルテーションを実施する必要性が低かったのではないか」(註11)というものである．

最後に第3の背景として，大規模農家が相対的に少ない地域は，より濃密な指導による大規模農家の育成が必要となる点が挙げられる．

全国的に農業生産の担い手の空洞化が叫ばれている．一方で，食料・農業・農村基本法に連動した農林水産省の「協同農業普及事業の運営に関する指針」は，経営管理能力の高い農業経営を育成するというものである．農家数が減少し，地域農業の維持が難しくなりつつある状況の中で，育成目標とされる農業経営は，地域の平均よりも大きな規模で，かつ自らの経営を刷新してゆく事が可能な経営体である．このような経営体は，近似的に図2.2に示した農産物販売額が3,000万円以上の農家と考えて良いと思われるが，この農家が相対的に多い地域は，食料・農業・農村基本法および農業改良普及事業が育成目標とする経営体が多い地域であるといえる．一方，相対的に大規模販売農家が少ない地域は，政策的に育成がもとめられる経営体が相対的に少ない地域でもある．この後者では，政策目標とする経営体の育成のためには，前者よりも大きな努力を傾けなければならない．「カウンセリング・コンサルテーション」といった，面談による濃密な指導と経営全般に対する支援は，このような政策目標とされる経営体の数が少ない地域において，より切実な取り組み課題となる．

普及センターによって，「カウンセリング・コンサルテーション」の課題化に差異がある背景として，以上の三つが仮説的に指摘できる．この三つの仮説の

うち第1と第2については，それぞれの普及センターの担当者への聞き取りにおいても指摘されている事項であるため，一定の信頼性が認められる．とくに第2の背景とした他機関との関係は，農林水産省のガイドラインに指摘されている点と，この普及課題が現場のニーズに合わせた柔軟な対応が求められる点から，重要な点である．なぜならば，次に見るように，その他機関においても，普及センターとの連携の必要性が考えられるからである．

（4）関連機関

1）農業協同組合

　農業協同組合の営農指導は，共同販売実施上の実務的な範囲に限られているのが実態だと考えて良いだろう．岩手県農業協同組合中央会での聞き取り調査でも，農業法人のような数の少ない場合は，同中央会の面談による農業経営全般に対する支援もありうるが，一般に単協にはそのような方針は無いとのことであった．また，この場合の農業経営全般に対する支援は，県中央会の持っている監査機能を活用した，財務管理に関する指導が主な内容となると考えられる．このため，必ずしも普及センターが課題としている，農家の経営管理能力の向上を指すものとは言えない．全国農業協同組合中央会も県中央会に，各単協の営農指導事業として，普及センターの「カウンセリング・コンサルテーション」の課題に相当するような，大規模農家の経営管理能力の向上を働きかけるような方針は持っていない．

　ただし，久慈普及センターの聞き取り調査の回答にあったように，酪農に代表される資本集約的な作物の場合には，資金管理をはじめとする経営全体に対する「カウンセリング・コンサルテーション」を，単協が実施する場合が多いと考えられる．この場合の農協による「カウンセリング・コンサルテーション」は，農家の経営全般を対象とした，普及センターが課題としているものと同様の取り組みであると考えられる．

　また，農協は地域で生産される農産物の販売と，資材供給において中心的な役割を負った存在である．いわば，農業の再生産過程における購買および販売過程を中心的に担っている組織である．普及センターが課題とする「カウンセリング・コンサルテーション」の手法を使った経営全般を対象とする支援において，この購買および販売過程における改善支援が必要となる場合も十分考え

られる．この場合，普及センターは農協と連携し，必要な支援を展開する必要がある．

以上のように，現在の農協の営農指導では，系統組織が組織的に経営全般を対象とした支援に取り組む体制となっていない．しかし，地域によっては，単協段階で取り組んでいる場合がある．また支援の内容によっては普及センターと農協が連携する必要があり，農協の営農指導が中心的に担う方が合理的な場合も考えられる．そのため，普及センターが推進する「カウンセリング・コンサルテーション」による，農家の経営全体に関する指導・支援は，関連する活動をしている農協と密接に連携する必要がある．

2）農業委員会・農業会議

農業経営改善支援センターも，普及センターおよび農協と同様に，農業経営全般に対する支援を行う組織である．この農業経営改善支援センターは，認定農業者に関連する制度として，1995年にスタートしたものである．認定農業者の認定を受けるには，経営改善計画を作成することが必要となるが，農業経営改善支援センターは，認定農業者の経営改善計画の実施を支援するための組織である．

農業経営改善支援センターの運営は，農業委員会・農業会議が担っているため，農業委員会・農業会議と同様に市町村段階・県段階・全国段階の三段階の組織となっている．ただし，農業経営改善支援センターの運営は，基本的に市町村段階での対応に大きく依存している．このため，稲本[4][5]が指摘するように，その活動は多様な内容を持つものとなっている．

農業経営改善支援センターが共通して抱える問題として，市町村の農業委員会の職員数が限られているため，農業経営改善支援センターの業務を現有の農業委員会の職員および関係者で進めることが難しいという問題がある．岩手県を例にとれば，この問題への対処は，マネージャーとよばれる専門家を雇用し，この農業経営改善支援センターの業務を委託する方法によっている．このマネージャーが，認定農業者の経営相談に対応し，経営改善計画の実施を支援する．マネージャーには普及センターOBが選ばれる場合が多いとのことである．

岩手県のマネージャーの業務は，認定農業者の経営改善に関わる全般的な相談対応から，地域における認定農業者への農地集積のための合意形成を支援す

る場合まで，多岐にわたる活動内容を持つ．この活動には，普及センターが「カウンセリング，コンサルテーション」により達成しようとしている農業経営の改善や農業者の経営管理能力の向上とかなり共通性を持つと考えられる．そのため，岩手県では関係機関（普及センター，農協，行政の出先機関等）との連携を深めることが課題として意識されている．表2.4の江戸崎普及センターにみられるように，茨城県においても普及センターと農業経営改善支援センターとの連携強化が意識されている．今後この両組織の連携が重要となると考えられる．

（5）普及センターと「カウンセリング・コンサルテーション」

「カウンセリング・コンサルテーション」を通じた，農家の経営全般に対する支援は，普及センターにとって新しい取り組み課題である．このため普及センターにノウハウの蓄積が乏しい．現在多くの普及センターは，旧来より取り組んできた課題に加え，このノウハウの蓄積の乏しい新しい課題に取り組んでいるのである．一方で，関連組織である農協や農業委員会・農業会議も，農家の経営管理能力の向上に関わってきた組織である．とくに農業委員会・農業会議が運営する農業経営改善支援センターは，「カウンセリング・コンサルテーション」のような手法を通じて，経営管理能力に長けた農家の育成に取り組みつつある．このため，普及センターが新たに取り組む「カウンセリング・コンサルテーション」に先行して，この手法および課題に取り組んでいる場合もある．また，地域によっては，このような手法・課題の重要度が低い地域もあるといえる．

　本節では，普及基本計画の検討を通じて，「カウンセリング・コンサルテーション」の課題化に，普及センター毎の差異があることを確認した．そしてその課題化の差異の背景として，農業構造や作物毎の事情，また農協や農業委員会のような関連組織の対応が考えられることを，仮説的に示した．いずれの場合にも，地域の実状に合わせた普及方法を持たなければならない状況を示しているといえる．この，普及センターそれぞれの管内の実状に合わせた柔軟な対応を求められる点が，従来の普及課題と大きく異なる特徴である．従来は，簿記記帳のような基本的な経営管理に関わる事項を普及課題とし，教科書的な要綱をもって，講習会等で一律に普及を図ることができるものであった．そのため

に，各普及センターで比較的一律に担われるものであったといえる．しかし，「カウンセリング・コンサルテーション」を通じた個別の経営全般への支援は，普及基本計画に見たように，必ずしも全ての普及センターで一律に担われるものではない．そしてそれは普及現場の実状に合わせた対応と，関係機関との連携が強く求められるものである．この普及センターと関連機関との連携の在り方を考えるならば，効果的な対応を実現するために，普及センター，農協，農業経営改善支援センターといった従来の行政上の枠組みを超えた「カウンセリング・コンサルテーション」の実施主体を形成する必要性も想定される．この点においても農業改良普及事業の大きな転換点を示すものと言って良いだろう．

第4節 農業改良普及事業における経営意思決定支援情報システム

農業経営では家族経営が主体であり，企業経営に比較し一般に経営規模が小さいこともあり，全体的にみれば個々の経営段階での情報システムの利活用はあまり進んでいない．こうした現状にあって，農業改良普及事業における経営指導やコンサルテーションでは，情報システムの活用が重要視されてきており，情報システムの開発・運用が行われている．そこで，本節では，意思決定支援情報システムの一般的動向を踏まえて，普及組織における情報システム活用の現状と課題について検討を行う．

(1) 企業における意思決定支援情報システム開発の動向

情報システムの研究開発は，経営意思決定の支援を目標とする研究領域の一つである．また，既に指摘したように農林水産省「協同農業普及事業の運営に関する指針」では「個々の農業者の経営実態や意向等を踏まえ，経営分析システム等を活用して技術・経営等の現状把握や計画づくりを支援する」方針が示されており，経営支援における情報システムの役割に期待が高まっている．そこで，以下では，村田・飯島〔11〕に基づいて，一般企業における情報システムによる意思決定支援の現状と課題について概観する．

ビジネスにおける CBIS (Computer-Based Information Systems) は，1950

〜1960年代の初めにかけて大企業を中心に開発・運用が進められた EDPS (Electric Data Processing Systems) に始まる．1960年代に入ると「単なるデータ処理に加え，統合化されたデータ処理環境を実現し，また，経営者のプランニングやコントロールに必要な情報を，主として例外的状況を報告書の形で適時提供する MIS (Management Information System)」が提唱された．MIS の目的も意思決定支援であり，被支援者（意思決定者）は企業におけるさまざまな階層の管理者である．一方，支援者は，意思決定者の情報ニーズを理解し，よりよい意思決定のためのデータを提供し，システムを構築するデータ処理担当者やシステム専門家が想定されている．決定プロセスの前段階である情報処理プロセスの「可能な限りの自動化」発想に基づく情報システム化が行われたが，そこでの支援は能率性向上のレベルにとどまることになったと，いわれている．

　こうした MIS は，「そのトータルアプローチゆえに適用範囲がせばめられ，構造化された業務的コントロールのセルに属する問題にしか対応できない」とされ，半構造的な問題に対処する情報システムとして DSS (Decision Support System) が提案された．DSS は，「経営管理者による半構造化問題の解決を支援するために構築され，意思決定の効率性・生産性よりも効果を重視する」システムである．「DSS 研究の中で支援という言葉は，経理管理者の意思を改善するために情報技術・情報システムを利用すること，という程度の意味で使われてきたように見受けられる」とされている．また，DSS の研究は，技術（システム）に偏重しており，意思決定（Decision）を復権させるべきであるとの意見も紹介されている．支援（Support）に関しては，「意思決定プロセスのモデル化とそこに必要とされる情報の分類が定義され，それにしたがって適合的なデータを与えればそれが支援になるといった調子で論じられる」と指摘されている．また，DSS が特定のユーザを想定したものであれ，不特定多数のユーザのために提供されるものであれ，「情報システムによる支援という機能が十分に遂行されるためには，能力のあるユーザを前提にせざるをえない」ことが指摘されている．意思決定者が直面する問題状況は常に激しい変化を続けており，DSS が提供する「データをどう処理し，その意味をどのように読み取るかがそこでは決定的に重要なのであって，DSS を生かすも殺すもユーザ次第なのである」とされている．

第4節　農業改良普及事業における経営意思決定支援情報システム　（ 51 ）

　DSSは個人の意思決定の支援を対象としていたが，経営組織の意思決定支援を目的とする情報システム「ワークフロー」が最近は注目されている．ワークフローは，「経営組織における意思決定や情報処理といった諸活動の構造体としてのジョブに対して，その目的を実現するために，ジョブの達成や改善をねらったもの」である．

　こうしたCBISの歴史は，「さまざまな概念の爆発的ブームと，否定的見解を伴ったその早すぎる衰退とが繰り返されてきた」ものであり，「まさに，情報システム概念に関する優れた発想とその貧困な理解のせめぎあいの歴史」であったことが指摘されている．最近では，「情報技術と人間ならびに組織との整合性を強調する」論調が注目されている．こうした論調は，「短期的な比較的構造化された問題領域にはCBISを利用していたが，新製品開発という戦略的な非構造化問題の解決は個人の資質，感性，経験に基づいて行われ，そうした活動を，独創的発想を是とする組織文化が後押ししている」といわれている．つまり，「非構造的で創造性を必要とされる意思決定において人間的・組織的要因が重要な役割を果たしている」と結論づけられている．

　こうした背景から，「高度な判断を必要とし，CBISで実現しようとしても経済的に割にあわないような複雑な処理パターンを，多能工化や職務拡大といった方策を通じて人間の情報処理能力を高めることにより，人間に委ねている」企業の事例が多数存在することが指摘されている．つまり，CBISの単純化・簡潔化の方向である．これは，従来の「可能な限りの自動化」発想からの脱却した「望ましい範囲での自動化」，「情報システムによる人間の支援」から「人間が情報システムを支援する」という現象である．

　結論的には，「情報システムによる人間の支援」，「人間による情報システムの支援」の何れにおいても，「支援が経営組織の中で有効に機能するためには，まず第1に，能力ある人間の存在が大前提」となる．このことは，「必要な技能・能力を人間に持たせるための教育あるいは人材育成のしくみを整えるとともに，技能・能力の発揮を支える組織の構造，制度，文化，体質を整備することが，情報システムによる支援の実現のために重要であることを意味している．つまり，「情報システムの設計と組織の設計とは不可分」と考えられるようになっている．同様のことは情報システム開発の現場でも重視されてきており，システムの設計時には組織分析が前提とされ，こうした考え方に有効なモデル記

述言語 UML (Uniform Modeling Language) も提案されている．

（2）経営指導・支援内容と情報システムの活用状況

「普及現地事例情報 1998年～2000年」（全国農業改良普及協会）におけるパソコン利用による経営管理指導・支援事例の数は，1988年以降36件，47件，60件と増加傾向にある．このうち，「簿記」関係は 36.8～48.3％と高い割合を占めている．「支援」関係は，1998年は見られなかったが，1999年からは 20.0～21.3％をしめるようになっている．全国農業改良普及協会が実施した「普及センターにおける経営指導・支援内容と経営ソフトの活用状況」についてアンケート調査（2002年）を見ると，個別経営体では，「簿記記帳指導」95.6％，「経営分析・診断」94.2％，「生産技術対策」83.2％，「経営・生活設計」71.5％，「資金管理」62.8％が「主な経営指導・支援項目」として回答が50％を越えている（表2.6）．組織経営体では，対象となる経営体数が少なくなるため比率の水準自体は低下するが同様の傾向が見られる．ただし，「法人設立指導」や「出荷・販売管理」の比率が相対的に大きくなっている点が特徴的である．「経営ソフト」を活用していない普及センターは見られないが，「活用」している普及員の割合は 44.9％（調査対象 3,019人のうち 1,356人）であり，約半数の普及員は「活用」していない現状がある．「経営ソフト」を「活用している」普及員の活用場面も，「簿記記帳指導」，「経営分析・診断」，「経営・生活設計」，「資金管理」の比率が高いという傾向には変わりがない．ただし，「生産技術対策」の比率は小さくなっている点に特徴が見られる．

（3）新農業経営指導支援システムFMSSの概要と課題

「簿記記帳指導」に関しては，民間企業，公立農試，大学などで開発された簿記システムが多数あり，普及センターにおいても市販システムを中心に広く利用されている．しかし，「経営分析・診断」や「経営・生活設計」に関しては統合的な機能を持った既存システムが見られなかったため，全国農業改良普及協会が農林水産省の事業として「新農業経営指導支援システムFMSS」を開発している．新FMSSは1999年から運用が始まり，現在（2002年7月），農業者792人，農業改良普及組織（農業改良普及センターおよび専門技術員等）734カ所で利用されている．本システムは，経営分析・診断システムと経営計画シス

第4節　農業改良普及事業における経営意思決定支援情報システム

テムから構成されている（全国農業改良普及センター〔18〕）．前者は，インターネットを活用して全国レベルの経営間比較分析や指標値比較分析を行うことができるWebシステムである．後者は，収支計画・資金繰りなどの財務管理および土地・労働・機械装備などの制約を考慮した生産計画の連動を可能にし

表2.6　普及センターにおける経営指導・支援内容と経営ソフトの活用状況

1）個別経営体および組織経営体別の主な経営指導・支援項目（複数回答）

	個別	組織
①簿記記帳指導	95.6	43.8
②経営分析・診断	94.2	48.9
③経営・生活設計	71.5	24.1
④資金管理	62.8	34.3
⑤法人設立指導	24.1	24.1
⑥労務管理	25.5	16.8
⑦税務対策	21.2	8.0
⑧社会・労働保険	4.4	4.4
⑨出荷・販売管理	38.7	26.3
⑩産地育成	38.7	19.7
⑪生産技術対策	83.2	48.2
⑫その他	2.2	1.5
無回答	0.0	24.1

回答普及センター数 n = 137

2）「活用している」普及員の活用場面状況（複数回答）

	個別	組織
①簿記記帳指導	94.9	44.5
②経営分析・診断	87.6	40.9
③経営・生活設計	46.0	16.1
④資金管理	51.1	21.2
⑤法人設立指導	8.0	5.1
⑥労務管理	14.6	6.6
⑦税務対策	22.6	7.3
⑧社会・労働保険	0.0	0.0
⑨出荷・販売管理	32.1	15.3
⑩産地育成	9.5	5.8
⑪生産技術対策	23.4	11.7
⑫その他	1.5	1.5
無回答	1.5	43.1

出典：全国農業改良普及協会「情報システムを活用した普及活動に関するアンケート調査」．
　　　調査対象は,全国46の都道府県庁農業改良主務課および137の農業改良普及センター2001年12月配布．2002年1月回収．

た点に特徴があるスタンドアローン・システムである．経営計画システムのコンセプトは，生産計画に裏打ちされた財務計画，そして財務計画を考慮した生産計画を作成できる点である．財務計画と生産計画の連動・統合については，理論的に十分とは言えない部分も残されているが，以下に示すように，本システムは実用重視の姿勢で設計している（南石〔12〕）．

「財務計画」は単独でも利用でき，旧 FMSS や「ニューファーマー NT」など既存のシステムで，「設備投資計画」，「資金調達計画」，「資金繰り計画」などと言われているものと一部類似の機能を持っているが，機能強化と共に操作性が大幅に向上している．具体的には以下の機能がある．機械・施設導入計画では，導入済みあるいは導入予定の機械・施設を設定することで，今後 10 年間の減価償却費を計算する．借入金返済計画では，借入れ済みあるいは借入れ予定の資金の設定をすることで，今後 10 年間の返済額（支払利息や償還金）や残高をシミュレーションする．収支計画では，部門別の売上高や経費を設定し，機械・施設導入計画で設定した機械・施設の減価償却費，借入金返済計画で設定した借入金の支払利息などと併せて，今後 10 年間の利益（法人），所得（農家）や農家経済余剰などをシミュレーションする．資金繰り計画では，上記計画により策定された数値を元に，資金の調達と運用の視点から今後 10 年間の資金繰り計画をシミュレーションする．

生産計画は，作物や品種毎の試算面積を入力し，売上，経営費，所得，労働時間，機械作業時間などを試算する．こうした経営シミュレーションを行う既存システムも幾つか開発されているが，本システムは，「営農技術体系評価・計画システム FAPS」（南石〔13〕）の試算分析機能を簡略化したものであり，以下のような特徴がある．試算を行うためには，栽培する作物・品種・作期毎の収量，価格，変動費，労働時間，土地利用などの「作業体系データ」が必要になる．将来の収量や価格については，豊作年や不作年，見通し（強気，慎重）によって幾つかの想定ができるように，三つのケースが設定できる．これによって，収量変動や価格変動に起因する収益リスクの分析ができる．試算面積が自作地を越える場合には，予め設定した地代を支払うことによって，自動的に借地がなされる計算となる．同様に，試算面積通り作付けすると，家族労働力で対応できない場合には，予め設定した雇用労賃で雇用（臨時）が導入される．これらの試算においては，家族構成員の変化や加齢に伴う家族労働可能時間の変化（減

第4節 農業改良普及事業における経営意思決定支援情報システム

少),地代などの経営環境の変化を10年間設定できる.

新FMSSの問題点や改善希望点に関するアンケート調査によれば,都道府県農業改良主務課では活用を阻害する問題点として,「活用できるデータを提供できる農家が少ない」(56.5%),「データの収集,蓄積に時間がかかる」(65.2%),「利活用できる熟練普及員が少ない」(52.2%)といった項目が上位である

表2.7 新経営指導支援システムFMSSの課題

1) 新FMSSの活用上の問題点,改善点　　　　　　　　　　　(複数回答 単位:%)

アンケート項目/対象	都道府県主務課	普及センター
ア 活用できるデータを提供できる農家が少ない	56.5	47.4
イ データの収集,蓄積に時間がかかる	65.2	38.7
ウ 利活用できる熟練普及員が少ない	52.2	39.4
エ 操作が複雑すぎて使いにくい	19.6	28.5
オ 経営指標値は常時最新のデータ更新	13.0	9.5
カ わからない	0.0	12.4
キ その他	32.6	14.6
無回答	0.0	5.8
回答数 (件)	46	137

2) 新FMSSで,今後充実してほしい機能または追加してほしい機能　　　(複数解答 単位:%)

アンケート項目/対象	都道府県主務課	普及センター
月別資金繰り表の追加	28.3	18.8
最適経営規模を決定できる線形計画法の採用	10.9	6.3
画面操作の改善	8.7	8.8
経営分析に係わる分析指標,実数値による経営間(部門間)比較分析機能,経営分析項目の追加	6.5	8.8
適用部門の拡大(畜産,きのこ)	4.3	7.5
処方箋でのコメント表示,全体と比較した個別データのグラフ表示	4.3	3.8
資金運用表,キャッシュフロー計算書の作成	4.3	2.5
損益分岐点分析の修正(営業外収益の取り扱い,単価変動への対応)	4.3	—
制度資金借入金計画書や申請書との連動	—	5.0
操作性(機能)の改良・向上	—	5.0
経営シミュレーションや栽培シミュレーション,データベース化,コメント表示	—	3.8
回答数 (件)	46	80

出典:表2.6と同じ.
注) 何れの調査対象でも,回答率が3%未満のものは除外した.
　　回答率の多い順にソートしている.

(表2.7)．前二者は何れもシステム活用に必要なデータ収集が困難であることを意味している．普及センター対象の調査でもほぼ同様の傾向が見られ，データ収集の困難性とシステム利用者の能力向上が，システム活用の課題であることが示唆されている．新FMSSに充実および追加を希望する機能としては，都道府県農業改良主務課では，「月別資金繰り表」(28.3％)，「最適経営規模を決定できる線形計画法の採用」(10.9％)，「画面操作の改善」(8.7％)，「経営分析に係わる分析指標，実数値による経営間（部門間）比較分析機能，経営分析項目の追加」(8.7％)，「適用部門の拡大（畜産，きのこ）」(6.5％)を上位にあげている．普及センターでも「月別資金繰り表」(18.8％)が第1位でありその他の項目もほぼ同様の傾向を示している．

(4) 経営意思決定支援と情報システム開発の課題

農業改良普及センターの「今後の普及活動における経営ソフトの利活用についての意向」を見ると，「今後の経営ソフトの活用方向について」，10.9％が「大幅に増加する」，74.5％が「かなり増加する」と考えており，これらをあわせると「増加」すると考える普及センターは85％に達している（表2.8）．「増加する」場合の活用場面については，「簿記記帳」85.5％，「経営分析・診断」82.1％，「資金管理・計画」60.7％，「経営設計・計画」58.1％，「税務申告」53.8％などが50％を上回っている．「簿記記帳」が最も多いが，「資金管理・計画」や「経営設計・計

表2.8 情報システムを活用した普及活動の意向

今後の普及活動における経営ソフトの利活用についての意向

1) 今後の経営ソフトの活用方向について

	％
ア 大幅に増加する	10.9
イ かなり増加する	74.5
ウ 現状と変わらない	11.7
エ 減少する	0
オ その他	2.9
	100

回答普及センター数 n = 137

2)「増加する」場合の活用される場面について（複数回答）

	％
ア 簿記記帳	85.5
ウ 経営分析・診断	82.1
オ 資金管理・計画	60.7
エ 経営設計・計画	58.1
イ 税務申告	53.8
ク 出荷・販売管理	38.5
キ 生産管理	22.2
カ 労務管理	20.5
ケ その他	0

出典：表2.6と同じ．
注）比率の多い順にソートしている．

画」など経営改善の支援につながる内容も重視されている．新FMSSに対する「月別資金繰り表」作成機能の追加希望が多いこととも関連し，これらの計画分野の重要性が今後高まることが示唆されている．

新農業経営指導支援システムFMSSは，意思決定支援を目的とした一般企業向けの情報システムと異なり，経営指導や経営支援を行う普及員を主な利用者と想定するシステムである．また，一般に農業経営は企業経営と異なり，経営者（トップ）的機能，管理者（ミドル）的機能，監督者（ロー）的機能が専門化しておらず，必要とされる情報システムの役割や機能も異なっている．このため，EDPS→MIS→DSSといった一般企業における情報システムの変遷に，新FMSSを位置づけることは必ずしも適切ではない．しかし，新FMSSの目的を考えると，「経営管理者による半構造化問題の解決を支援するために構築され，意思決定の効率性・生産性よりも効果を重視する」というDSSに類似のシステムとして位置づけることができよう．

DSSでは，「情報システムによる支援という機能が十分に遂行されるためには，能力のあるユーザを前提にせざるをえない」ことが指摘されている．また，DSSが提供する「データをどう処理し，その意味をどのように読み取るかがそこでは決定的に重要なのであって，DSSを生かすも殺すもユーザ次第なのである」とされているように，新FMSSにおいても利用者である普及員のシステムの活用能力が重要になってきている．簿記記帳であれば簿記に対する一定の知識があれば，簿記ソフトを利用した記帳や分析の集団的経営指導を行うことは比較的容易である．しかし，「資金管理・計画」や「経営設計・計画」では，個々の経営実態に応じた分析や計画が求められるようになり，簿記記帳の指導とは比較にならないような分析結果の解釈能力が必要とされる．また，機能充実の希望が多い「月別資金繰り」に関しても同様である．システム活用上の課題として，データ収集の困難性とシステム利用者の能力向上が指摘されているのは，こうした点に対応するものである．

また，経営ソフトを「活用」している普及員の割合が5割に満たない中で新FMSSの今後の活用を進めるには，普及員の業務と情報システムの役割にまで遡って検討する必要がある．情報システムの利用率を向上させるには，「制度資金借入金計画書や申請書との連動」といった意見にみられるように業務に組み込まれたシステムとして設計することが要求される．しかし，一方で，こう

した業務は本来の普及員の仕事でなく，今後は経営コンサルテーションといった意思決定の支援が重要であるといった意見もある．このように，支援のための情報システムの設計・開発は，業務や組織の設計と不可分に関連しており，両者を関連づけて見直すことが必要である．また，一般企業におけるCBIS (Computer-Based Information Systems)の経験に学ぶならば，情報システムによる農業経営支援においても，「望ましい範囲での自動化」，利用者の能力向上による「人間が情報システムを支援する」という観点からの，組織と情報システムの再構築が求められることになろう．

第5節 おわりに

　本章では，農業経営意思決定に焦点をあて，農業改良普及事業を主な対象として，「支援」の内容および方法の現状について考察を行ってきた．先ず，第2節では経営意思決定支援と関わりの深い農業改良普及事業を取り上げ，普及基本計画の動向分析を通して，カウンセリングやコンサルテーションを通じた経営支援が普及活動の主要課題となりつつ有ることを示した．しかし，個々の普及センターを見れば，カウンセリングやコンサルテーションを通じた経営支援の必要性は，対象地域の農業構造や関連組織との関係によって規定される面が強いことも明らかとなった．例えば，本稿の事例では，簿記記帳の普及率が低い地域や大規模に経営を展開している農家が相対的に多い地域において，普及基本計画に「カウンセリング・コンサルテーション」が明記されない傾向がみられるのである．政策目標とされる農業経営を育成するためには，その農業経営全般を対象として，農業者の経営管理能力を向上させながら必要となる支援を与える必要がある．一方で，カウンセリングやコンサルテーションの前提となる係数把握が出来ていない農家に対しては，あくまでも基礎的な技能習得と記帳を促し，農業経営全般を対象とした支援を受ける準備を整える必要がある．「カウンセリング・コンサルテーション」の課題に見られる普及センター毎の差異は，この普及事業が今後用意してゆかなければならないステージ別の指導および支援の必要性を示すものである考えられるのである．

　第3節では，農業改良普及事業における経営支援の手段としても重視されている情報システムによる意思決定支援の現状と課題について検討した．パソコン利用による経営管理指導・支援事例の数は，1988年以降増加傾向にあり，「簿

記」関係の比率が高いものの,「支援」関係も増加が見られる.「支援」情報システムの代表例である「新農業経営指導支援システムFMSS」では,「活用できるデータを提供できる農家が少ない」,「データの収集,蓄積に時間がかかる」,「利活用できる熟練普及員が少ない」といった点が利用上の課題となっている.このように,経営支援情報システムにおいては,データ収集の困難性と情報システム利用者の能力向上が,情報システム活用の課題であることが示唆されている.利用者である普及員のシステムの活用能力は重要になってきている.簿記記帳であれば簿記に対する一定の知識があれば,簿記ソフトを利用した記帳や分析の集団的経営指導を行うことは比較的容易である.しかし,「資金管理・計画」や「経営設計・計画」では,個々の経営実態に応じた分析や計画が求められるようになり,簿記記帳の指導とは比較にならないような分析結果の解釈能力が必要とされる.

以下では,本章で取り扱うことのできなかった意思決定支援の内容と主体の問題について,既存の研究成果を参考にしつつ検討すると共に,組織科学における支援の定義と特徴からみた研究領域と課題について若干の試論を述べ,本章の結びとする.

(1) 意思決定支援の内容と主体

意思決定支援という観点から,農業改良普及事業における活動内容をみると,技術指導から経営指導へ,経営指導からコンサルテーションへと焦点が移っている.こうした経営意思決定に関わる支援の内容としては,以下のサービスが考えられる.

① 外部情報提供(技術情報,経営環境,経営動向に関するアドバイス)
② 内部情報の収集・解析・提供(簿記,管理会計,生産技術情報,販売情報に関するアドバイス)
③ 経営の現状分析(経営・技術診断に関するアドバイス)
④ 経営目標や経営問題の明確化(経営面・技術面に関するカウンセリング)
⑤ 具体的な問題の解決策への助言(経営面・技術面に関するコンサルテーション)
⑥ 経営戦略に関わる高度な経営判断支援(経営面に関するコンサルテーション)

稲本〔4〕は経営改善の領域と管理・実行過程を整理し，管理過程として，現状分析・経営環境の予測と分析，経営改善課題の把握，経営改善計画の策定，経営改善計画の進行管理をあげている．上記の外部情報提供，内部情報の収集・解析・提供，経営の現状分析は，現状分析・経営環境の予測と分析を支援するサービスに対応している．また，経営目標や経営問題の明確化は経営改善課題の把握を支援するサービスに対応している．具体的な問題の解決策への助言や経営戦略に関わる高度な経営判断支援は，経営改善計画の策定や経営改善計画の進行管理を支援するサービスに対応する．

ところで，技術指導→経営指導→経営支援といった支援内容の変化に伴い，普及活動の手段も集団指導から個別指導へとウエートが移ってきている．技術指導の場合には，技術の内容やノウハウといった外部情報を提供することが主眼となるため，個々の経営によって伝達すべき情報の内容に差が小さく，集団指導が可能である．また，集団指導によって，多様な質問や疑問を，参加者が共有できるというメリットもあったと考えられる．こうした特徴は，内部情報の収集・解析・提供のために行われる簿記記帳や財務分析を主体とする経営指導にも共通するものである．簿記記帳や財務分析の手順や手法は，経営や部門が異なっても共通しており，技術指導と同様に集団指導が適するものである．財務分析の結果の経営間比較を行うことで，経営者間の問題意識の共有や相互啓発が行われる面もある．しかし，コンサルテーションに代表される経営支援では，個々の経営によって，解決すべき経営問題や解決方法が異なり，経営の個別的事情が大きくかかわるため，個別対応が必要となる．

個別対応による経営支援には，従来の技術普及や簿記記帳・財務分析指導と異なり，経営の現状分析，経営目標や経営問題の明確化などのようにサービスの内容が個別的性質を持つという性質がある．また，技術内容やノウハウの伝達と異なり，個々の経営の実情に応じた診断や問題点の整理，解決策の策定など経営支援に長時間を要する面がある．特に，経済環境の変化や技術革新によって，経営環境が複雑化し変化のスピードが早い時期には，技術面および経営管理面における迅速かつ高度な判断が求められ，技術面および経営面の経営支援には専門的な知識と能力が求められる．

今後の支援内容を考える場合には，米国における精密農業に関連する経営支援の動向が参考になる．精密農業の推進は主にファームサービス会社や農業コ

ンサルタントによって行われており，以下のサービスが行われている（後藤・牧野・林〔1〕p.11）．

① 作業履歴や栽培履歴の圃場情報，気象情報，病虫害情報，品種情報，肥料や農薬等の資材情報，市場情報などの各種情報の農業者への提供
② 収量モニタ較正などの収量調査サポート，土壌調査，生育調査など．なお，収量データの測定・記録は，収穫作業と共に農業者が行うことが多い．
③ 上記データをもとに，収量マップ，土壌マップ（pHマップ，土壌養分マップ，排水性マップなど），生育マップ（近赤外航空写真の利用や雑草マップ等）などの圃場マップの作成．
④ 収量マップや土壌マップなどを，研究機関において蓄積されたデータと比較して診断を行う，施肥マップなどの作業マップを作成する．
⑤ これらのデータをデータベース化して，農業者に提供すると共に，作物・品種・資材の選定などにも利用する．
⑥ 施肥や防除を中心とした可変作業を行う．なお，暗渠補修，播種，灌漑は農業者自身が行うことが多い．

以上から明らかなように，精密農業は，農場全体の意思決定を改善する方向に向かっており，農業を行う場所，行うべきでない場所の意思決定，農場が農業機械の最適規模，農作業のより正確なコスト情報に基づくより良いマーケティング意思決定，などに及んでいる．これはまさに意思決定支援に他ならない．さらに，ここでは経営意思決定支援と農作業の外部化とが統合された形で経営支援が行われている．農業資材業界や農業機械業界の戦略ともあいまって，技術面および経営面を含む「総合的コンサルテーション」と生産・販売の実務の外部化を統合した総合的「経営支援」が，米国農業ではビジネスとして進行しているのである．

我が国における意思決定支援における支援主体は，現在のところ経営者の相互支援組織，農業協同組合（営農指導部門），税理士・会計事務所，経営コンサルタント事務所などの民間支援組織，農業改良普及センターや農業経営改善支援センターなどの公的支援組織に区分できる．佐々木〔15〕は，提供されるサービスの提供者と受容者の関係に着目し，提供者と受容者が未分化の場合をメンバーサービスとよび，両者が分化している場合をパブリックサービスとよんでいる．この区分に従えば，通常，経営者の相互支援組織や農業協同組合

（営農指導部門）のサービスはメンバーサービス，民間支援組織や公的支援組織によるサービスはパブリックサービスに属すると考えることができる．

メンバーサービスの事例としては，北海道十勝地域S町農協家畜診療課のサービスが紹介されている．ここには，獣医師11名，人工授精師2名，事務検査職員8名が配置されており，酪農データの加工・伝送および編集・技術指導を行っている（佐々木〔15〕，p.81）．パブリックサービスの事例としては，全国農業経営コンサルタント協議会などに属するなど農業経営を対象とする民間税理士事務所等がある．全国農業経営コンサルタント協議会は，1993年設立され全国の38事務所（1999年時点）が会員となっている（全国農業経営コンサルタント協議会〔19〕）．こうしたサービスでは税金申告書の作成と経営診断・分析をセットにした支援を行っていることが多い（小林他〔7〕，pp.50～51）．今後は，民間会社による会員制の経営支援サービスなどの形態も考えられる．例えば，トータル・ハード・マネージメント・サージスTHMS（北海道根室地域）は，先進的酪農家と獣医師が設立した民間支援組織であり，乳牛の診療，繁殖検診，飼料設計，総合的な技術コンサルタント業務を行っている（小林他〔7〕，p.50）．

小林他〔7〕（p.65）によれば，公的機関による酪農経営支援への不満として以下の点が指摘されている．

① 公的サービスが平日の日中に限定されるという時間的制約
② 多様な情報と新製品に対する第3者的知識の提供ができる人材の不足
③ 責任感や仕事ぶりに関するサラリーマン気質
④ 配置転換や転勤に伴いサービスの継続性が保証されない

ここで指摘されている点は，基本的には，民間会社や公的機関を問わず問題となるものであるが，顧客意識や機動性の低さはしばしば公的機関によるサービスの負の特徴として指摘される点である．これらの点は，集団による技術指導においてよりも，個別の経営支援の場合には大きな問題となる可能性が高い．個々の経営問題の解決に資するような経営支援は，サービス内容に対する責任とも関連し，公的機関には不向き面もある．技術面および経営管理面にわたる総合的コンサルテーションには専門知識と機動性を持つ専門職が必要になり，人材の育成や処遇を含めて公的機関と民間組織の役割分担を検討することが重要になると考えられる．

サービスの供給主体の議論は，サービスの結果に対する責任負担や費用負担との問題とも関連し，支援内容に応じた支援主体の分担を検討すべき時期にきているといえる．コンサルテーションのように個々の経営の経営改善や意思決定支援との関わり合いが強くなれば，支援サービス提供者にもサービス内容に対する一定の責任が生じると考えられる．しかし，こうした責任を公的機関が負担することは難しい面もあり，今後の検討が必要である．

　また，費用負担の面からみると，支援を受ける農業経営者が費用負担をする受益者負担サービス，納税者が費用負担をする納税者負担サービス，受益者と納税者が一定の割合で負担する受益者・納税者負担サービス，に区分できる．どういったサービスの形態が望ましいかは，支援の内容と手段によっても異なってくる．支援の効果が広く社会に還元され国民の福利厚生に資すると考えられる場合には納税者負担が妥当であろう．また，こうした効果が認められる場合でも，個々の経営が支援に対する費用負担を負うことが経済的に可能であり，また，それによってサービスの質が向上する様な場合には，受益者負担サービスとして提供することが妥当な場合もあろう．しかし，一方で個々の経営者が支援を必要としていても支援による効果が納税者に還元されない場合には，受益者負担によるサービスが妥当な場合もある．何れにしても，支援サービスの内容，手段，供給主体，費用負担の問題は，相互に関連し実務上も重要な今後の課題である．経営支援がない場合にはどのような問題が生じるのか，経営支援を行うことによってどのような効果が期待できるのか，経営支援やそれに伴う費用負担は誰が行うのか，これらは検討すべき具体的課題の一例である．

（2）意思決定支援研究の領域と課題

　経営意思決定の支援に着目すれば，組織科学における支援の考え方が今後の研究課題を考える出発点の一つとなる．そこでは，支援は「他者の意図を持った行為に対する働きかけであり，その意図を理解し，その行為の質の改善，維持あるいは達成をめざすもの」（小橋・飯島[8]，p.17）と定義される．この定義では，「他者の意図」や「その行為の質の改善，維持あるいは達成をめざす」という意図の有無が，支援を定義づけているが，「意図」は固定的なものでなく，環境に応じて変化するものでもあり，客観的に観察することは困難である．

このため，現状の民間および公的な「経営支援」組織が行っている各種のサービスが，こうした定義からみて「支援」であるか否かを議論することは生産的とは思われない．むしろ，このような支援の定義から，「経営支援」を分析する視点が重要であると考えられる．

支援の一般的特徴からみれば，支援を研究対象とする場合には，支援者を受ける被支援者の「意図を持った行為」は何かをまずもって明らかにすることが必要である．こうした被支援者の「意図を持った行為」の質の改善，維持あるいは達成をめざすにはどのような内容および方法による支援が考えられるのか，どのような効果が期待できるのか，望ましい支援のあり方は何か，どのような知識が支援に有効か，を明らかにすることも課題となる．こうした考え方にたてば，経営意思決定支援研究のテーマとして以下の点が考えられる．

① 経営者はどのような意図を持っているか（行為の意図の理解）．
② 経営者はどのような行為をとろうとしているか（行為の理解）．
③ 経営者のとろうとしている行為により，意図は達成されるか（行為の効果の理解）．
④ 経営者のとろうとしている行為の質の改善が必要とされているか（支援の必要性）．

また，行為は「行為者と，行為を取り巻く環境，行為者と環境のインターフェース，の三つの部分から構成される．行為のプロセスは，環境の認識，行為の決定，行為の実行，の三つの相に分解することができる．行為の決定には，行為の目的の決定と行為の手段の決定が含まれる」（小橋・飯島〔8〕，p.18）．こうした理解からは，次のテーマが想定される．

① 経営者は環境をどのように認識しているか（環境の認識）．
② 経営者は行為の目標をどのように認識しているか（目標の認識）．
③ 経営者は行為の手段（選択肢）をどのように認識しているか（手段の認識）．
④ 経営者のとろうとしている行為の手段（選択肢）は目標をどの程度達成すると認識しているのか（効果の認識）．

これらの点は，何れも経営者の「認識」を対象としている．こうした「認識」と「現実」の間に違いはないのか．「認識」は妥当性なのかについても検討することが重要である．

ところで，一般に「支援は困難である」との理解にたてば，支援の失敗を回避するといった視点からの研究が重要になる（小橋・飯島[8], p.21）．こうした視点からの研究課題としては以下のテーマが想定できる．

① 支援が受け入れられる条件はなにか（受容の問題）

例えば，統計的決定理論にもとづいた医療診断システムやオペレーションズ・リサーチの実践にみられるように，「規範的な理論としてはいかにも理論的に健全なのに，何らかの理由で実践者に受容されない」場合がある．オペレーションズ・リサーチの分野では，実施論で取り上げられる問題である．支援が受け入れられない理由を明らかにすることで，支援が受け入れられる条件を提示することも可能になる．

② 支援の効果をどのように評価すればよいのか（評価の問題）

既存の「意思決定支援システム」という情報システムの製品群では，「支援によって何がどのくらい変化すればよいのか，評価の方法が明示できないと，何でも支援になってしまう」という懸念が生じることが指摘されている（小橋・飯島[8], p.21）．意思決定支援システムが，支援の効果をもつ「可能性」は否定できないが，「その可能性の大きさの評価や現実の支援効果の評価は，開発者の意図とは独立に，その意図と効果の両方を視野に入れた視点から行う必要がある」といった意見もある．ただし，こうした考え方が，システム開発者自身による評価を排除しないような工夫が必要となる．意思決定支援システムの支援効果は，「システムの機能やインターフェースとユーザの置かれている環境，知識経験，さらにはパーソナリティーなどさまざまな要因」に依存すると考えられる．このため，支援効果の評価にはこれらの要因も考慮される必要が生じる．支援の効果を評価することは，支援の有効性を考察する上で不可欠であるが，支援の効果の計測方法は確立されていない．

③ 支援の効果が現れるのにどの程度の時間が必要か（効果のフィードバックの問題）

支援とその効果の因果関係が明確でない時や支援の効果の発現に時間がかかりすぎる場合には，正しい支援が受け入れられず，場合によっては間違った支援が受け入れられるといった問題が生じる．支援の評価とも関連し，効果が現れるまでの時間を把握する必要がある．特に，支援の継続が望ましいのか，支援の打ち切りが必要なのかを判断する上では，この点は重要である．

④ 支援の効果はどのような条件下で保障されるのか（効果の消滅の問題）

支援の効果は，環境や主体の条件変化によって異なるため，ある時点で有効であった支援がいつまでも有効であると考えることはできず，有害にすらなりうる．こうした問題の回避には，支援の有効性が保証される条件を明らかにしておく必要がある．

⑤ 支援によってどのような副作用が生じるのか（副作用の問題）

「方策が受容されて，実施の段階で一応の評価をえられるような効果が上がったとしても，これにともなって望ましくない副次的効果の発生する」ことがある．これには，意図しなかった効果，意図した効果を無にするような副次的効果，新しい困難の生成，支援者自身への望ましくない効果，被支援者が自分の行動のコントロールを失うことなどが考えられる．支援の副作用の弊害を回避するためには，予め副作用の種類と内容を把握しておく必要がある．

以上で検討してきた点とも関連するが，実務的な視点からは意思決定支援研究の課題として，以下の点が想定できる．

① 経営者はどのような問題を抱えているか．
② 経営者はどのような内容および形態の支援を必要としているか．
③ 経営者が必要としている支援はどのような効果があるか．
④ 経営者の意図を達成するためにはどのような内容の支援が有効か．
⑤ 経営者の意図を達成するためにはどのような手法や方法が経営意思決定支援に有効か．
⑥ 経営者の意図を達成するためにどのような形態（自己管理型，コンサルティング型 etc.）の支援が有効か．
⑦ 経営者の意図を達成するためにどのような主体による支援が有効か．
⑧ 経営者の意図を達成するためにどのような手段による支援が有効か．
⑨ 経営者の属性によって有効な支援の内容や効果がどのように変わるか．

農業経営意思決定の支援は，実践的意味合いから言えば，農業経営研究の主要な課題の一つであることに異論はないであろう．農業経営を取り巻く環境も大きく変化しており，経営支援という新たな視点から従来の研究蓄積を再評価し，今後の研究課題を再検討すべきまたとない時期であろう．こうした視点の導入によって，どのような研究の深化が可能になり，また，研究成果の社会化においてどの様な効果が期待できるのか，この点は本章に残された課題でもあ

る．

註
(註1) 正式には「協同農業普及事業」と称する．しかし，「農業改良普及事業」の呼称がより一般的であるため，本章ではこれを使用する．
(註2) 農業改良普及計画，普及基本計画，普及指導基本計画等，様々な呼び方があるが，本稿では普及基本計画と呼ぶ．
(註3) 普及基本計画は，岩手県下の全ての普及センターについて調査した．その結果，大多数の普及センターでは「カウンセリング・コンサルテーション」が課題化されていたが，一部にこれが明記されていなかった．このため，明記されている普及センターとして一関，花巻，水沢を，明記されていない普及センターとして久慈を代表として表に整理した．
(註4) 岩手県と同様，茨城県についても，全ての普及センターの普及基本計画を調査した．その中で，農業者の経営管理能力に関する事項を課題化していなかった普及センターは土浦のみであった．
(註5) 但し，江戸崎普及センターでは，農業経営改善支援センターとの連携強化が示されている．農業経営改善支援センターの活動は，稲本〔4〕〔5〕が整理するように，様々な内容を持つ．そのため，江戸崎普及センターが示す農業経営改善支援センターとの連携の詳細は不明だが，同支援センターが経営改善計画の推進を支援することを業務としていることからすると，「カウンセリング・コンサルテーション」の手法を使うことを明記していないものの，農家の経営全般に対する支援を表していると考えることも可能である．
(註6) 農林水産省統計情報部『世界農林業センサス』2000年 における販売金額別農家の最大の区分．
(註7) 過半の農家は，生産物の販売，資材の購入とも農協を利用しているため，総売上と総経費は農協にデータが蓄積されている場合が多い．この場合，個人で記帳管理する問題意識は低く成らざるを得ない．
(註8) 茨城県における施設野菜は，加温ハウスやグラスハウスのような資本集約的な場合が多いため表には示さなかった．一方，岩手県では雨よけホウレンソウや夏場のビニールハウス栽培が多く，気象条件から加温ハウスのような資本集約型の経営がほとんど展開していない．このため，岩手県では施設野菜も労働集約的であると考えられる．
(註9) 2002年10月に実施．2002年の変更で「カウンセリング・コンサルテーション」

が明記されなかった理由について聞き取りをした．現在の経営関係課題の担当者によれば，普及計画を作成した担当者は人事異動により，当時の事情は不明としながらも，文中の点を指摘した．なお，レンコンの収益性に関しては，野中〔14〕参照．

(註10) 土浦普及センターと同様，2002年に実施．

(註11) 久慈普及センターにおいても，普及計画作成時の担当者は異動しているため，作成時の事情を聞き取りすることは出来なかった．しかしこの課題の担当者からは，文中に示した酪農専門農協がすでに取り組んでいる点と，土浦普及センターと同様に簿記記帳があまり普及していない点が指摘された．

参考文献

〔1〕後藤隆志・牧野英二・林 和信「北米における精密農業技術の調査（平成12年3月）」生物系特定産業技術研究推進機構農業機械化研究所，2000．

〔2〕今田高俊「管理から支援へ―社会システムの構造転換をめざして―」『組織科学』第30巻第3号．1997．

〔3〕稲本志良編著『新しい担い手・ファームサービス事業体の展開』農林統計協会，1996．

〔4〕稲本志良「経営改善に向けた多様な支援と経営改善支援センターの役割」『農業経営の外部化とファームサービス事業体の成立・発展に関する研究』（科学研究費助成金一般研究（B）研究報告書），2001．

〔5〕稲本志良「市町村農業経営改善支援センターの事例の検討」『農業経営の外部化とファームサービス事業体の成立・発展に関する研究』（科学研究費助成金一般研究（B）研究報告書），2001．

〔6〕木村伸男・和田宗利・山本敏範・林 ・出井万仁・中島征夫「特別企画座談会 経営体育成に向けた経営支援の展開―カウンセリングとコンサルテーション―」『技術と普及』第34巻第8号，1997．

〔7〕小林信一・黒崎尚敏・高橋武靖・並木健二・畠山尚史『経営支援―酪農の強力なアドバイザー―』（酪農研特別選書），No.68, 2001．

〔8〕小橋康章・飯島淳一「支援の定義と支援論の必要性」『組織科学』第30巻第3号，1997．

〔9〕小橋康章『決定を支援する』（認知科学選書18）東大出版会，1997．

〔10〕黒河 功『地域農業再編下における支援システムのあり方―新しい協同の姿を求めて―』農林統計協会，1997．

〔11〕村田　潔・飯島淳一「情報システムと支援」『組織科学』第30巻第3号，1997.
〔12〕南石晃明「営農計画システムの現状と課題—FAPS開発の経験から—」『農業および園芸』第78巻第1号，2003.
〔13〕南石晃明「営農技術体系評価・計画システムFAPSの開発」『農業情報研究』第11巻第2号，2002.
〔14〕野中章久「農協生産部会を媒介とした農家各階層の再生産構造」『農業研究センター経営研究』第51号，2001.
〔15〕佐々木市夫「経営支援サービスにおける受容者の関係構造」『農業経営の外部化とファームサービス事業体の成立・発展に関する研究』(科学研究費助成金一般研究（B）研究報告書)，2001.
〔16〕土田志郎『水田作経営の発展と経営管理』農林統計協会，1996.
〔17〕山極栄司「農業改良普及制度の改革」『農業と経済』第62巻第3号，1996.
〔18〕全国農業改良普及協会編『新農業経営指導支援システム新FMSS活用マニュアル』全農業改良普及協会，1999.
〔19〕全国農業経営コンサルタント協議会『農業経営成功へのアプローチ』農文協，1999.

第3章　農業生産・販売過程の外部化と農業サービス

第1節　はじめに

　農業労働力の減少と高齢化が進行し，農業経営の維持が困難になる小規模兼業農家が増加する一方で，その対極として一層の規模拡大を志向する大規模経営も着実に増えつつある．農業を取り巻く外部環境は年々厳しさを増してきているが，新技術の導入や農産物の直接販売等を行うことによって，農業経営の維持・発展を図ろうとする経営も少なくない．農業経営の多様化が一段と進み，個々の経営目標に応じた経営展開が必要とされる時代になってきていることは疑いない．

　農業経営の維持・発展は当該経営の自助努力が前提になるが，グローバル化する社会・経済環境の下では，小規模経営，大規模経営の如何を問わず，個別完結的な対応だけでは限界がみられるのも事実である．このため，外部から各種の農業サービスを導入し，農畜産物のコスト低減や品質・収量の向上を図っていくことが農業経営の維持・発展に欠かせない．そこで本章では，こうした農業経営の維持・発展を側面から支援する農業サービスを取り上げ，その実態と問題点，農業サービスを通じた経営支援のあり方，経営類型別にみた農業サービスの課題，さらには農業サービスに関わる今後の研究課題等について検討を加えることにする．

　まず第2節では，本章で取り上げる農業サービスの中身を明確にするために，農業経営と農業サービスの関係を企業経済学の立場から理論的に整理・検討する．農業経営の構造を契約関係の視点から捉え直し，農業経営の内部と外部の仕分けを行った後に，外注と内製の論理から農業サービスの概念規定を行う．

　次いで第3節では，前節での概念整理を踏まえ，営農現場で提供されている農業サービスをサービスの対象領域とサービスの供給主体の二つの軸からなるマトリックス表に整理するとともに，本章で分析対象とする農業サービスの限

定を行う．

　続く第4節から第7節では，対象とする作目によって農業サービスの内容が異なる点を考慮し，経営類型別に農業サービスの現状と問題点，既往の研究成果，今後の研究課題や研究方向等について検討する．第4節では稲作経営における農作業受託サービスと米の委託販売サービスを取り上げ，農業サービスの利用と提供における経営規模間差や地域間差等にも留意しながら分析を進める．第5節では畜産経営を取り上げる．畜産経営の場合は，家畜ふん尿処理とヘルパー制度に関わる農業サービスに特徴があるため，この二つを検討対象とする．第6節では花き作経営における育苗サービスを取り上げる．花き作経営では，経営発展が花き需要や新技術・新品種の導入に大きく規定され，こうしたことが花き作経営の農業サービスを特徴づけているので，育苗サービスを中心に検討を加える．第7節では野菜作・果樹作経営における農業サービスを取り上げ，主に農協等が行っている出荷に関わる農業サービスに焦点を当てる．

　最後に第8節では，第2節から第7節までの検討結果を踏まえ，今後の農業サービス研究の課題と展開方向について総括する．

第2節　農業経営，市場と農業サービス

(1) 契約関係としての農業経営

　何をもって「農業サービス」とするのか．農業サービスを受けると言うことは，生産要素の取引関係において発生する現象である．農業経営を生産関数でとらえるように，労働，土地，資本の結合と考えている限りにおいては，農業サービスを位置づけすることはできない．まず，取引関係から企業を市場との対比でとらえようとした，企業経済学（註1）の観点から農業経営をとらえなおすことから始めよう．

　企業は，生産要素市場と製品市場をつないで，組織に管理された資源の集合体として，取引関係を通じて生産を行っている主体である．仮に新古典派経済学で規定するような完全な市場があれば，投入・産出のたびにスポット的に市場を利用することができて組織を形成する必要はない．しかしそれでも市場では取引されない排他的な生産要素があり，これが残余報酬としての準レントを独占的にもたらすことになる．企業者能力，特許技術，のれん，など，他企業

が利用することのできない生産要素である．これは「戦略的コア」と呼ばれている（註2）．現実には完全な市場などというものはなく，戦略的コアが取引関係において，市場をスポット的に利用して生産を行っているのではない．労働市場においては雇用契約，金融市場においては株式，債券，銀行借入の利用契約，原材料市場と製品市場においては川上と川下の業者や顧客との契約関係，垂直的統合関係というふうに，戦略的コアが継続的な契約関係を取引関係において形成しているのである．ただし文房具などの画一化された財に関しては，スポット的に市場を利用して商店からの調達がなされるままになる．こういった観点から，企業は契約のネクサス（Nexus, 連鎖）としてとらえられるのである．経営者－雇用者の関係を遙かに超えて，様々な取引関係から企業をとらえるようになっている．特に株主，貸手，雇用者，取引業者などのステイクホルダー（利害関係者）との契約関係まで広げて，それぞれの権利と責任の問題を扱うことをコーポレート・ガバナンスの問題と呼んでいる．

　農業経営の構造も取引関係からとらえることが必要であり，そうしなければ農業サービスの位置づけを行うことはできない．農業経営であっても，仮に市場が完全であればスポット的に市場を利用して農業生産が行えるはずである．家族経営であれ法人経営であれ，農業経営という組織は必要ない．もちろん取引の前提として，準レントを生み出す取引できない戦略的コアがある．農業経営の場合それは，経営者能力ということになる．農業経営では，技術基盤，信用基盤，販売基盤など個別に準レントをもたらす要素は，経営者能力として一括して陽表化されると考えられるからである．農業経営においても完全な市場などというものはなく，基本的には経営者能力が取引関係において継続的な契約関係を形成していると考えることができる．ここでいう契約関係とは法的な意味ではない．相手を意識しないスポット的な関係ではなく，取引相手同士が顔見知りで継続的な関係にあることをいう．もちろん，農業資材などの画一化された商品は，契約関係ではなくスポット的に商店などから購入されるままである．労働市場においては，家族制度を基盤に自家労働を，土地市場においては自作地を，資本市場においては自己資本を，経営者能力に対して永久的な契約関係を形成していると考えられる．経営者能力に対する準レントとして利潤が，永久的な契約関係をもった生産要素に対してはそれぞれ，家族労働費見積額，自作地地代，自己資本利子が請求されることになる．さらに，雇用労働，農

作業・経営受託，小作地，他人資本，農業共済は，期限付きの契約関係を形成しそれぞれ対価が請求される．したがって，雇用労働者，受託者，公社・法人，私企業，地主，さらには公庫，農協，銀行などの貸手との間に契約関係が結ばれている．また物財の調達や生産物販売において農協を継続的に利用している場合も，農協との契約関係が成立していると考えられる．

　農協以外にも，生産要素市場において種苗会社，飼料会社，農機具メーカーなど，生産物市場において卸売業者，産地商人，食品加工会社，小売店，さらには消費者などとも，インテグレーションや契約生産はもとより，継続的な取引関係があるのであれば，契約関係が形成されているのである．営農指導，環境保全（ふん尿処理，農業資材処理など）に関しても，農協，私企業，普及センター，家畜衛生保健所，地方行政組織などとの継続的な関係においてサービスを継続的に受けている．さらに，農業政策，市場政策，流通政策，食品安全政策，環境政策などのもと，国家による規制と財政的支出によってこれらの契約関係が支えられて，農業生産が行われていることになる．このように取引関係から考えると，農業経営とは極めて広い範囲を含む契約のネクサスとそれを支える国家からなる構造を持っていることになる．本来はそのすべてが，農業生産を支援するのである．そのうちのある部分の契約関係が農業経営の「内部」を構成し，他の関係は「外部」を形成することになる．その間に農業経営の境界が引かれる．

（2）農業経営にとっての農業サービス

　経営者能力を囲む契約関係のうち，いかなる関係が農業サービスと考えられるのであろうか．企業経済学では，生産物市場または生産要素市場と企業業務の流れの構造を，業務構造と呼んでいる（註3）．ここでの中心課題は，どの業務を企業内部行動とし（内製），どの業務を外部に任せるか（外注），という決定である．農業サービスは外注に対応すると考えたい．外注・内製の論理から農業生産過程の外部化と農業サービスについて説明していこう（以下，図3.1を参照）．

　まず農業経営の境界について検討したい．生産要素がすべて分割可能であり，市場が完全であれば，経営者能力は必要に応じてそのつどスポット的に，労働，土地，固定資本の用役を生産要素市場から調達して組み合わせれば農業

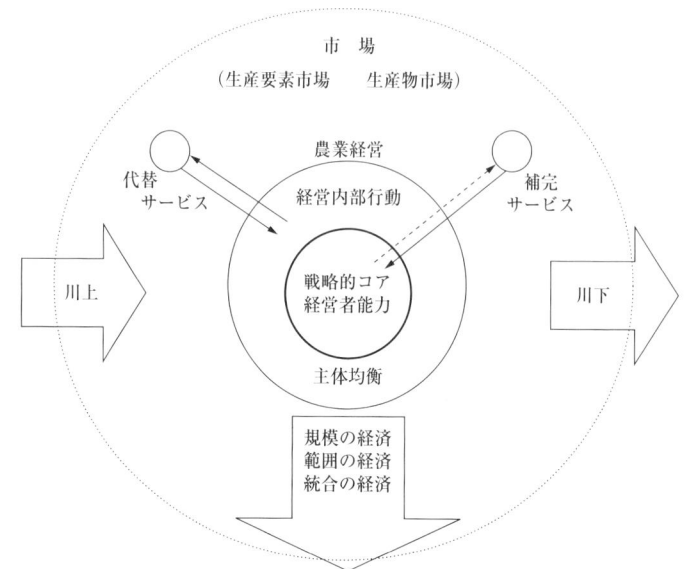

第3章　農業生産・販売過程の外部化と農業サービス

註：代替，補完サービスの矢印は業務の外部化と供給を表す．
　　実線の矢印は完全な業務，破線の矢印は不完全な業務の受委託を示す．
図 3.1　農業経営，市場と代替・補完サービス

生産が遂行できる．しかしながら，労働，土地，固定資本は分割不可能な場合が多く，その用役だけを市場を通じて調達できることはない．分割不可能な労働，土地，固定資本は経営者能力と常時結合し永久的な契約関係を形成するのでなければ，生産要素を組み合わせることはできない．永久的な契約関係とは経営者能力が生産要素の所有権を占有することである．また農業経営は家族経営を基盤としており，経営者労働ならびに家族労働は，制度的に経営者能力と永久的な契約関係を結んでいることにもなる．さらに，所有されなくとも，期限付きの契約関係で利用権を占有することによって分割不可能な生産要素を利用することができる．すなわち雇用労働，小作地，ならびに借入に基づく固定資本である．ここに農業経営の境界が引けることになる．農業経営の内部を構成するのは，経営者能力にとって所有権または利用権が設定されて占有された契約関係にある生産要素である．占有された生産要素の用役を組み合わせる行動を「経営内部行動」と呼ぶことにする．画一化された商品を商店からスポット的に購入する行動を「市場調達行動」とすれば，経営内部行動と市場調達行

動によって，農業経営の業務構造における「内製」が形成されることになる．

　これらの経営内部にある生産要素の組み合わせで主体均衡が形成され，効用の最大化が実現される．しかしながら，農外就業機会，農外での資本収益率の変化，技術進歩などによって，農業経営内部にある生産要素の賦存量ないし生産要素の機会費用が変化することになる．市場が完全であるならば，要求に応じて好きなだけ生産要素の用役を組み合わせることができるので，最適な資源配分が実現し，農業・農外を含めて効用の極大化が実現できる．しかし現実の，市場が不完全なもとでは最適な資源配分は実現できない．農業経営内部での家族労働力の不足が顕在化し，農地の流動化が制約されているもとでは，技術進歩を生かした土地規模の拡大もできないことになる．一方，経営外部の様々なエージェントは専門化，複合化して，数多くの農業経営と契約関係を結ぶことによって，個別経営の内部では享受できない，「規模の経済」(Economies of scale)，「範囲の経済」(Economies of scope)ならびに，取引費用の節約などの「統合の経済」(Economies of integration)を生み出すことができる．そして効率的に生産要素の用役を，農業経営に供給できるようになる．これらの経済を享受するために，個別の農業経営の範囲を超えた外部の様々なエージェントと契約して，業務を任せることになる．その結果として，農業・農外所得ないしは効用の拡大を実現できることになる．業務構造における「外注」にあたり，ここに農業生産過程の外部化の論理を見いだすことができる．外部化された業務が，「農業サービス」として農業経営に供給されるようになる．外部のエージェントは個別農家，農協，普及センター，家畜衛生保健所，公社，私企業などで，経営者能力はこれらのエージェントと農業経営の境界を越えて契約関係を形成することになる．

　外部化された「農業サービス」は，① 補完サービスと ② 代替サービスから構成される．① 補完サービスとは，もともと農業経営の内部には希薄であった業務で，経営者能力が経営内部行動を行っていく上で効率性，収益性が向上するように，補完的に与えられるサービスであり，サービスを受けるかどうかのアドバイスまでも含めている．業務の根幹的な意思決定は経営者能力として，農業経営の内部に残ることになる．アドバイザリー・サービス，経営コンサル，普及サービス，情報サービス，技術指導，牛群検定，土壌検査，農業学校教育，研修などである．② 代替サービスは，もともとは「内製」として経営内部行動と

して担う業務を外部のエージェントが効率的に代行して，代替サービスを経営者能力が受け取る形態である．業務の根幹的な意思決定は，外部のエージェントの中に移ることになる．代替サービスとしてたとえば，作業・経営受託，販売・加工受託，コントラクター，ヘルパー，ふん尿処理，税務・会計の代行，などがある．

以上まとめると，契約関係としての農業経営は次の四つの関係から構成される業務構造を持つ．① 占有された契約関係にある「経営内部行動」，② 農業経営の境界を超えて外部化された契約関係である「農業サービス（補完サービス・代替サービス）」，③ それ以外の農業経営を支える継続的な契約関係ならびに国家との関係，④ 画一化された物財を商店などからスポット的に購入する「市場調達行動」である．

第3節　農業サービスの対象領域と供給主体

前節で示された農業経営と農業サービスに関する基本認識を踏まえると，「農業サービス」の具体的内容は，農業サービスの対象領域と農業サービスの供給主体の二つの軸からなるマトリックス表に整理できる．

表3.1では，表側に農業サービスの対象領域を配置し，代替サービスと補完サービスの二つに区分した上で，その中身をさらに細分化している．前者の代替サービスは，生産・加工，販売に関わる諸作業とルーチン化された事務管理作業等の代行業務からなる．また後者の補完サービスは，意思決定に関わる情報提供やコンサル，人材育成に関わる教育・研修等からなる．このうち意思決定に関わるサービスは，経営者の意思決定に必要な各種情報の提供や経営改善に対する助言等に関わるサービスであり，経営者の意思決定過程を通じて農業経営を支援する点で代替サービスとは異なる．また，人材育成に関わるサービスは，農業者の技能や経営管理能力等の向上を狙いとするものであり，重要な経営資源である人材の育成を通じて中・長期的な農業経営の維持・発展を促進するサービスである．

他方，表3.1の表頭には農業サービスの供給主体を配置している．ここでは公益性と私益性，営利と非営利のそれぞれの程度に着目し，農業サービスの供給主体を左から順に，① 地方公共団体（農業改良普及センター，家畜衛生保健所等），② 地方公社・公益法人（農業公社，畜産会等），③ 農業協同組合，④ 農

第3節 農業サービスの対象領域と供給主体

表 3.1 農業サービスの対象領域と供給主体

			農業サービスの供給主体			
			〈地方公共団体〉 農業改良普及センター,家畜衛生保健所等の行政組織	〈地方公社・公益法人〉 農業公社,公共牧場,農業経営改善支援センター,畜産会等	〈農業協同組合〉 単協,県連,全国連	〈農業事業体・私企業〉 農家(非法人),私企業(株式会社,有限会社,個人企業等)等
	供給主体の性格		公益追求・非営利目的	公益追求・非営利目的	共益追求・非営利目的	私益追求・営利目的
	供給主体への公的助成の有無		行政組織として運営	県・市町村等から出資や助成金の交付がある	助成事業を利用した機械施設等の導入もある	生産組織等では助成事業の導入もある
農業サービスの対象領域	代替	作業				
		生産・加工	—	○	○	○
		販売	—	—	○	○
		事務	—	—	○	○
		その他	—	—	○	○
	補完	意思決定				
		情報提供	○	○	○	○
		コンサル	△	○	○	○
		その他	—	—	○	○
		人材育成				
		教育・研修	○	○	○	○
		その他	△	○	○	○

注1) 農業サービスの対象領域の具体的項目を上から順に例示すると次のようになる.
　　生産・加工:耕耘,収穫,搾乳,選卵等の作業受託,荒茶の加工の受託等.
　　販売:JAや企業による農畜産物の代行販売等.
　　事務:簿記・会計事務の代行,NTTによる注文受付代行等.
　　その他:資材の運搬・設置,ふん尿処理等.
　　情報提供:生産・加工技術,気象,土地,市場,制度・政策等に関する各種情報の提供.
　　コンサル:経営分析・診断の実施,改善計画の策定,各種アドバイスの提示等.
　　その他:乳検,土壌診断等.
　　教育・研修:技術の習得,技能や経営管理能力の向上,動機付け等を目的した教育・指導活動や研修.
　　その他:簿記会計システムの体験利用,当該経営に対応した個別指導等.
2) 「○」印は該当する農業サービスを行っている主体が存在することを示し,「△」印は業務遂行のために行う場合もあることを示し,「—」は該当する農業サービスをほとんど行っていないことを示している.
3) 太い実線で囲った部分が第3章で使用する「農業サービス」という用語の定義である.

業事業体・私企業（農家，個人企業，農業関連会社等）の四つに類型化している．これら四つのサービス供給主体と提供サービスの特徴を整理すると次のとおりである．

①の地方公共団体は行政組織であり，公益追求と非営利を目的としたサービス提供を行っている．この主体は，生産・販売行為等に関わる代替サービスは行わず，行政区域内の不特定多数の経営を対象とした情報提供や研修などの補完サービスを提供している．また補完サービスの提供に際しては，実費徴収を行う場合もあろうが，サービスは原則無料である．

②の地方公社・公益法人は，公益追求・非営利の組織であり，県・市町村からの出資や補助金等に一部依拠しながら事業が維持・運営される点や行政の間接的な管理下に置かれている点に特徴がある．公益法人が提供する主なサービスは補完サービスであるが，農業公社については生産に関わる代替サービスも行っている．代替サービスは有料であるが，利用者の負担能力にも配慮し，サービス提供コストを下回る料金設定が行われるケースも少なくない．また情報提供，コンサル，教育・研修等の補完サービスについては無料としているケースが多いと思われるが，サービスの中身によっては実費を徴収するケースもあろう．

③の農業協同組合は，組合員の共同利益を重視する点で，共益追求型の非営利的性格を有する組織である．この主体が提供するサービスは，農業サービスのほぼ全領域をカバーしている．一般に生産・加工，販売，事務等の代替サービスは有料であるが，情報提供，コンサル，教育・研修等の補完サービスについては，サービスの中身や個々の農協の運営方針等に規定され，有料であったり無料であったりする．なお，農業協同組合の場合，サービス提供に必要な機械・施設等を国の助成事業を利用して導入することも多く，この場合は低料金でのサービス提供が可能である．

④の農業事業体・私企業は，私益追求と営利を目的としたサービス提供を行っており，サービス提供事業所数は①〜④のサービス供給主体の中で最も多い．また提供するサービスの種類によって，中心となるサービス提供事業体も様々である．例えば，稲作に関わるサービス提供では，多くの場合，農業事業体が行い，農畜産物の販売代行サービスは流通業者が担っている．さらに，会計事務処理では税理士事務所が，情報提供では業界紙やインターネットサービ

ス会社等が中心となる．このように，種々の経済主体によって代替サービスや補完サービスが提供されており，それらは全て有料である．

次に，表 3.1 を用いて，農業サービスを経営支援の視点から検討するとともに，本章で扱う「農業サービス」の範囲の限定を行っておきたい．

一般に「支援」とは「相手を支え助けること」を意味するわけであるから，たとえ私益追求・営利目的の農業サービスの提供であっても，当該経営の自由意思による意思決定の結果としてそれが導入され，当該経営にプラスの効果をもたらすものであるならば，広義の「支援」と呼ぶことは可能であろう．したがって，このように考えれば，表 3.1 に示した全ての「農業サービス」は広い意味での「経営支援としての農業サービス」に該当する．

しかしその一方で，「支援」を「自らの利害よりも相手の意向や利害を優先し，相手を支え助ける行為」と定義するならば，「支援」を「取引（当該経営の営利のためになす経済行為）」概念と峻別することが可能になる．したがって，このように「支援」の概念を解釈するならば，地方公共団体，地方公社・公益法人，農業協同組合が非営利目的に提供するサービス（この場合有料・無料は問わない）が「経営支援としての農業サービス」ということになろう．

さらにまた上記のような「支援」概念に，サービ提供を行うに際しての管理・運営面等での公的機関の関与や公的資金の投入の有無を付加するならば，地方公共団体と地方公社・公益法人が提供する農業サービス，さらに農業協同組合が助成事業等を利用して機械施設を導入して行っている農業サービスを狭義の「経営支援としての農業サービス」と定義できよう．

以上のように，支援としての農業サービスは「支援」という用語の定義によってその具体的内容が異なってくるが，重要なことは，定義をただ一つに確定することではなく，用語の利用場面を考えてその定義内容を明確にして使用することである．本章では，農業サービスを幅広く取り上げて検討することを狙いとしているので，「支援」の内容を広義に解釈し，表 3.1 に示した全てのサービスを「経営支援としての農業サービス」と考えることにする．また，本書では農業情報の提供や普及事業等については第 2 章で扱っているので，原則として農業サービスの中の補完サービスに該当するものについては，本章では取り上げない．したがって，以下の各節で分析対象とする農業サービスは，表 3.1 に示した太い実線内の代替サービスに限定する．ただし，取り上げるサービス

が補完サービスとも密接に関係するような場合には，必要に応じて補完サービスについても言及する．

第4節　稲作経営における農業サービス

　国民1人当たり米消費量の減少や米流通の規制緩和等に伴う米価の下落，さらには農業労働力の減少と高齢化の一層の進行により，稲作経営の経営環境は一段と厳しさを増している．こうした状況下においては，個々の稲作経営が経営の維持・発展に向けた独自の取り組みを強化することはもちろんのこと，農業経営の外部からも生産・販売過程に関わる各種農業サービスを効果的に提供することによって稲作経営を側面から支援していくことが不可欠である．特に労働力不足や機械施設費負担の増大に苦慮している経営に対しては，生産費の上昇を回避しながら稲作の維持・拡大を図れるよう，隘路となっている農作業を低料金で代行する農業サービスの提供が要請されている．また，米価の下落に直面している多くの経営に対しては，高額手取りを実現するような米の集荷・販売サービスの提供が必要である．そこで本節では，稲作経営を対象とした農作業受託サービスと米の委託販売サービスの二つを取り上げ，農業経営支援の視点からそれらのサービスの現状と問題点を整理するとともに，既往の研究成果のレビューも踏まえ，今後必要とされる農業サービス研究について考察を加えることにする．

（1）農作業受託サービスの現状と研究課題

　育苗，耕耘・代かき，田植え，防除，収穫・乾燥・調製といった諸作業の外部委託が各地で散見されるようになるのは，中型機械化体系が確立する1970年代以降である．これ以前，労働力不足が深刻化した地域では主に相互扶助システムである「ゆい・手間替え・共同作業」で対応していたが，中型機械化体系の出現によって大規模層がこれを利用した個別完結的な営農を選択するようになると，「ゆい・手間替え・共同作業」は急速に解体の道をたどることになる．そこで新たに登場することになったのが農作業受委託である．高額機械施設を購入できない小規模経営やオペレータの確保できない経営は，中型機械を装備して規模拡大を志向する大規模経営に主要な機械作業を委託し，稲作の継続を図ろうとした．

第4節　稲作経営における農業サービス

表3.2　水稲作における作業受託主体別・作業種目別の受託面積と構成比（単位：千 ha，%）

	受託作業名	全作業	育苗	耕起・代かき	田植	防除	収穫	乾燥・調製
面積	農家（北海道）	0	0	1	1	7	4	4
	農家（都府県）	31	58	68	80	24	172	136
	5 ha 未満	19	32	51	58	16	121	93
	5〜10	6	15	11	15	4	35	28
	10〜15	3	6	3	4	2	9	8
	15 ha 以上	3	6	3	3	1	7	7
	農家以外農業事業体	3	13	6	6	4	9	8
	サービス事業体	6	258	51	43	598	104	467
	農家集団・会社	6	38	45	38	394	90	104
	農協	0	218	5	4	191	13	362
	地方公共団体	0	0	0	0	7	0	0
	その他	0	2	1	1	6	1	1
	合計	40	329	126	130	633	289	615
構成比	農業事業体	85.0	21.6	59.5	66.9	5.5	64.0	24.1
	農家	77.5	17.6	54.8	62.3	4.9	60.9	22.8
	農家以外事業体	7.5	4.0	4.8	4.6	0.6	3.1	1.3
	サービス事業体	15.0	78.4	40.5	33.1	94.5	36.0	75.9
	農家集団・会社	15.0	11.6	35.7	29.2	62.2	31.1	16.9
	農協	0.0	66.3	4.0	3.1	30.2	4.5	58.9
	地方公共団体	0.0	0.0	0.0	0.0	1.1	0.0	0.0
	その他	0.0	0.6	0.8	0.8	1.0	0.4	0.2
	合計	100.0	100.0	100.0	100.0	100.0	100.0	100.0

資料：2000年農林業センサス
注 1）育苗には航空播種面積が，防除には航空防除面積が含まれる．
　 2）四捨五入等の関係で原データと一致しない箇所もある．

　このような農作業の受委託は，その後の農業労働力の一層の減少と高齢化の進行等によって次第に増加し，2000年現在，全国レベルでみた各作業の受委託面積は，育苗32.9万ha，耕耘・代かき12.6万ha，田植13.0万ha，防除63.3万ha，収穫28.9万ha，乾燥・調製61.5万haに達している（表3.2）．各農作業ごとに受託経営の特徴を見てみると，施設利用型サービスの育苗，乾燥・調製作業では農協が全体の6〜7割を，一筆圃場型サービスの耕起・代かき，田植，

収穫作業では農家が全体の5～6割を，大面積圃場型サービスの防除作業では農家集団・会社が全体の6割を占めている．また，少なくとも一つ以上の農作業を委託している農家は，稲作農家全体のほぼ半数に当たる109万戸にも上る．なお，このうちの約9割は，経営耕地2ha未満の小規模農家である．

それでは，こうした生産現場での動きを受け，農業経済研究や農業経営研究においては農作業受委託に対してどのようなアプローチが行われてきたのであろうか．分析対象と接近方法に着目すると，概ね次の四つに整理できる（註4）．

第1は，農作業受託を行う経営体を取り上げ，その特徴を主に規模拡大や構造再編との絡みで分析しようとしたアプローチである．特に農作業受委託が散見されるようになる1970年代当初は，作業受託を足掛かりとした経営の規模拡大に関心が集まり，資本蓄積の可能性を探る観点から，事例調査に基づいた作業受託の収益性分析が行われた．その結果，作業受託の収益性は経営間で異なることやその差が作業受託地の圃場条件差に規定されていることなどが明らかになっている（註5）．また1990年代に入ってからは，農業センサスで農業サービス事業体の調査が実施されるようになったことから，センサスデータを使用した農作業受託の動向解析が行われるとともに，農作業受託市場における農業事業体間の分業・競合関係について考察が加えられている（註6）．

第2は，圃場作業を受託する経営体を対象とした管理論的視点からのアプローチである．事例調査に基づき，作業受託を行っている農業経営や生産組織等を対象に，その展開過程，財務実態，組織運営方法が分析されるとともに（註7），農作業受託が受託経営の作業計画，資金繰り，機械施設投資等にもたらす影響が明らかにされている（註8）．また，作業受託を行った場合の機械利用コストを，受託前の経営耕地で負担すべきか，それとも作業受託地も加えて計算すべきかといったコスト計算問題の理論的検討も行われている（註9）．さらに，生産組織や農作業受託経営では圃場条件の異なる場合の作業料金の設定がしばしば問題になることから，作業別・圃場条件別の農作業原価を用いた作業別・圃場条件別の農作業受託料金体系の設定方法が具体的に提示されている（註10）．

第3は，C.E.（カントリー・エレベータ）によって提供される乾燥・調製サービスを対象とした管理論的アプローチである．特に，C.E.が増加する1980年

代以降は，利用率低迷の問題，荷受け集中化の問題，利用料の設定問題等，C.E.を巡る管理・運営問題が多方面から検討された（註11）．C.E.の稼働率の向上に関しては，集団調整型の荷受け方式の導入が有効であることを指摘した研究が行われる一方（註12），搬入調整は利用農家に負担（費用）を強いるものであるから非市場的利用費用（調整費用と混雑費用）も含めた上で搬入調整方法の優劣を評価すべきとした研究も行われている（註13）．また，C.E.の利用料に関しては，実費手数料主義に基づいた利用料の算定（註14），直接原価に立脚した等級別利用料の設定（註15），差別料金制の意義や効果（註16）等の検討が行われ，C.E.の赤字運営を回避するための料金設定方法や差別料金制による荷受け集中化の回避方策が明らかにされた．さらに，利用料水準と利用率のトレードオフ的な関係を踏まえ，最も好ましい利用料水準を推定できるシミュレータも試作されている（註17）．

第4は，条件不利地域における農作業受託主体を対象にした企業形態論的アプローチである．担い手経営が育たず，しかも高齢化の進行と後継ぎの他出が深刻化している中山間地域では，稲作の継続が困難になるケースが少なくない．このため，市町村や農協等が協力して第三セクター方式で農作業受託を行う農業公社を設立する動きが各地で散見されるが，近年，これを取り上げた研究が増えてきている．そこでは，中山間地で作業受託を行う農業公社の機能の解明と技術的・経営的課題の摘出，さらには市町村農業公社の多くが直面する赤字経営問題の解決方策の提示等が行われている（註18）．

以上，稲作の農作業受委託に関する既往の研究成果を，研究対象と接近方法に着目しながら概観してきたが，農作業受託の実態や課題等についてはかなり解明が進んでいると言えよう．また，施設利用型の農業サービスについては，施設の効果的な管理・運営や合理的な利用料の設定方法等に関して実践的な手法も幾つか提案されている．しかし，既往の研究は農業サービスの供給主体に焦点を当てたものが多く，経営支援という側面からのサービス供給や利用料設定のあり方に関しては必ずしも十分検討されていない．そこで今後の稲作の農作業受委託を対象とした農業サービス研究では，サービスの提供者とともに利用者にもスポットライトを当て，双方にとって望ましい農業サービス供給のあり方を究明していく必要がある．その場合，農作業受託サービスの利用主体と供給主体が農業サービスを利用・提供する背景なり動機を明確にしておくこと

が重要である．そこで，次にこの点について検討しておく．

　まず，農作業受託サービス利用の背景については，稲作の維持あるいは縮小過程にある経営と，稲作の拡大を目指している経営の二つの場合に分けて検討する必要があろう．

　先に述べたように，農作業受託サービスを利用する圧倒的多数は稲作の維持・縮小過程にある小規模経営である．これらの経営では，兼業の深化，高齢化の進行，家の後継ぎの他出，機械施設の廃棄等が契機となり，過剰投資の回避や労働力不足への対応として，主要な機械作業を外部に委託している．すなわち，自己完結型の営農は維持できないが，肥培管理や水管理等を行うのに必要な労働力についてはある程度確保している経営が農作業受託サービスを利用している．この中には，収益性もある程度重視しながら農作業受託サービスを導入している経営もあれば，就農の場や自作地から収穫される自家飯米の確保，さらには資産としての水田の維持・管理を重視して農作業受託サービスを利用している経営もある．なお，このタイプの小規模経営では，労働力不足が一層進み，肥培管理，水管理，畦畔管理等ができなくなると，最終的には農地の貸付や売却に至ることになる．

　これに対し，数は少ないものの，大規模経営が一層の規模拡大を図る中で農作業受託サービスを利用するケースもある．例えば，田植や収穫の作業受託を拡大する中で，それらと時期的に競合する育苗や乾燥・調製を育苗センターやカントリー・エレベータに委託し，高収益作業に特化することによって経営全体の所得の増大を図る場合である．また，借地によって規模拡大している稲作経営がそれに伴って発生しやすくなる圃場分散問題への対応として，水管理や畦畔管理を地権者や隣接圃場の農家に委託するケースもある．さらに規模の経済の享受や適期作業の視点からメリットのある航空防除等については，大規模経営も小規模経営と同様に当該地域の一員としてそうしたサービスを利用することになる．このように大規模経営の場合，コスト低減による所得の増大，作業隘路の解消や高収益作業への特化による規模拡大と所得の増大等を狙って，農作業受託サービスが利用されている．

　他方，農作業受託サービスの主要な供給主体としては，農業事業体（家族経営や法人経営等），生産組織，農業協同組合，農業公社の四つがある．これらの4主体がサービス供給を行う動機としては，次の諸点が指摘される．

第4節　稲作経営における農業サービス

　農作業受託サービスを提供している農業事業体の中には，親類や知人から依頼されてやむを得ず行っているような小規模経営もあるが，多くは，規模拡大志向経営が現有の機械施設や労働力の有効利用を図ることによる所得の増大を目的として農作業受託を行っている．規模拡大を目指す農業事業体にとっての農作業受託のメリットは，借地拡大に繋げるための一手段であるとともに借地拡大に至るまでの所得獲得手段である点にある．そのため，これまでは借地拡大が進むと，作業受託規模を一定割合に抑えたり，場合によっては減少させたりするケースが一般的であった．しかし，近年の米価低落傾向と米販売競争の激化の下では，借地拡大よりも農作業受託の拡大を重視する経営も増えてきている．これらの経営では，農作業受託は借地に比べ，米の販売に頭を悩ませることなく安定した現金収入が得られること，畦畔管理や水管理が不要なこと，転作配分が無いことなどが評価されている．

　生産組織では，生産組織の設立目的により，農作業受託に対する対応が異なる．すなわち，複数の専業農家が農業所得の増大を目指して受託型の生産組織を結成した場合は，農作業受託の拡大が積極的に追求される．しかし，複数の小規模農家が労働力不足への対応や機械施設の共同利用を目的に生産組織を立ち上げた場合は，機械施設費の低減等を狙いとして，余力のある範囲内において農作業受託を行うことになる．したがって，このような生産組織ではあくまで相互扶助を目的とした員内作業受託が中心になり，員外に対するサービス供給には限界がある．

　農業協同組合では，組合員農家の要望の充足や管内における低コスト・高品質米の生産振興を目的に，圃場作業の受託サービスを行ったり，育苗センターやカントリー・エレベータの運営を行っている．カントリー・エレベータなどの施設利用型サービスの提供は，補助事業の導入や資金調達能力，さらには多数の組合員農家を擁している点で，農業事業体に比べて農協が優位性を持つ事業分野である．また，後述するように，地域レベルでの米販売戦略の確立という視点からも，米集荷率の向上に繋がる乾燥・調製サービスの提供は農協にとって重要である．しかしながら，農協が行う農作業受託サービスには収益性の面で問題が発生しやすいのも事実であり，その要因の一つにはサービスの利用者が農協の組合員であるという，サービス供給者と利用者の特別な関係が存在していることが挙げられる．

農業公社の場合は，担い手経営が少なく，しかも圃場条件の劣悪な中山間地等で農作業受託サービスを行うケースが多い．農業公社によるサービス供給の最大の特徴は，農業事業体や私企業が低収益性のためにサービス供給を断念している地域において，地域農業の維持を目的に事業を実施している点にある．仮に，農業サービス事業が赤字になったとしても，サービスの提供により地域の稲作が維持できるならば，公的視点からみて意義があるとの判断が働いているのである．

　利用主体と供給主体から見た農作業受託サービス市場の成立の背景は上述のとおりであるが，利用主体から見た場合の農作業受託サービスに関わる課題としては次の2点が指摘できる．

　第1は，農作業受託サービスの低料金化である．前述したように，農作業受託サービスを利用する大多数の経営は稲作の維持・縮小過程にある小規模経営であり，経営体の収益力がもともと低く，稲作を継続する最後の手段として農作業委託を選択しているケースが多い．それゆえ，こうした経営を支援していくという観点からは，サービス料金の負担は少なければ少ないほどよい．また農作業受託サービスを利用している大規模経営の場合であっても，経営環境が厳しくなっているため，できる限り低料金で農作業受託サービスを提供することが望ましい．したがって，農業サービスの供給主体が農業事業体であろうと農業公社のような公的性格を有する事業体であろうと，経営支援を目的とする限りは，農作業受託サービスを可能な限り低料金で提供していくことが要請されるのである．ただし，良質のサービスを継続して提供していくには，サービス供給主体の経営基盤が安定していなくてはならない．このため，サービス供給主体は，農作業の委託量を的確に予測してそれに見合った機械施設を装備するとともに，収支がバランスするような経営管理や利用料金の設定を行う必要がある．

　第2は，農作業受託サービスを行う主体の確保・育成とその支援である．農作業受託を行う主体が簡単に見つかる地域は問題ないが，中山間に位置するような地域では，農作業受託サービスの供給主体を見つけるのは容易でない．特に耕起・代かき，田植え，収穫といった圃場一筆単位の農作業受託は，作業能率が圃場条件の良否に規定されることから，中山間地域では収益性が低く，農作業受託を行う農業事業体は確保されにくい．このため市町村や農協等が中心

となって農業公社を設立し，農作業受託サービスを提供しているが，その管理・運営に関しては解決を要する問題や課題が少なくない．そこには，低収益性とそれを補うための補助金への依存等，条件不利地域に設立された農業公社の宿命とも言える問題が内在している．担い手経営不在地域における農作業受託主体の確保・育成とその支援のあり方が改めて問われているのである．

では，こうした農作業受託サービスをめぐる生産現場での課題を解決し，稲作経営の維持・発展を支援していくには，今後どのような農作業受委託サービスの研究が必要なのであろうか．既往の研究との関連も念頭に置きながら，具体的研究課題を整理すると次のようになる．

第1は，農作業受託サービスの利用者と供給者の双方が納得できるサービス供給のあり方を明らかにし，そのシステムの構築に向けた手順と条件を地域農業マネジメントの視点から究明することである．必要とされる農作業受託サービスは地域性に大きく規定されることから，地域条件を十分吟味し，地域の類型化を行った上で，必要なサービスの供給体制の枠組みを明らかにするとともに，それを構築するための具体的計画手法や手順，ノウハウを提示していく研究が必要である．例えば，農作業受託サービス事業の成立の可能性の判定では，計画論的アプローチの深化や実践場面での適用・改善等が課題となろう．また，農作業受託サービス事業をめぐる各経済主体間の連携・協力態勢のあり方，サービス供給の適正規模等に関しては，社会学的視点や地域計画論的視点からのアプローチが有効と思われる．さらに，中山間地域における農作業受託サービスの提供では，諸問題の存在を容認した上で今後も農業公社の設立を推進していくのかどうか，こうした点も論点の一つとなろう．

第2は，低料金の農作業受託サービスを提供するための具体的方策や各種計画手法の開発・提供である．すなわち，サービスの供給主体に焦点を当て，そうした主体が安定したサービス供給主体となるための機械施設投資の計画手法やサービス供給方法を開発する研究である．例えば，中山間地等での採算性が期待しにくい農作業受託サービスの提供をいかに効率的に行うか，どのような圃場条件ならどの程度の作業料金で農作業を受託し，どういう条件を満たさなくなればサービス供給をうち切るかなどの判断ができる指標やマニュアルが必要である．さらにまた，実践場面での貢献度を高めるためには，研究成果を操作性の高いパソコンソフトウエアとして現場に提供していく作業も欠かせな

い．こうした一連の研究を行うには，コスト管理研究の成果やシミュレーション手法を用いたアプローチの仕方が参考になろう．

上述した2点は，現在，営農現場で直面している農作業受託サービスの課題を解決するための管理論的アプローチについて述べたものであるが，これら以外にも，農作業受委託サービスの有する意義や問題点を構造論的視点から検討する研究も必要である．

第1は，農作業受託サービスによる農業経営支援の効果の検証である．地域農業の維持・発展のために農作業受託サービスには公的資金が投入されることが多いが，サービス供給によってもたらされる諸効果を明らかにしておくことが重要である．それには，諸効果を評価するための手法が不可欠であり，そうした手法の確立とそれを用いた検証作業が要請される．その場合，個々の稲作経営における支援効果の測定に加え，地域農業の維持に果たす効果の計測が重要である．特に後者の場合，農業の有する多面的機能の評価手法の適用や応用，さらには当該地域の農業振興計画に照らした達成度評価等がポイントとなろう．

第2は，上記の点とも関わるが，農作業受委託がもたらす構造再編への影響評価である．農作業受託サービスの提供による農業経営支援が地域の稲作農業の発展にどのようなプラスやマイナスの影響を及ぼしているのか，あるいは及ぼす可能性があるのか，中・長期的視点から明らかにしておく必要がある．小規模経営を対象とした効果の解析に加え，大規模経営の形成や大規模経営の維持・発展にどのような影響を及ぼすのか，農地流動化に及ぼす農作業受託サービスのプラスとマイナスの効果も含め，多方面から検証することが重要である．特に，大規模経営については，農作業受託サービスの利用主体としての評価と農作業受託サービスの供給主体としての評価の両方を行う必要がある．欧米で見られるような大規模経営における農作業の外部化がわが国でも一般化するかどうか，小規模経営に対する農作業受託サービスの提供が農地の流動化や大規模経営の形成にどのような影響を及ぼすかなどが，ポイントとなろう．

第3は，農作業受託サービスが営利追求の事業として成立するための条件，可能性の検討とサービス供給主体に対する支援のあり方である．あらゆる分野で規制緩和が推進されていることや地方公共団体の厳しい財政事情等からすれば，今後の農作業受託サービスの提供は，民間部門に期待せざるをえない．そ

こで，どのような条件下であれば，農作業受委託サービスが公的支援に依存しなくてすむようになるのか．また如何なる条件が満たされた場合に，農作業受託サービスの供給主体に対して公的支援を行っていくのか．これらの点を含め，農作業受託サービスの供給主体に関わる政策立案の視点から，市場メカニズムに基づく農作業受委託サービス市場の展開の可能性とその条件，さらにはサービス供給主体に対する支援のあり方等を解明する研究が必要となってこよう．

(2) 米販売の外部委託の現状と研究課題

　米の販売・流通は1995年までは食糧管理法の下にあり，特別栽培米を除き，生産者が米を直接小売店や消費者に販売することは認められていなかった．このため，正規の米は農協等の集荷業者を通じ，決められた流通ルートに従って政府米あるいは自主流通米として販売されていたのである．しかし，1995年に食糧管理法が廃止され，食糧法が施行されるようになると，米の販売・流通システムは大きく変化することになる．食糧法の下では，米の流通ルートや価格形成に関わる諸規制が大幅に緩和され，それまでヤミ米ないし自由米と呼ばれていたものが計画外流通米として公式に承認されることとなった．

　こうした米の販売・流通を巡る新たな状況は，稲作経営と米の流通業者に次のような変化をもたらすことになった．第1は，食糧管理法の下で米の委託販売が半ば強制的に行われていたものが，生産者の自由意思によって米の販売ルートを選択できるようになったことである．これにより，米の販売先を自力で開拓できる能力を持つ大規模経営では特別栽培米に限らず，通常の栽培方法で生産した米であっても自由に販売できるようになり，米の販売チャネルが拡大した．第2は，生産者から米の販売を委託される農協等の集荷業者も，米販売ルートの制約が大幅に緩和されたことから，自由度の高い販売活動が可能になったことである．このことは，集荷業者の販売戦略や販売力如何によって委託販売という農業サービスの質が規定されることを意味し，稲作経営の側からすると委託販売を行う集荷業者の選定がこれまで以上に重要になることを示している．

　では，こうした近年の米流通の変化や米の委託販売をめぐる環境変化について，農業経済研究や農業経営研究の分野ではこれまでにどのような研究成果が

得られているのであろうか．次にこの点について簡単に検討しておきたい（註19）．

先に述べたように食糧管理法時代の米の販売・流通研究では，制度・政策論の視点から米流通や米価について論じたものが多く，米販売の外部委託という視点からの研究はほとんど行われてこなかった．このため，米販売の外部委託が意識されるようになるのは，食糧法で生産者による米の直接販売が認められ，生産者における米販売の選択肢が拡大されるようになってからである．したがって，この点では米の委託販売に関する研究は今後に期待されるところが大きいのであるが，そのような中にあって次に示す研究成果や問題点の指摘は今後の研究を行う上で示唆に富む．

第1は，食糧法の下では米の流通・販売が米流通を担う経済主体の保有する各種資源量にこれまで以上に影響されることから，委託販売サービスを行う農協には生産者にメリットをもたらすような共販体制の再構築が求められているとの指摘である（註20）．計画外流通米の登場によって生産者が行う米の直接販売や農協以外の集荷業者が取り扱う米流通のウェイトが高まる傾向にあるが，地域農業のマネジメント機能を有する農協に対する期待は依然大きいものがある．その意味で，生産者の信任を得られるような，米流通新時代に適応した共販体制の確立が強く要請されるのである．

第2は，生産者が米の販売過程を内部化する場合の是非は，それに要する費用と収益の大小関係，内部化がもたらすさらなる事業チャンスの有無，宅配便や庭先での個別販売の継続可能性，米販売の精算や決済時期等を含めた農協の委託販売での対応等に規定されるとの指摘である（註21）．またこの点に関連し，販売自由度の増した稲作経営が米の販売チャネルを評価する上でポイントとなるのは，米販売価格の平均水準，精米費・保管費・運送費等のコスト，価格変動・数量変動・代金回収リスク，在庫管理等に伴う金利負担であるとする分析結果も得られている（註22）．

第3は，米販売の外部化を直接取り上げた研究ではないが，概念枠組や分析枠組みの構築を行う際に参考になる次の成果である．すなわち，①農協に委託販売するメリットは市場マネジメントにおける規模の経済の発現と流通マネジメントにおける卸売り業者の取引費用の節約にあり，②デメリットとしては，農協に販売管理機能を委託することによって，有望な収益機会を喪失する可能

性と企業的なインセンティブを喪失する可能性が増大するとの指摘である（註23）．

　以上，米の委託販売サービスに関わる現段階での主要な研究成果を見てきた．米の流通が大きく変貌する中で，稲作経営が委託販売も含め，米の有利販売を如何にして実現していったらよいか，その場合の意思決定のポイント部分等については解明が進んでいる．しかし，これまで米の販売・流通に関する研究は数多く行われてきたにもかかわらず，稲作経営が行う米販売と米の委託販売サービスを正面から取り上げた研究は意外に少ない．したがって，今後は，稲作経営の米販売を支援するという視点から，米の委託販売サービスのあり方や生産者が行う米販売の具体的支援方策等についての研究を促進する必要がある．

　2000年時点で計画流通米（政府米，自主流通米）の占める割合は米生産量全体の5割近くにまで落ち込んでいるのに対し，計画外流通米は全生産量の4割程度を占めるまでになっている．このことは，農協等を通じた委託販売が減少し，生産者から消費者への直接販売や集荷業者，小売業者，実需者等への直接販売が増加していることを示している．1997年に実施された食糧庁の調査によると，生産者が計画外流通米を販売する理由としては，「相手方と従来から結びついている」「計画流通米に比べて手取りが多い」「現金収入が魅力」「庭先まで集荷に来てもらえる」等の理由が挙げられている．食糧法が施行されて以降，生産者や米流通業者の米販売に関わる自由度は大幅に拡大した．しかし，その一方で米の産地間競争や業者間の競争は一層激化してきており，生産者自身の米販売能力や農協等が行う委託販売の有効性が厳しく問われる時代となっている．したがって，今後の米の委託販売サービスに関する研究では，こうした実態を踏まえた上で，稲作経営における米販売の詳細な実態解析と問題解決型の研究の実施が求められる．具体的には次の諸点が当面の研究課題となろう．

　第1に，農協を中心とする米の委託販売サービスでは，生産者から集荷された米をどのようにして高く販売するか，如何に管理コストをかけずに販売するかなど，効果的な販売管理のあり方の解明がポイントとなる．これは，単に米販売だけに限ったものではなく，農協が取り扱うすべての農産物に関わる問題でもあり，その意味では農協における販売体制や販売戦略の確立，ひいては農

協のあり方そのものに関わる問題でもある．さらにまた，米の高価格販売の実現には，単に売り方の問題だけではなく，産地としてどのような米を生産するかという，地域レベルにおける生産戦略の確立が重要になる．したがって，生産を含めた米販売のマーケティング戦略の確立が不可欠であり，これに関わる研究の深化が求められている．

第2に，生産者に対する米販売過程での支援は，委託販売に限られるべきではなく，生産者が主体となって行う米販売を部分的に支援するような代替サービスの可能性についての検討も重要になる．特に有機栽培米や減農薬・減化学肥料米の生産に取り組んでいる生産者が，販売先の開拓，注文受付，米の発送，代金回収等の業務を全て行うのは困難であったり，非効率な場合があったりするので，こうした業務を部分的に代行するサービスがあってもよい．例えば，米の注文受付をNTTが代行しているケースがあるが，こうしたサービスを農協等が行うことも考えてよかろう．したがって，委託販売サービスの研究面では，販売業務の部分代行の可能性の検討，代替サービスに対する潜在需要の把握，そうした代替サービスが展開するための条件の究明等が研究課題となろう．

第3に，生産者が米の独自販売を行うべきか，農協等に委託販売すべきか，そうした意思決定を合理的に行えるよう，そのチェックポイントをマニュアルの形で提示するような研究が期待される．先に述べたように，必ずしも販売過程の内部化が経営の維持・発展にプラスになるとは限らない．販売過程を取り込めば，その分所得の増大も可能となろう．しかし，生産に特化し米販売を農協等に委託することにより，より大きな事業拡大に結びつけられる可能性もあるのである．したがって，米販売を巡るこうした生産者の意思決定を支援するような判断基準や手法を開発し，マニュアルとして提示するなど，補完サービスにかかわる分野での研究の深化が期待される．

第4に，米の販売過程における委託販売サービスのもたらす功罪の吟味である．短期的な経営支援においては当該経営に必要なきめ細やかな販売代行サービスを提供することが望ましいが，中・長期的視点から見て，そうしたサービス供給が経営管理機能へ悪影響をもたらす可能性も否定できない．経営者能力は新たな経験の蓄積等によって向上する．その点で，自ら販売活動を行うことによって得られる各種経験や諸情報の蓄積は貴重である．委託販売サービスが

真の意味で経営支援に結び付くのかどうか，中・長期的視点からの検討も必要である．

第5節　畜産経営における農業サービス

(1) わが国の畜産経営における特徴と構造

　わが国の畜産経営の特徴や構造は，第1に，流通飼料依存型，いわゆる，加工型の畜産であること．第2に，あらゆる畜産物の関税化，関税率の引下げに伴う畜産物価格低迷の下，畜産経営1戸当たり家畜飼養頭羽数が増頭羽の方向に進んでいること，いわゆる，薄利多売の状況にあること．第3に，厳しい交易条件下でも，畜産経営が創意工夫をこらし，所得を維持拡大させているケースが少なからず存在していることである．

　このような特徴や構造の把握は，畜産経営における農業サービスを考慮する上で不可欠である．第1の項目では，特に中小家畜や肉用牛の肥育部門が象徴的ではあるが，畜産物売上高に対する飼料費のウェイトを高めることになる．このことによって，経営者が管理できる領域は，操業度・規模の拡大などの意思決定に限られてくる．

　第2の項目では，酪農経営部門などにおいて，経産牛の増頭を図り，労働を飼料生産や育成牛の哺育育成から経産牛飼養へシフトさせ，粗飼料や後継牛の確保・調達を外部化することなどが挙げられる．

　第3の項目では，様々なパターンが存在するが，大きくは以下の三つのパターンに分類することができる．

① 法人経営などに見られるが，技術が劣る生産部署や流通部署に専門家を配置，または経営内で専門家を育成し，経営全体としてのボトルネックをなくす．その結果，経営全体としての付加価値の増加額が，専門家への報酬や育成コストを上回り，労働生産性が高まるパターンである．すなわち，「専門化の利益」を享受しているケースである．

② これも法人経営などに見られるが，耕種部門や加工部門を導入し，多角化によって所得の維持拡大を図るパターンである．すなわち，「範囲の経済」を享受しているケースである．

③ 畜種の選択，および飼料の確保・調達の工夫などによって，付加価値の高

い畜産物を生産し，市場の差別化に成功しているパターンである．

もちろん，以上のような経営努力が，あらゆる畜産経営で可能というわけではない．それぞれ，限られた経営資源の下，各畜産経営は，短期的には，最適な営農方式を遂行することになる．しかし，第1および第2の項目を考慮した場合，家畜ふん尿の処理が，畜産経営の存続にとって共通の大きな問題になってくる．特に，個別で家畜ふん尿処理施設を保有すれば，投資の問題を惹起し，畜産経営に新たなコストを付加することになる．今後のさらなる交易条件の悪化を考慮した場合，畜産経営にとって極めて厳しい投資といえる．また，畜産経営では，法人経営が増加したとはいえ，その実態は家族経営である．したがって，酪農部門のような搾乳作業を伴う周年拘束性の強い畜種では，経産牛の飼養頭数の増頭は，日々の厳しい搾乳作業を家族労働力に課すことになる．このことは，現時点だけではなく，後継者のスムーズな経営継承の視点からも大きな経営問題といえる．

以上のようなわが国の畜産経営における特徴と構造を十分に把握した上で，次項以降では，畜産経営における農業サービスの現状と実態を明らかにする．

（2）農業サービスの現状と実態

畜産経営の農作業は，①飼料作部門を含むかどうか，②繁殖部門を含むかどうか，③主産物が，肉・乳・卵・子畜かで大きく異なる．それ故，畜産経営に対する農業サービスは，畜種によって大きく異なることになる．しかし，実際に農業サービスとして，成立しているものは限られている．すなわち，①制度化され，かつ公的セクターによって賄われている部分が多いから，②垂直的インテグレーションの一部を畜産経営が分担しているから（特に中小家畜），③畜産経営で内給される部分が多いから（特に小規模な肉用牛繁殖経営）である．

さて，稲本は，ファームサービスの種類と事例を非常に体系的に整理している（註24）．その中で，畜産に関わる農業サービスを列挙すると，下記の通りである．

---

1. 経常的業務
   (1) 作業労務
      ② 技能的手作業　　人工授精（酪農・繁殖牛）・削蹄（酪農）・除嘴（採卵鶏）

第5節 畜産経営における農業サービス

　　　　　　　　　　・ワクチン注射
　③手・簡易機械作業　　畜舎の清掃・消毒
　⑤運搬　　　　　　　　ふん尿搬出・運搬
（2）家畜の短期間の経常的作業
　　　　　　　　　　酪農ヘルパー（酪農）
（6）経常的管理情報
　②技術管理情報
　　　　　　　　　　牛検（酪農）
3. 環境保全型農業経営のための業務
　　　　　　　　　ふん尿処理作業・堆肥の生産・運搬・圃場散布

　前述のように，畜産経営の特徴や構造を抑えた場合，わが国の畜産経営にとって重要な農業サービスとして，ふん尿処理と，酪農経営における搾乳作業に集約することができる．前者は，平成11年7月28日に制定された「家畜排せつ物の管理の適正化および利用の促進に関する法律」（略称「家畜排せつ物法」）に象徴されるように，畜産経営の大規模化，それに伴う家畜排せつ物の発生量の増加が外部不経済をもたらしていることに対して，対策が求められているのである．この対策が，わが国の畜産経営にとって，その存亡に関わる問題になっていることは周知の通りである．また，後者は，比較的後継者の多い酪農経営ではあるが，搾乳という周年拘束性の強い作業が，酪農経営に大きな労働の負荷をかけることになる．それ故，当該搾乳作業に対する支援のニーズがあり，支援を行っている酪農ヘルパー利用組合が存在するのである．本節では，これら二つの農作業に的を絞って，現在の支援の機能と役割，今後の課題を明らかにする．

（3）ふん尿処理作業，堆肥の生産・流通

1）共同の堆肥化処理施設の意義

　個々の畜産経営が，ふん尿処理作業，堆肥の生産・運搬・圃場散布のすべての工程を賄うことは，家畜飼養頭羽数が増加して，家畜飼養に多くの労働が必要になっている段階では，労働面で大きな制約になりうる．また，堆肥生産のための施設を新たに個別で建設することは，単なるコスト負担だけではなく，投

資の問題でもあるので,投資に伴う資金繰りも考慮せねばならない.そこで,ふん尿処理の支援として,各地に共同の堆肥化処理施設が建築されている.

稲本は,農業経営の外部依存(アウトソーシング)の動機として,下記の9項目を挙げている(註25).

---

① 固定資本財の利用をめぐる費用の節約
② 固定資本財の取得に関わる資金の節約
③ 技術水準や生産物の品質の高位安定化
④ 労働力不足・労働ピークの軽減・解消への対応
⑤ 重労働・危険作業の回避
⑥ 家族労働力のゆとりと豊かな生活の確保
⑦ 職業イメージ・職場条件の改善と後継者・人材の確保
⑧ 経常的な経営管理機能の合理化と節約
⑨ 戦略的な経営管理の合理化と節約

駄田井は,これら動機を,堆肥化処理施設にあてはめて見ると,主に上記の9項目のうち,①・②・④・⑤・⑥・⑨があてはまるとしている(註26).すなわち,この6項目が,畜産経営に対する堆肥化処理施設の機能と役割といえるのである.

さて,このような共同の堆肥化処理施設に対して,様々なアプローチがとられている.なお,共同の堆肥化処理施設の運営主体としては,第3セクター,農協,任意組合など様々な経営形態がとられているが,本節では,経営形態にとらわれず,その機能面に着目して議論を行う.横溝・本松は,フリーストール・ミルキングパーラー方式を導入している大規模酪農経営をモデルに,共同の堆肥化処理施設が存在する場合を想定し,堆肥化処理のコストを変化させて,堆肥化処理施設が提供するサービスに対する需要を明らかにしている(註27).未だ共同の堆肥化処理施設が存在しない段階において,施設に対する需要を計量的に把握する方法論を提供したところに,大きな特徴がある.

その後,既存の共同の堆肥化処理施設に対して,多くの研究がなされるようになった.

全国の共同の牛ふん堆肥化処理施設を対象にアンケートを行い,広域的な流

通の課題と対策を整序したものとして,坂本らがある(註28).前者は,アンケート調査を基に全国の牛ふん共同堆肥化処理施設の広域的な流通の課題と対策を明らかにしている.特に,黒字経営の共同堆肥化処理施設の特徴を要約している.坂本らは,アンケート調査を基に一般消費者における堆肥の購買行動を明らかにしている(註29).

また,駄田井らは,岡山県内における公共の堆肥化処理施設の利用率に,各市町村のどのような指標が影響しているか,パス解析を用いて明らかにしている(註30).

さらに,駄田井は,共同堆肥化処理施設の操業度と固定費・変動費との関係を明らかにし,長期の平均費用曲線を導出している(註31).そして,短期的な課題と長期的な課題を整理している.

以上は,主として中国地方をフィールドにしたものであるが,北海道をフィールドにしたものとして,市川・山口がある(註32).当該論文では,二つの共同堆肥化処理施設の事例分析から,堆肥の地域的な活用システム構築について言及している.また,小野・鵜川では,デンマークなどで急速に普及しているバイオガスシステムが,わが国の営農現場に試験的に適用されている事例を基に,利用酪農経営の ① ふん尿処理費用の代替部分および ② 労働節約部分の金額評価を行っている(註33).

2)堆肥の広域流通へのアプローチ

前述のように,共同の堆肥化処理施設における堆肥のマーケティングは重要である.そのためには,堆肥の需要を明らかにしておく必要がある.このような視点から取り組まれた研究として,坂本らがある(註34).

当該論文では,岡山県における共同の堆肥化処理施設のマーケティング・エリアとして,岡山県の主要な耕種地帯を設定し,堆肥を主として利用すると考えられる中核農家モデルとして,10種類の営農類型を策定し,堆肥の需要を計測している.堆肥の需要を下記の二つに分類したところに,本モデルの特徴がある.

① 土壌改良材としての機能
② 化学肥料に代替する機能

本モデルの計測結果から,堆肥が化学肥料の機能に代替し,需要が伸びるのが,トン当たり約2,200円であることを解明している.

さらに，駄田井は，岡山県内7カ所の共同の堆肥化処理施設から，余剰堆肥を，35地域の需要地に輸送を行った場合の輸送コストの計測を，ヒッチコック型の輸送問題として線形計画法を適用している（註35）．そして，7施設があたかも1企業のように行動し，各施設の遊休資源を利用したとした場合，約500万円の輸送費が節減できるとしている．

3）小　括

以上，要約すると，先行論文では，畜産経営を支援する共同の堆肥化処理施設の機能と役割を明らかにし，課題を導出している．課題の中で重要なものは，堆肥のマーケティングである．施設の管内だけでは堆肥を消化することが難しく，管外への広域マーケティングが重要になっている．また，赤字経営のところが多く，赤字解消のための課題整理もなされているものが多い．

堆肥の広域流通では，堆肥の需要予測や輸送問題として研究がなされている．後者の場合には，堆肥の供給地から需要地への堆肥の輸送コストに着目したところに，研究の特徴がある．

（4）酪農ヘルパー

1）酪農ヘルパーの意義

畜産経営の中で酪農経営は，作業工程の中に搾乳作業があるが故に，極めて周年拘束性が強い部門といえる．酪農経営の経営主や家族の専従者が，必要に迫られて休暇をとる場合，またゆとりある経営を構築しようとする場合に，この毎日の搾乳作業がボトルネックとなってきたのである．この問題を解決するために，わが国には，酪農ヘルパー利用組合が存在する．このヘルパー利用組合はファームサービスの中で，労働の供給という役割を果たすものである．しかも，労働の供給という場合に，搾乳作業に限定されることが多い（註36）．

すなわち，当該サービスの需要者は，酪農経営に限定されることになる．現在，酪農経営戸数が減少する中で，サービス供給者である酪農ヘルパー利用組合の維持存続が大きな課題になることが予測される．

また，酪農ヘルパー利用組合の全国組織である酪農ヘルパー全国協会の機能は，一言で要約すると，従来，酪農経営が，「ゆい」という形態で，労働の過不足を補っていた慣行に対して，全国的な制度を整備することにより，ファームサービスというビジネスを構築したことにある．

酪農経営戸数が急減し，残存する酪農経営の規模拡大が急速に進んでいる状況下で，緊急時の労働の過不足を，慣行的なゆいに依存することは極めて難しいことである．酪農経営にとって，ビジネスとして，酪農ヘルパー利用組合のヘルパーサービスを利用できることは，その経営の維持存続にとって大きな支援になることはいうまでもない．

2）酪農ヘルパーへのアプローチ

小林信一をはじめ，酪農ヘルパーに関する海外の事例紹介が多くなされてきた．小林は，オランダの事例を，淡路はドイツとフィンランドの事例を取りあげている（註37）．小林の帰結の中で，日本のヘルパー利用組合が酪農の搾乳作業にほぼ限定されているのに，オランダでは，あらゆる農作業に対応していること，さらには，オランダのヘルパーが単純労働者から農場のマネージャーレベルまで分化していることに言及している．

ヘルパーの作業の多様化は，フランス・デンマーク・スウェーデンでも見られる．それは，酪農家戸数の減少と軌を一にしている．すなわち，搾乳作業代行に対する需要の落ち込みをカバーするために，事業領域を拡大していたのである．これらの国のヘルパー組織は，民営化という視点でとらえれば，スウェーデン・デンマーク・フランスというように序列をつけることができる．スウェーデンが最も民営化が進んでおり，国からの補助金が一切なく，全くの独立採算である．デンマークは，現在のところ国からの補助金があるが，補助金支払に対する非農業サイドからの圧力があり，今後補助金なしでの運営が模索されているところである．フランスでは，ANDA（Association Nationale pour le Développement Agricole；農業振興全国協会），農業会議所等の手厚い補助の下にヘルパー組織が成り立っている．

民営化に伴い，デンマーク・スウェーデンで見られた経営努力は，デンマークでは農業外の仕事の確保であり，スウェーデンでは中間管理職のリストラと新たなサービスの構築である．

いずれにしても，これら3カ国において農業経営戸数は急減し，残存する農業経営は大規模化している．雇用型の大規模経営の場合，ヘルパーに対する需要が減少する傾向にある．それ故，ヘルパー組織の再編と新たな仕事の確保が必要になっているのである．したがって，ヘルパーには，様々な仕事をこなすということが求められることになる．しかし，ヘルパーは農作業で培った高度

な技術を保持しているので,その技術を活かすような仕事の確保が肝要である.

また,フランスとデンマークでは,非常勤ヘルパーに対する処遇が今後の課題である.スウェーデンのようなすべて常勤だけで運営している仕組みが,大いに参考になるものと思われる.

さて,日本のヘルパー事情であるが,病気や冠婚葬祭の時,酪農家同士が助け合う「ゆい」から,酪農ヘルパー制度に発展していくが,草の根レベルでの運動を,全国的,組織的に完備するため,全国酪農業協同組合連合会の大坪藤市会長の呼びかけで,酪農ヘルパー制度推進協議会が作られる.そして,畜産振興審議会(加工原料乳の保証価格を審議)が,酪農ヘルパー制度の普及定着を図る旨の建議を国会に提出,国会において付帯決議される.それを受けて,(社)酪農ヘルパー全国協会が,平成2年12月12日に,農林水産大臣の認可を受けて設立される.農林水産省畜産局は,指定助成事業によって,酪農ヘルパー全国協会および都道府県団体が行う事業に対して総合的な助成策を講じることになる.酪農ヘルパー全国協会の会員は,大きく中央団体・都道府県団体に分けられる.そして,中央団体は,14会員からなり,都道府県団体は,和歌山県を除く46会員からなる.この46会員は各都道府県の知事が認めた機関である.

平成13年8月現在の全国のヘルパー利用組合数は,385組合で,ヘルパー利用組合が管轄するエリア内の酪農家数は2万8,807戸,うちヘルパー利用組合への参加戸数は1万9,260戸である.したがって,参加割合は,約67%になる.一方,ヘルパー要員は,平成13年8月現在で,2,628人であり,うち専任ヘルパー1,216人,臨時ヘルパー1,412人である.ちなみに,全国のヘルパー利用組合数は,385組合であるが,搾乳・飼養管理以外の作業を実施しているヘルパー利用組合は163組合で,割合は42.3%になる.しかし,実施作業別で見ていくと,飼料生産調製を実施している組合が最大数で43組合(11.2%)に留まっている(注38).

3)小 括

従来の酪農ヘルパーの研究では,先進国におけるヘルパー利用組合の動向を把握する研究が中心になされている.そこでは,各国のヘルパーに関わる制度・組織・機能と役割が中心に論じられている.そして,ヘルパーサービスの

需要者である酪農家戸数の減少による事業量の落ち込みに対処するために，ヘルパー利用組合による事業の多様化が指摘されている．

わが国の場合も，ヘルパーサービスを利用している部門は，酪農部門である．周知の通り酪農家戸数は急速に減少している．したがって，先進国と同様に，ヘルパーに対する需要も減少することが予測される．それ故，ヘルパーの労働力の完全燃焼のために，新たな仕事の確保が，今後の課題になるものと思われる．

(5) 今後に残された研究課題

本節では，わが国で農業サービスとして成立しているふん尿処理と酪農経営の搾乳作業に限定して，残された研究課題について言及する．前述のように，ふん尿処理では共同の堆肥化処理施設の重要性について指摘した．この基本は，良質の堆肥生産にある．そのためには，原料を搬入後，すぐに副資材で水分調整して好気性発酵させるということがポイントである．各施設では，各目的に合致するような堆肥化処理システムが採用されているが，それをうまく使いこなす作業の段取り・実行が最終的に重要である．このことが，堆肥のマーケティングにも良い効果をもたらす．このような堆肥生産のプロセスに着目した研究の深化が第1に必要である．

第2に，堆肥の広域流通に関する研究である．堆肥は重量物なので，生産場所と利用場所の距離の短縮化が重要である．駄田井は，輸送コスト最小化問題に取り組んでいるが，このような視点に立った研究の深化が必要である．

第3に，共同堆肥化処理施設の経営問題である．当該施設の経営は赤字のところが多く，赤字解消が大きな課題である．黒字経営と赤字経営の施設のハード面・ソフト面に着目した研究の深化が必要である．

以上，要約すると，共同堆肥化処理施設における良質堆肥生産のためのシステム作り，堆肥需要を十分に把握した上での広域および地場流通を含めたマーケティング研究が求められるのである．

つぎに，酪農経営の搾乳作業に対するヘルパー利用組合について，残された研究課題を述べる．第1に，需要サイドに対するアプローチでは，地域のモデル的な酪農経営を想定し，ヘルパー利用組合の存在の下で，農業所得・余暇などを目標とする目標計画法を構築し，規範的な最適営農類型を導出して，ヘル

パー利用料金とヘルパー利用量を算出するような研究の深化が必要である.

第2に,酪農経営が,搾乳作業以外にどのような作業への支援を必要としているのか,潜在的な需要を明確にするような広範なアンケート調査が求められる.その際には,酪農家のWTP(Willingness to pay)を導出できるような調査項目の工夫が必要である.

第3に,供給サイドに対するアプローチでは,持続的にヘルパー利用組合の経営が展開できるかどうかという視点が重要である.すなわち,ヘルパー利用料金とヘルパー利用量から収益を導出し,それに伴う費用との関係から,損益を把握し,損益分岐点などの損益の構造を明確にするような研究の深化が必要である.

第4に,ヘルパー要員を経て,酪農経営を継承したり,新規に参入したりするケースを取りあげ,彼らが成功するための要因,支援のあり方について整理するような研究の深化が必要である.

以上,要約すると,先進国とわが国の酪農の経営構造の差を十分に抑えた上で,日本型ヘルパー利用組合の展開のために,ヘルパーサービスだけではなく,その他のサービスの需給に関する研究が求められるのである.

第6節　花き作経営における農業サービス

(1) 花き作経営の特徴と農業サービス

脆弱化するわが国の農業経営のなかで,花き作経営においては,基幹男子農業専従者を保有し,さらには雇用を導入した「企業的家族経営」が展開してきている.他方,高齢労働力や女性労働力が専従する経営(以下では「高齢者・女性専従経営」とする)が存在し,それらの多くは,組織化,産地化を伴いながら展開してきている.

しかし,堅調な花き消費に支えられ,順調に成長してきた花き作経営といえども,国内外の競争が激化し,経営の維持・発展は容易でなくなりつつある.企業的家族経営は,鉢物類生産経営に多くみられるが,施設化の推進とともに専門化,大型化を進め,生産品目を絞りながら,多種多様な品種を周年で生産・販売するように工夫している.そこには,厳しい競争のもとで,規模拡大を前提とする経営の合理化で生き残りをかけた経営が多くみられる.

したがって，企業的家族経営における農業サービスの位置づけとして，一つは，施設の装置化・大型化や雇用労働力の確保などによって，生産過程の作業労務をできるかぎり内部化しようとしていることである（註39）．あるいは自らが積極的に取引先を開拓し，販売業務を行うなど，販売過程においても内部化を積極的に進める動きがみられる．このため，企業的家族経営は，生産・販売過程における代替サービスを必ずしも必要としなくなってきていることである．

　二つは，個々の経営が大規模化していくなかで，それぞれの経営がブランド化を追求してきていることである．それを反映して，新品目・品種に関する情報，新しい生産資材に関する情報，マーケティングなど，経営の成長・発展に関わる補完サービスに対する需要が増大してきていることである．

　他方，高齢者・女性専従経営の特徴と農業サービスの位置づけは，企業的家族経営のそれとは異なる．高齢者・女性専従経営においては，切花類生産経営が多く，露地栽培や簡易なビニール栽培が主流であり，高齢化の進行など，労働力の弱体化から，経営の維持・存続さえもが困難となりつつある経営が少なくない．

　高齢者・女性専従経営における農業サービスの位置づけの一つは，労働力不足の解消，生産技術の確保などを動機として，育苗作業，ビニール張り替え作業などの生産過程における作業労務の代替サービスへの依存が強まっていることである．

　二つは，これらの経営の維持・存続を通した花き産地づくりとも関連して，産地ブランド形成のための高齢者・女性専従経営に適した新品目・品種に関する情報，マーケティングなどの補完サービスに対する需要も高まってきていることである．

　こうした状況から，現在，生産・販売過程においてみられる代替サービスの種類・事例は，他の作目に比べて，限定的にならざるを得ない．切花類や鉢物類の生産品目によっても異なるが，概ね生産・販売過程における代替サービスの種類・事例は，育苗作業，山あげ期間中の生産管理作業（シクラメン等の鉢物類），ビニール張り替え作業，施設組み立て作業，出荷調製作業，花束加工作業，出荷データ整理等の販売管理業務，などをあげることができる．

　そこで以下では，花き作経営に対する農業サービスの種類・事例として，育苗

サービスに注目する．育苗サービスは，育苗生産技術の高度化の進展など，代替サービスのなかでも重要な位置を占めつつある農業サービスである．また，新品目・品種の導入に伴うブランド形成，マーケティングなどの補完サービスとも密接に関連する農業サービスでもある．新品目・品種の探索・導入やマーケティングなどとの関連も意識しながら，育苗サービスを中心に農業サービスの現状や動向を整理し，既存の研究動向も踏まえて，今後，必要とされる研究課題としての視点を明確にしよう．

(2) 育苗サービスの現状と動向

わが国で，花き作経営における育苗サービスの利用が注目され始めたのは，プラグ苗システムなどの育苗技術の開発・普及が進展した1980年代後半からである．80年代後半は，多くの農産物の消費が伸び悩むなかで，花きは消費増大が期待される有望な作目として，国内の多くの地域で花き生産の取り組みが始まった時期でもある．

とりわけ，JAや経済連等の農業団体は，花き産地育成の起爆剤として，花きの育苗サービス事業を開始した．新たに花き生産に取り組む組合員農家にとって，JAによる育苗サービスは，"苗半作"というべき生産技術の確保・向上を伴う技術的支援の側面が強かった．

しかし，バブル崩壊（1991年）を境に，花きの消費の伸びは減速する．消費増大の追い風に乗って展開してきた花き作経営も，否応なしに生産コストの低減を図らざるを得ず，特に企業的家族経営においては，可能なかぎり薄利多売の仕組みづくりが要請されてきた．

このため，企業的家族経営にとって育苗サービスは，① 生産コストの低減を図ること，② 育苗作業を外部化することによって，より商品づくりに専門化することなど，こうしたさまざまな利用動機を通して，育苗サービスに対するニーズを増大させてきた．

他方，高齢者・女性専従経営の育苗サービスの利用動機は，先にみた生産技術の確保・向上に加えて，特に労働力軽減の側面が強くなっている．すなわち，経営の維持・存続を基本とした育苗サービスに対するニーズが増大しているのである．

このように育苗サービスの需要は増大していくなかで，供給主体であるサー

ビス事業体は，JA や県経済連等の農業団体をはじめとして，種苗会社や資材会社等の私企業，花き作経営の共同組織など，経営形態でみると多様なサービス事業体が育苗サービス事業に取り組み，花き作経営に対して育苗サービスを供給してきた．

JA は，花き産地の育成・振興を図ることを狙いとして，育苗施設の整備を進めてきた．なかには既存の水稲や野菜の育苗センターの操業度を向上させるために，花きの育苗を手がける JA もみられた．JA は，もっぱら産地化，組織化する高齢者・女性専従経営に対して育苗サービスを供給している．

また種苗会社のなかには，種の生産・販売から，育苗施設を構えて，苗という形態で生産・販売する企業が出現したり，さらに生産資材会社のなかには苗の生産・販売を手がける企業も出てきた．こうしたサービス事業体は，主に企業的家族経営に対して育苗サービスを供給している．あるいは，企業的家族経営自らが必要とする苗を確保するため，数戸の経営が組織化し，育苗サービスを組織内で生産・供給する事業体も成立・展開してきた（註40）．

(3) 育苗サービスに関する研究動向

次に，こうした育苗サービスの現状と動向を踏まえつつ，育苗サービスに関する農業経済・経営研究の動向を概観しておこう．

まず，育苗のサービス化，花き作経営における育苗サービス利用の必要性が論じられたのは1990年頃からである．オランダの切花・鉢物生産が種苗生産と成品生産に分業化していることから，わが国の花き作経営も購入苗を使った成品生産に今後，移行していくことなどが論じられる（註41）．ただし，苗の価格が高く，経営を圧迫することから，いかに安価な苗を供給するかが今後の課題であることも併せて強調される．また，今後整備されるであろう花き卸売市場の大型化に対応して，花き産地には品質・規格の統一が求められることから，苗の共同育苗や苗専業生産のサービス事業体の育成が，ますます重要になることも指摘される（註42）．

これら以外にも花き作経営における育苗サービスの利用，育苗のサービス化の必要性は比較的多く指摘されているが，花きの育苗サービスそのものに焦点をあてた既存研究については，散見される程度である．

そのなかでも，花き作経営が，育苗サービスの利用によって，どのような経

営上の効果がみられたのかについては、愛知県の輪ギク生産経営を対象とした実証的研究が注目される。たとえば、田中武夫〔57〕は、輪ギク生産経営が育苗サービスの利用によって、①自家苗の年間2.6作から2.9作へ向上し、施設利用率を高めること、②自家苗用の施設をキク生産施設に活用することが可能となるなど、規模拡大が図りやすくなることなどの効果を個別経営の事例を通して指摘している。しかし、育苗サービス費用の経営費に占める割合は小さくなく、育苗サービスを利用することが、必ずしも大幅な生産コスト低減をもたらしていないとも指摘する（註43）。また、育苗サービスを利用することによって、苗生産の省力化を図った輪ギク生産経営の事例研究もみられてきたが（註44）、育苗サービスの利用に関しての研究はまだ緒についたばかりであるといえる。

一方、供給主体であるサービス事業体を対象とした既存研究はどうか。そもそも他の作目に比べて、花きの育苗生産は、①高度な育苗技術と重装備の育苗施設を不可欠とする品目・品種が多いこと、②品目・品種が多いのに加えて、育苗期間の長い品目・品種も多い。このようなことから、供給主体であるサービス事業体は、苗自体の高品質化と低コスト化の両面を短期間に実現することが難しい（註45）。

こうしたなかで、育苗の供給主体であるサービス事業体が、苗の需要量をいかに正確に予測し、いかに在庫を適正に維持するか。それは需要サイドの個別花き作経営が、計画どおり生産を実施しているかどうかに依存する。そのためには、花き作経営の生産計画を把握するとともに、それに基づく苗の注文をできるだけ早く、かつ正確に予測することがポイントとなる。そのことから、育苗サービス事業を行うJAは、その作目部会組織と密接な連携を確保することができるため、JAによる育苗サービス事業の成立・展開の有利性を有する（註46）。

また、JAの育苗サービス事業は、産地ブランドの形成を伴うために統一した品種の苗を生産・供給する。すなわち、産地ブランドが一体化された特殊性を有した育苗サービスを供給することは、花き作経営の維持・発展に貢献する経営支援としての意義を有することも指摘されてきている（註47）。

次に、新品目・品種の情報などの補完サービスと、育苗サービスとの関連に関する既存研究としては、JA部会組織における品種選択行動とJA共販問題と関

連づけた石田正昭〔24〕や，経営情報が花き作経営の品目導入分化と大規模施設園芸経営法人の管理に与える影響を分析した浅見淳之〔7〕らの業績が注目される程度である．花きの育苗サービスは，新品種などの探索・導入と密接に関連することが重要であるが，こうした補完サービスに注目する既存研究は極めて少ないのが実情である．

(4) 今後の研究課題－育苗サービスをめぐって－

　企業的家族経営，高齢者・女性専従経営にとって，育苗サービスの利用動機はそれぞれ異なるにせよ，育苗サービスの需要は増大してきている．また，これからの花き作経営を取り巻く環境の激変をも想定すれば，花き作経営における育苗サービスの利用は，経営の維持・発展にとって重要な農業経営支援として位置づけられるであろう．

　そこで，以上のような研究動向を踏まえつつ，育苗サービスをめぐる今後の研究課題に関して，重視すべき視点を検討しよう．次の５点を指摘することができる．

　第１は，育苗サービス利用の技術体系と経営モデルの確立である．育苗サービスを利用した生産技術体系の確立は重要である．また，育苗サービスを利用して効果が得られる花き作経営の適正規模はどの程度なのか．企業的家族経営，高齢者・女性専従経営のそれぞれに適応し，かつその生産品目に適応した，育苗サービスを利用した経営モデルの確立が不可欠である．

　第２は，第１の課題とも関連するが，花き作経営における育苗サービス利用の多面的な効果分析である．企業的家族経営と高齢者・女性専従経営によって育苗サービスの利用動機は異なる．このため，その効果分析は多面的な指標も併せて検討されなければならない．また，個別あるいは産地ブランド形成と密接に関連する育苗サービスが，ブランド形成にどれほど貢献するのか，それを評価する指標も重視されなければならない．

　第３は，こうした花き作経営の育苗サービス利用に関わる課題の他方で，育苗サービスを供給するサービス事業体の成立・発展条件の検討が必要である．田中も指摘しているように，育苗サービスの料金問題は大きい．いかに廉価にサービスを供給するのか，サービスの生産・供給システムの開発・確立が検討されなければならない．また，育苗サービスを供給するサービス事業体は，先

にみたように経営形態も多様である．多様なサービス事業体による育苗サービス事業の成立・発展条件の検討が重要である．

　第4は，花き作経営が，サービス事業体から効率的・持続的に育苗サービスを利用するには，花き作経営とサービス事業体との取引過程に注目する必要がある．花き作経営とサービス事業体とのサービスの取引関係は，固定化されたものではない．したがって，花き作経営とサービス事業体との取引関係の変化，取引過程を動態的に捉えることが重要である．こうしたサービスの取引過程分析には取引費用論によるアプローチも有効となろう．

　第5は，育苗サービスと関連する新品種・品目の情報，マーケティングなどの補完サービスに関する研究の深化である．花きは，他作目に比べて品目・品種・出荷（販売）時期の多様性を最も有している作目である．また，花きは嗜好品的性格を強くもつことから，景気の変動を受けやすく，かつ消費者の選好の多様性と，その嗜好の変化にあわせた品目・品種・花色の変化への迅速な対応が求められる作目である．そのためには，育苗サービスと関連して新品目・品種・花色の探索・導入問題を含めた補完サービスの分析に焦点をあてることが重要である．

　さらに，いかに早く新品種等を導入し，育苗サービスに関連づけるかは，最終的には生産物のマーケティングと密接に関連する．特に花きのマーケティングについては，「色」が販売を左右し，強い影響力をもっている．車，衣料をはじめ他業界では世相を映す色彩心理などのマーケティングに取り組んでおり，今後，カラーマーケティング（色彩研究）の視点も重要となるであろう．

第7節　野菜作・果樹作経営における農業サービス

（1）　野菜作・果樹作経営の特徴と農業サービス

　野菜作・果樹作では，農家数および栽培面積の減少に加え，指定野菜産地数が減少するなど，近年，生産の停滞傾向が顕著になってきている．この背景には，バブル崩壊後の市場価格の低迷等，経営環境の悪化が指摘されるが，労働力の量的・質的低下の影響も看過できない．

　こうした中，雇用労働力や農業サービスの導入によって家族労作的経営から企業的経営に転換し，規模拡大を行っている経営もごく少数ながら存在する．

これらの経営では，① 資金繰りに無理がないように周年生産体制を採用している，② 販路の絞り込みや販路の開拓等により販売価格の安定を実現している，③ 安定供給を可能とする高い技術力を保有している，④ 構成員の能力向上や経営者の意思決定を支援する補完サービスに対する期待が高まりつつあるなど，共通する特徴が見られる．

他方，大多数の野菜作・果樹作経営は，これまでの家族労作的経営から脱却することができず，かろうじて現在の農業経営を維持・継続しているのが実態である．これらの経営では，農業労働力の不足や高齢化が深刻化する中で農業経営を如何にして維持・継続していくかが大きな課題となっており，その点から農業サービス，特に農作業の代替サービスに対する需要が増してきている．

このように，野菜作・果樹作経営を取り巻く経営環境は厳しいものがあるが，そうした中にあって農業サービスを利用して経営の維持・発展を図っていこうとする動きも出てきている点に注目する必要がある．本節では，野菜作・果樹作における農業サービスを取り上げ，その特徴や問題点等について検討するが，まずそれに先だってわが国の野菜作・果樹作経営の特徴を再度簡単に整理しておきたい．特徴点を列挙すると，次のようになる．

第1は，周年供給・広域流通システムが整う中，大多数の経営が共販組織（産地）体制の中にしっかりと組み込まれている点である．このことは，個々の経営が生産活動に専念できることを意味するが，その一方で販売面をも含めた経営体としての自立化を制約し，企業的経営体としての展開を阻害する一因ともなっている（註48）．

第2は，一部の施設栽培に導入されている環境制御技術を除き，一般に栽培管理作業や収穫・出荷作業の機械化・自動化が遅れており，多くの手作業（特に熟練を要する技能的手作業）が残存していることである．

第3は，上記の点とも関係するが，野菜作・果樹作経営ではこれまで家族労働力に過重な負担をかけながら所得の拡大を図る一方，育苗や被覆資材の展張等の家族労働力のみでは対応し難い作業については，結い・手間替えや共同作業といった旧来型の労働力調整システムに依存してきたことである．

第4は，収穫期間の拡大や高品質生産による所得の増大を目指して施設栽培へ移行する経営の場合，高額の機械・施設投資が必要となることから，そのための資金調達や投下資本の回収が課題となっていることである．

これらの野菜作・果樹作経営の特徴は，野菜作・果樹作における農業サービスの需要とも密接に関係し，その展開や需要構造に少なからず影響を及ぼしている．例えば，第1の特徴である共販体制への個別経営の組み込みは販売過程における代替・補完サービス需要の拡大の可能性を意味し，第2の特徴点は高度な技能を必要とする栽培管理作業での代替サービス事業の困難性を示す．また第3の特徴からは，自家労働力不足・高齢化の進行や旧来型労働力調整システムの崩壊の中にあって，農作業受委託サービスに対する潜在的需要の増大が示唆される．さらに第4の特徴は，機械・施設のレンタルやリースといったサービス事業への需要拡大の可能性を意味する．

　以上のような野菜作・果樹作経営の特徴と農業サービスの関連を踏まえ，次に営農現場で見られる野菜作・果樹作を対象とした農業サービスの具体的内容について整理しておく．

(2) 野菜作・果樹作における農業サービスの内容と供給主体の特徴

　四国地域における野菜作・果樹作を対象とした農業サービス（主に代替サービス）を，その具体的内容とサービスの供給主体に着目して整理したものが，表3.3である．

　これによると，野菜作・果樹作の農業サービスは，次の4種類に大別することができる．第1は，出荷段階でみられる各種受託作業のように，作物の種類や品目の違いに左右されにくく，一定の需要量の確保が可能な規格化・単純化された作業を対象とした農業サービスである．表中の ア），イ），エ），オ），コ）〜ス），セ）がこれに当たる．これらサービスの供給主体は，農業協同組合と私的事業体（主に，株式会社や有限会社の形態をとる私企業）が中心で，特に農協の比重が極めて高い．その要因としては，国や地方公共団体の各種補助事業による野菜・果樹産地育成に関わる共同利用機械・施設整備（堆肥製造施設，育苗施設，集出荷・貯蔵施設等）が農協を事業および管理主体として行われてきたことが大きいといえる．私的事業体については，農協によるサービス供給に先行したものであり，多くのサービス供給で農協と競合関係にある．

　第2は，農協や私企業等が供給する園芸用資材に関連した代替サービスで，表中のウ），オ），キ）がこれに該当する．園芸用資材供給主体は，作業受託組織

第7節　野菜作・果樹作経営における農業サービス

表3.3　四国地域にみられる農業サービスの内容とサービスの供給主体

	サービスの内容	サービスの供給主体
生産の前段階	ア) 有機質資材生産・確保・供給 イ) 本圃土壌蒸気消毒作業受託 ウ) 園芸用プラスティクスフィルム展張作業委託	農協, 任意組織, 私企業, 個人 農協, 任意組織 私企業 (資材会社), 農協等
育苗	エ) 野菜苗生産・確保・供給 オ) 育苗用土調整・供給	農協, 種苗会社, 公的事業体等 任意組織 (フィルム販売業者や農協育成・仲介)
播種	カ) シーダマルチャーによる大根の播種作業受託	任意組織
定植	キ) 定植作業受託	任意組織 (苗販売業者育成・仲介)
剪定・防除	ク) 果樹の剪定・防除作業受託	任意組織, 農協および部会, 普及センター, 個人
収穫	ケ) レンコンの掘り取り作業受託	個人業者
出荷作業	コ) 調整・流通加工作業受託 (イモ洗い, 切断, 除葉等) サ) 選別・包装・箱詰め・梱包作業受託 シ) 予冷・保冷・貯蔵受託 ス) 輸送作業受託 　(荷受けによる巡回集荷サービス) 　(個別販売における運送事業者受託)	農協集出荷場, 任意組織, 産地集荷市場 農協集出荷場・選果選別場, 任意組織, 産地集荷市場 農協, 任意組織, 産地集荷市場 農協, 任意出荷団体, 産地集荷市場 運送事業者, 個人
販売	セ) 販売サービス (場所供与型〜無条件販売受託型)	農協, 任意出荷団体, 産地集荷市場, 卸売市場, 直売店舗
廃棄物処理	ソ) 廃棄物処理代行サービス	事務代行者 (農協・役場), 処理業者
その他	タ) 園芸用施設 (ハウス) のレンタル チ) 労働力斡旋・紹介サービス	農協 (国・地方公共団体補助事業), 公社 行政 (シルバー人材センター, 職業安定所), 農協 (無料職業紹介所)

注)「その他」に示したサービスは代替サービスではないが, 参考までに掲載した.

の育成や作業受託組織との仲介も行っている.

　第3は, 高度な技能や熟練を要する作業の代替サービスである. 表中のカ), ク), ケ) がこれに当たる. サービスの供給は私的事業体のなかでも個人と任意組織が担っており, 一般にこれらのサービス供給は, 委託者と受託者の地縁・血縁関係を基に成立することが多く, その結果, 受託者は採算を度外視してサー

ビス供給を行うケースも少なくない．

　第4は，法的規制の存在等の理由から農業団体や私的事業体では対応困難なサービス供給を，公益性の観点から公的事業体が主導して行っているもので，表中のソ），タ），チ）がこれに該当する．

　ところで，上述した農業サービスの中で特に注目すべきは，農協等が行っている出荷に関わる農業サービスである．個別経営の経営管理においてノウハウの蓄積や人材の確保が最も遅れているのは販売管理であること，出荷作業は規模の経済が発現しやすく個別対応では非効率となりやすいこと，さらに個別経営の維持・発展のためには共販体制を強化することによって野菜・果樹産地としての知名度を上げる必要があることなどから，出荷に関わる農業サービスは他のサービスと比較してきわめて重要なサービスであると言える．そこで以下では，主に出荷に関わる農業サービスに焦点を当て，その動向とサービス供給の意義を検討するとともに，既往の研究成果の整理を行い，今後必要とされる出荷に関わる農業サービス研究の研究課題を明らかにする．

(3) 出荷作業サービスの動向と研究課題

1) 出荷作業サービスの動向と今日的意義

　1970年代以降，野菜・果実の周年生産・広域流通が全国各地で見られるようになると，それに伴って産地間競争も次第に激化する．そのような中，市場からは選別・包装規格の厳密・細分化等が強く要請され，出荷作業はより煩雑化することとなったが，出荷団体において十分な対応ができなかったことから個々の経営に対しても出荷時に過重な負担をかけることになった．しかしながら，この出荷作業労働の増大に対する生産者や産地の反応は，販売力強化のためにはやむを得ないというのが一般的であった．

　しかし，1990年以降になると野菜作・果樹作における担い手の不足と高齢化はより一層深刻化し，野菜・果実生産が停滞ないしは減少し始めるに及んで，労力面からみた出荷作業（選別・包装・箱詰・梱包作業）の軽減が大きな課題となった．このため，それまでの販売力強化を主目的とする出荷作業の共同化や出荷ロット確保のための集出荷貯蔵施設の設置ではなく，個別経営における労働力不足の改善の一助となるような代替サービスの供給がより重視されるようになった．これにより，今日的な意味での出荷作業に関わる代替サービス市場の

形成が促進されることになるのである．

　出荷作業に関わる代替サービス需要の動機や目的は，① 労働面の制約緩和による規模拡大（規模拡大志向経営），② 栽培管理作業の徹底による品質・収量の向上（規模拡大志向及び現状維持経営），③ 労働力不足に悩む経営の維持・継続，④ 余暇時間の確保等，多様である．そして，野菜作・果樹作経営のこれらの要請に応える形で，農協や産地集荷市場によって出荷に関わる代替サービスが供給されるとともに，サービス供給の効率化が追求されることになる．例えば，大規模産地では販売力の強化に加え，生産者の出荷作業の軽減を目的とした出荷場の整理・統合と機能の拡充（荷受・選別から梱包・トラックへの積み込みまでの一連の作業の機械化・自動化）が行われるようになってきている．また，小規模産地でも，任意組織や農協による共同選別場や作業所の整備，さらには産地集荷市場や農協による荷受量確保のための巡回集荷，産地集荷市場による集出荷貯蔵施設の整備と出荷作業サービスの供給等が実施されるようになっている．

　そこでここでは，期待の大きい大規模産地における集出荷貯蔵施設の整理・統合と機能の拡充に着目し，そうしたプロセスを経て供給される農業サービスの意義について整理しておく．

　集出荷貯蔵施設の整理・統合と機能拡充によるサービス供給体制の強化がもたらす効果は，① 個々の野菜作・果樹作経営における生産面での直接的な効果と，② 野菜・果実の産地としての販売力強化や農協の業務運営の改善等を通した間接的な効果の二つに区分できる．

　① の点に関しては，サービス供給体制が強化されることにより，経営規模の拡大，競合栽培管理作業の徹底による品質と収量の向上，労働力不足経営における生産規模の維持等の諸効果が期待できる．しかしその一方で，集出荷貯蔵施設の統廃合による出荷作業サービスの供給体制の強化は，多くの場合，施設までの輸送時間や輸送コストを増加させるというマイナス面も有する点に注意を要する．

　他方，② の点に関しては，次の諸効果が指摘される．第1に，自動選別集出荷貯蔵施設の導入等の機能強化は，必要作業員数の削減とともに労働条件の改善を可能にする．第2に，集出荷貯蔵施設の統合により合理的な機械・設備投資ができる場合は，市場流通環境の変化への対応力が強化される．第3に，機

械化による商品の規格・品質の均一化により，販売力が強化される．現在は出荷作業の一部を手作業で行っている関係で規格・品質にバラツキが生じやすいが，機械選別の導入はそれを改善し，価格形成力を高めることに繋がる．

このように，集出荷貯蔵施設の整理・統合と機能の拡充によって得られる出荷作業に関するサービス供給は，個々の野菜作・果樹作経営の経営改善や野菜・果実産地としての競争力の維持等に効果をもたらす．以下では，このことを念頭に置き，出荷作業に関わる農業サービスの研究動向と今後の研究課題について検討する．

2）出荷作業に関わる代替サービス研究の動向と今後の課題

今日の野菜・果実市場は川上主導から川下主導へと変貌してきていることから，川下のニーズに対応した生産・流通体制を整備することが必須であると言われている．しかし，個々の経営が川下のニーズに迅速，的確，安定的に対応しうる生産・流通体制を整えることには限界があり，ここに代行を主とする農業サービスに対する需要が発生する．

川下主導段階における産地形成に関して，小松〔37〕は，消費者や実需筋等に関する情報収集・分析を経て供給の論理と需要の論理の統合にむけた取り組みが始まるとし，農業者と農業関連事業体・機関との協働体制づくり（マーケティング志向型産地形成）が産地戦略の核であると指摘している．

マーケティング志向型産地の形成を論じた研究には，大別して二つの方向性が認められる．一つは，小規模産地の維持を目的に地域流通チャンネルを重視した個別販売や小規模共販の集合化・組織化による形成であり，もう一つは，既存農協共販体制のマーケティング志向型産地体制への発展である．特に後者の方向は，農協共販が農産物の主流を占めている状況からして重要と言える．そこで，農協共販体制からマーケティング志向型産地体制への展開に関しての既往の研究成果をここで整理しておく．

その場合，ポイントとなるのは，サービス料金の引き下げや生産者の労力軽減に効果のある出荷作業サービスの省力化・効率化と，販売力強化に向けた農協事業構造の改善の二つの視点である．

まず前者の視点から，戸田〔58〕，吉田〔66〕，藤島〔13〕らは，選別・包装規格の簡素化，作業の共同利用施設・機械の整備による労働軽減等の必要性を指摘している．こうした背景のもと，阿部〔1〕は，細かく規定された外観的品質

評価が農家や農協に過大な選別労働と選別コストを強要しているとの観点から，ニラを対象として選別調整労働の経済的報酬の計測と評価を試みている．さらに，松島・上杉・西井〔41〕は，統合により出荷作業の自動化を実現した野菜集出荷貯蔵施設を対象に，統合の農家に与えた影響を整理し，農家の経営対応と集出荷貯蔵施設からの距離，経営主の年齢等の関連の存在を示唆し，荒井〔6〕は，産地の再編強化という視点から，トマト作における機械選果機導入による作業外部化の効果を論じている．

一方後者の視点からの研究成果の大半は，マーケティング志向型産地体制へと移行する上で，卸売市場依存のマーケティングの限界を強調し，多チャンネル選択型マーケティングへの移行と取引相手との連携強化の重要性を指摘している．たとえば，木立〔36〕は，生産者の要請に応えるためにも流通チャネルの多様化と取引相手との連携強化が重要であること，そのため農協マーケティングの小売マーケティングへの適合性の視点から，卸売市場システムが果たす多様な機能を代替し内部化する体制，量販店の差別化要求に応じた新商品開発，消費者に対するプリセイリング活動，価格政策の展開等に関わる力量強化が重要であるとしている．また，小松〔37〕は，農協の組織構造にまで踏み込み，より具体的にその方向性を示している．すなわち，農協の営農面事業の目標は，マーケティング志向型産地形成に必要な機能を供給するために経済事業体としての組織特性に基づいた事業展開を行うことであるとし，営農事業と４Ｐの関連，そして産地戦略の中での営農事業の位置づけを整理し，事業部制組織から職能別組織への脱却を説き，一つの有力な事業形態として，農協内市場，産販同盟を組み入れた，農協内市場内蔵型職能別組織形態のイメージを提示している．

以上，出荷作業の効率化と販売力強化に向けた農協事業構造の改善に焦点を当てた農業サービス研究についてそのポイント部分を簡単に整理した．マーケティング志向型産地形成等に関わる研究成果はかなり蓄積されてきてはいるが，野菜作・果樹作経営に対する出荷作業面での農業サービス事業の推進という点では，今後に残された課題も少なくない．ここでは次の２点のみを指摘しておきたい．

まず第１に，出荷作業サービスをめぐるサービスの需要主体と供給主体についての詳細な実態分析である．需要主体に関しては，今日の野菜・果樹の生産

技術が特に施設生産において化学合成物質多投入型から生物農薬などによる環境保全型へと大きく変革している点に留意し，当該生産技術体系による経営変化の実態を把握するとともに，そうした生産技術を用いて生産された野菜や果実をどのように有利販売していくか，検討していく必要がある．また，出荷作業サービス需要と販路選択は密接に結びついており，販路毎の販売成果の時系列的な比較分析作業も必要である．そして，これらを踏まえた上で，出荷作業サービスの意義や効果，さらにはその改善方策等について検討する必要がある．

　一方，サービス供給主体としての農協に関しては，まず，農協の広域合併が進む中での集出荷貯蔵施設の再編・整備問題を検討する必要がある．その場合，既存の集出荷貯蔵施設の管理・運営上の課題と対策の検討を踏まえ，マーケティング志向型産地形成および野菜作・果樹作経営の経営支援という両視点から，その方向性に関する論理的整理が必要となる．加えて，販売事業だけでなく農協経営全体における出荷作業サービス供給事業の機能・役割についても実証的な分析が求められている．また，農協と競争関係にある産地集荷市場や産地集荷業者については，その経営実態はほとんど解明されておらず，その組織構造，転送先市場と取引形態，収支構造等について調査・分析していく必要がある．

　第2に，サービス供給主体の経営基盤を強化するための方策の解明である．農協についてみると，まず，販売事業には全利用，無条件委託，共同計算，手数料実費主義などの原則があるが，それぞれの原則とマーケティング志向型産地形成との関連を再整理し，必要とあればその見直しも行っていかねばならない．特に手数料実費主義では，出荷サービスの料金は出荷量単位当たりの実費（直接的経費：集出荷場の作業員の雇用労働費，包装資材費，光熱動力費，減価償却費等）が課せられるとともに，販売管理に関わる人件費，事務費等については販売代金や農家振込額に対し定率の手数料が課せられる場合が多い．しかし，農産物価格が低迷する中，定率制の手数料設定は農協の販売事業部門の収支を圧迫している一因ともなっており，厳正なコスト計算や需要者調査等に基づいてサービス料金等を適正に設定できるような方法の開発が期待される．その他，サービス事業体の経営を安定させるために必要となる荷受け数量の確保方法（例えば巡回集荷の導入等）や作業員の安定的な確保方策等についても実態調査を踏まえたさらなる検討と具体的提言が求められている．

第8節　おわりに

　本章では，企業経済学に依拠して農業経営における農業サービスの位置付けを行うとともに，取り上げる農業サービスの内容を限定した上で，稲作経営，畜産経営，花き作経営，野菜作・果樹作経営における農業サービスの特徴と問題点，今後の研究課題等について検討してきた．以下，各節での論述内容を再度簡単に整理しておく．

　まず第2節と第3節では，本章で取り上げる農業サービスの概念規定を行うとともに，個別農業経営が農業サービスを利用するようになる論理を明らかにした．論述のポイントは次の①〜⑨のとおりである．

　① 農業サービスの概念規定を行うには農業経営の外部と内部を区分する線引きが必要であり，農業経営の内部を構成するものとしては，戦略的コアである経営者能力と所有権または利用権が設定されて占有された契約関係にある生産要素がある．

　② 上記の生産要素の用役を組み合わせる行動からなる「経営内部行動」と，肥料や農薬などの商品を外部からスポット的に購入する行動からなる「市場調達行動」によって，農業経営の業務構造における「内製」が形成される．

　③ 通常であれば，これらの生産要素の組み合わせで主体均衡が形成されて効用の最大化が実現されるが，農外就業機会，農外での資本収益率の変化，技術進歩などによって与件が変化する場合は，農業経営内部にある生産要素の賦存量ないし生産要素の機会費用が変化し，その結果として生産要素用役の組合せ調整が必要になる．しかし，市場が不完全な下では占有された契約関係にある生産要素の調達は容易でなく，最適な資源配分は直ちに実現することはできない．

　④ 農業経営の外部には，業務を専門化・複合化して数多くの農業経営と契約関係を結ぶことによって，個別経営の内部では享受できない「規模の経済」「範囲の経済」「統合の経済」等を実現し，効率的に生産要素の用役を農業経営に供給できる様々なエージェントが存在している．

　⑤ 上記の③と④が背景となり，個々の農業経営は当該経営の状況に応じて，様々なエージェントと契約して業務の外部化（「外注」）を図り，農業・農外所得ないし効用の拡大を実現する．「農業サービス」は，正にこの外注に相当

する．

⑥農業サービスは，「補完サービス」と「代替サービス」に区分できる．補完サービスは，もともと農業経営の内部には希薄であった業務で，経営者能力が経営内部行動を行っていく上で効率性，収益性が向上するように，補完的に与えるサービスである．これに対し，代替サービスは，もともとは「内製」として経営内部行動として担う業務を外部のエージェントが効率的に代行して，サービスを受け取る形態である．

⑦補完サービスは，具体的には，意思決定に関わる情報提供やコンサル，人材育成に関わる教育・研修等からなる．

⑧代替サービスは，生産・加工，販売に関わる諸作業とルーチン化された事務管理作業等の代行業務からなる．

⑨公益性と私益性，営利と非営利のそれぞれの程度に着目すると，農業サービスの供給主体は，地方公共団体，地方公社・公益法人，農業協同組合，農業事業体・私企業の四つに類型化することができる．

第2節と第3節の論述内容は以上のように整理できる．そして，本章の第4節～第7節では，上記の①～⑨に示した基本認識に基づいて，経営類型別に個別具体的な農業サービスを取り上げ，その特徴と問題点，今後の研究課題等について検討している．ここで，第4節～第7節で経営類型別に個別に検討してきた農業サービス（主に代替サービス）を横断的に比較・検討し，その全体的な特徴を整理すると，次のようになる．

第1に，農業サービスは導入作目の特性や制度・政策等の変化の影響を受けるため，必要とされる農業サービスの具体的内容は経営類型によって異なる．例えば，生産過程における農業サービスについて見てみると，機械化が進んだ土地利用型の稲作では，育苗から乾燥・調製までの機械作業受託がサービスの中心となっている．これに対し，手作業部分が多く，生産が作業者の技能に左右されやすい花き作，野菜作では，栽培管理作業面でのサービス利用は比較的少なく，収益性の良否に直結する優良苗の確保に関わるサービス利用のウェイトが大きい．また飼養管理が毎日必要で時間拘束性の強い畜産では，余暇の確保や過重労働回避のためのヘルパーサービス，環境保全のための低コストのふん尿処理サービスが重要になっている．

第2に，土地利用型の稲作では小規模層における現状維持を目的とした農業

サービス利用が多数を占めるが，畜産経営，花き作経営では大規模層が経営の維持・発展のために農業サービスを積極的に利用するケースが少なくない．すなわち稲作では，小規模兼業農家が労働力不足への対応や機械施設への過剰投資の回避の手段として農業サービスを利用している．他方，もともと専業経営の比率の高い畜産や花き作では，大規模層が労力面や作業面での理由に加え，コストの低減や基幹品目の生産拡大による所得の増大を目的に農業サービスを利用するケースも多い．ただし，花き作や野菜作等を行う園芸経営の中には高齢者や女性を中心とした専業経営もあり，これらの経営では稲作の場合と同様に労働時間の削減や労働負荷の軽減を目的に農業サービスが利用されている．

　第3に，農業サービスの提供は多様な事業体によって担われているが，中でもサービス供給規模が大きくなればなるほど農協が中心的存在となっているケースが多い．これは，地域農業のマネジメント機能を有し，資本力もある農協が，組合員農家における生産過程や販売過程での農業サービス需要に応えてきた結果と言えよう．もちろん，経営類型や提供するサービスによっては農協以外の供給主体が中心となるケースも少なくない．例えば，稲作における圃場作業受託では規模拡大を志向する専業農家や農業生産法人等が中心的なサービス供給主体となり，中山間地等の圃場条件の悪い地域では農業公社が供給主体となるケースもある．他方，施設を利用した花き作や野菜作の場合，施設関係の資材メーカーがハウスの組み立てやビニールの張り替え作業を代行したり，種苗メーカーが苗供給を行ったりするなど，民間企業がサービス供給の主体となるケースも見られる．

　農業サービスの有する全体的な特徴は以上のように整理できる．そして，農業経済研究や農業経営研究においては，このような特徴を持つ農業サービスを取り上げ，サービス市場の動向，サービス利用の動機や背景，サービス供給主体の収益性や組織の管理・運営法等について多方面から分析を行ってきた（註49）．また，農業サービスのコストを利用料金で十分回収できないようなサービス供給については，サービスの利用量，サービス供給コスト，利用料水準を相互に関連づけてその改善方策を検討するとともに，機械・施設の効率的利用や施設の設置計画等に関する管理・計画手法の研究も実施してきた．

　今後はこれらの成果を踏まえ，研究をさらに深化させていくことが要請されている．第4節から第7節までの検討結果を踏まえると，稲作経営，畜産経営，

花き作経営，野菜作・果樹作経営に共通する今後の農業サービスの研究課題としては，次の諸点が指摘できる．

　第1は農業サービスの提供方法に関わる研究である．経営支援という視点からは低料金でのサービス供給が求められており，そのためには一定量以上の利用量の確保，それに見合った人員と機械施設の装備，効率的な組織運営等が不可欠となる．したがって，低料金で安定したサービス供給が可能となるような農業サービス供給システムの解明，そうしたシステムを構築する際に必要となる管理・計画手法の開発等が重要である．また，そうした作業を行うには，利用料金とサービス需要量との関係やサービス供給コストの予測が不可欠となるので，こうした点についての研究も欠かせない．

　第2は農業サービス供給による支援効果の検証である．農業サービスの提供に際しては何らかの公的支援が伴うことが多いが，公的支援が行われる以上は，それによってどのような効果が発現したか，個別経営レベルや地域レベルでの検証が要請される．さらにまた，望ましい農業サービス供給システムを構築する上でも支援効果の検証は重要である．

　第3は農業サービス市場の展開条件の究明である．財政赤字の拡大や規制緩和の動きを踏まえるならば，農業サービスに関しても公的機関の関与をできるだけ少なくし，市場メカニズムを通じて農業サービスの需要者と供給者の満足度が高まるような市場環境を生み出すことが望ましい．したがって，そのための条件，方策の解明が必要である．

　第4は，今後の農業経営の維持・発展は農産物の有利販売の成否に規定されるため，自力販売も含めた委託販売サービスに関わる研究の深化が重要である．委託販売のメリット・デメリットを明らかにするとともに，自力販売を行うか，委託販売を行うかの意思決定を支援できるような判定方法の開発が必要となろう．

　第5は，第4の点にも関連するが，農業サービスの利用に際しての情報提供や意思決定面での支援方法についての研究である．本章では，代行業務としての農業サービスそれ自体に焦点を当てて多方面から検討してきたが，サービス利用主体がどのような条件下や状況下において農業サービスを利用したらよいか，さらにはその場合どのような点に留意して利用の是非に関わる意思決定を行うべきかといった問題についてはほとんど取り上げることができなかった．

しかし，生産現場における農業サービスのあり方を考える際には，これらは避けて通ることのできない問題である．したがって，今後はこれらの点についてのアプローチも必要である．

ところで，今後の農業サービス研究の研究方向を展望する場合，一般企業で行われているアウトソーシング関連事業の動向が参考になろう．そこで，アウトソーシングと農業サービスの特徴を簡単に比較・検討しておきたい．

近年の研究成果によると，アウトソーシングに関しては次の諸点が明らかにされている（註50）．すなわち，「アウトソーシングが増大する背景には，社会や経済の変化のスピードが速まるとともにグローバル化によって競争が激化していることがある．一般企業では環境変化に迅速に適応しニーズに即した製品やサービスの提供とコストの削減が迫られ，その結果として企業の生き残り戦略の一つとしてアウトソーシングが選択される．アウトソーシングは，既存業務を外部化することによるコストの低減，技術開発やノウハウの蓄積に必要なコストや時間の節減，限られた経営資源をコア・コンピタンス部門に集中配置することによる収益力の向上等を目的に，競争力の強化や企業の一層の発展を図るために導入されている．」と言われている．

この点については，農業経営の場合，やや異なった状況下にある．すなわち，農業経営の場合は，大規模経営における農業サービス利用の場合であっても，経営発展を目的にコア・コンピタンスへの特化を意識してサービス利用を行っているような経営は僅かとみられる．大多数の経営，特に土地利用型の稲作経営では，厳しい経営環境の中で，「経営の現状維持あるいは規模縮小を食い止める」という守りの姿勢で，農業サービスを利用している．農業サービスが農業経営の規模拡大や経営発展のためにどのように利用されていくかが研究上の関心事の一つであるが，それは，上述した一般企業でみられるアウトソーシングの論理が農業経営の中でどの程度貫徹するかにかかっていると言えよう．

他方，「サービスの供給主体であるアウトソーサー企業は，特定の業務に特化できるので技術やノウハウの水準が高くなったり，経営資源の有効利用が可能なためサービス供給のコストを低く抑えられたりするなど，アウトソーシング利用企業に対して優位性を持つようになる．また，複数の顧客から業務を委託され，それを効率よく組み合わせることにより，機械施設や人的資源の稼働率が高まり，低コストを実現できる長所も有する．このようにしてアウトソー

サー企業は，得意とする専門業務に特化することによって，より競争力のある経営になる．」と言われている．

　これに対して農業サービスの供給主体の場合はどうであろうか．資本力や技術力のある農協や農業関連メーカーの場合は，農業サービス利用を行っている農業経営に対して，一定程度，技術面やコスト面で優位に立つのは確かであろう．しかし，代替サービスの中には圃場作業受託，ビニール張り替え作業受託，ヘルパーサービス等，技術面やコスト面等で主体間に較差が生じにくい作業も少なくない．また，農業は季節性を有するとともに圃場条件や天候等に左右される面が強く，特定の業務のみを周年的に行うことは困難である．このため，農業サービス供給主体の場合，一般企業の場合のアウトソーサーとは異なり，サービス供給業務のみで経営体を維持することは難しい．その結果，農業の場合は，規模拡大志向経営が自らの農業経営の傍ら農作業を受託したり，農業公社等が公的機関からの支援を受けながらサービス供給を行ったり，農協が組合員サービスの一環として農作業サービスを提供するケースが多くなる．

　このように，農業サービスと一般企業におけるアウトソーシングは，業務の外部化という点では共通しているものの，サービス供給者とサービス利用者におけるサービス業務の持つ経営的意味合いはかなり異なる．農業サービスの展開方向を究明する際には，一般企業におけるアウトソーシング市場の動向や展開過程の分析が参考になるが，アウトソーシング研究の研究成果を農業サービス研究の領域に機械的に適用することには問題がある．上述した農業サービスと一般企業におけるアウトソーシングの相違点に十分留意しながら，今後の農業サービス市場の展開の可能性を検討して行く必要がある．

　最後に，農業サービスの有する支援的側面について若干言及し，むすびとする．

　農業サービスの提供は，サービスを必要としている経営の要望に応えるという点と，そうした経営を存続させることにより地域農業を維持するという点で，支援的側面を有する．しかし，注意すべきは，地域農業の維持・発展という側面から見た場合，このような形で小規模経営を維持することが中・長期的視点からみて本当に好ましいことなのかどうかという点である．特に稲作の場合，小規模兼業農家の維持ではなく，農地流動化の促進による大規模経営の育成こそが地域農業の維持・発展に結びつくと主張する論者も少なくない．した

第8節 おわりに

がって，農業サービスが地域農業に及ぼす影響を評価する際には，この点について十分注意して農業サービスの有する効果を評価する必要があろう．これに対し，花き作経営，野菜作経営，果樹作経営等の場合は，小規模経営に対する農業サービスの支援は地域農業の確立という点からみても重要である．小規模経営を維持することによって産地規模も確保できるし，地域の活性化にも繋がる．また，小規模経営を支援することによって，大規模園芸経営の経営発展を阻害する事態を招来することは考えにくい．逆に，可能性は低いものの，そうした小規模経営の中から新たな担い手経営が育成されることもありえる．この点は，大規模専業経営が多数を占める畜産経営の場合でも同様であろう．成長・発展の阻害要因となっている業務を農業サービスの導入によって克服することにより，畜産経営の維持や発展が可能となり，地域農業の維持・発展にも貢献できる．このように農業サービスが個別経営や地域農業に対して全体として支援的側面を有することは疑いない．

しかし，その一方で，特定の農業サービス供給主体への極端な依存は，経営としての自立度を低下させ，インテグレーション等による系列支配を招く恐れもある点に注意する必要があろう．一般企業におけるアウトソーシングでは，サービス利用企業とサービス提供企業が対等な関係で相互に補完・協力することによって，アウトソーシングの効果を双方が享受できる環境が整っている．これに対して農業の場合は，サービスの利用主体は一般に小規模零細な経営が多いことから，農業サービスの提供を通じて徐々に系列下に置かれる危険性も完全には否定できないのである．特に，資本力を有する一般企業が農業サービス事業に本格的に参入するようになった場合は，そうした事態も現実のものとなりえる．本章で取り上げた，稲作経営，大家畜経営，花き作経営，野菜作・果樹作経営では現在のところそのような事態に至っているケースはないようであるが，今後そうしたことが発生する可能性があるのか，この点についても，研究の視点から検討を加える必要があろう．

註

(註1)企業経済学をまとめたものとして Milgrom and Roberts [42] が参考になる．契約ネクサスとしての企業のとらえ方は，Aoki *et. al* [4] でまとめられている．

(註2)戦略的コアの概念は，Aoki *et. al* [4] の Chap. 7 を参照した．

(註3) 企業の業務構造については，青木・伊丹〔5〕で説明されている．

(註4) ここでは主に学会誌（農業経済研究，農業経営研究，農林業問題研究）と単行書に掲載された1975年以降の論文を対象に研究成果を整理している．

(註5) 平塚〔15〕の作業受託に関する分析結果による．本文献は農業サービスとしての請負耕作をいち早く取り上げた単行書として注目される．

(註6) 松木〔40〕では，栃木県鹿沼市の事例分析により，今後の請負サービス市場では地域の土地利用調整機関の機能発揮が不可欠であることを指摘している．

(註7) 主に受託組織を対象として詳細な分析を行ったものとして大原〔50〕がある．

(註8) 八巻〔60〕では岩手県和賀町の事例を素材にして，大規模稲作経営における作業構造と作業受託との関係を克明に分析している．

(註9) 詳細は中嶋〔46〕を参照のこと．

(註10) 具体的な計算方法は香川〔27〕を参照のこと．

(註11) 荷受け集中化の問題を比較的早い段階で取り上げたのは高田〔56〕である．

(註12) 平泉〔14〕では荷受け方式を三つに類型化し，集団調整型が有効であることを指摘している．

(註13) 合崎・永木〔2〕では，事例分析を通じて非市場的利用費用を含めた搬入調整費用の試算を行い，利用農家間の相互依存関係が強いほど非市場的利用費用が低減する傾向が見られることを明らかにしている．

(註14) 詳細は横溝〔62〕を参照のこと．

(註15) 詳細は小野〔48〕を参照のこと．

(註16) 詳細は高〔34〕を参照のこと．

(註17) 合崎〔3〕では，乾燥サービス需要関数，利用料金関数，混雑現象を内生化するための滞在時間関数の連立方程式からなるシミュレータを構築し，利用料金体系の変更による荷受量増大効果を予測している．

(註18) 詳細は小田切〔47〕を参照のこと．

(註19) ここでは主に学会誌（農業経済研究，農業経営研究）に掲載された1995年以降の論文を対象に研究成果を整理している．

(註20) 小池〔35〕のpp.87〜89を参照．

(註21) 石田〔25〕のpp.50〜51を参照．

(註22) 木南〔32〕のp.20を参照．

(註23) 詳細は浅見〔8〕を参照のこと．

(註24) 稲本〔21〕の p.22 を参照.
(註25) 稲本〔21〕の pp.17～19 を参照.
(註26) 駄田井〔12〕の pp.17～18 を参照.
(註27) 横溝〔63〕の pp.57～66 を参照.
(註28) 坂本 他〔51〕の pp.37～42 および〔52〕pp.65～70 を参照.
(註29) 坂本 他〔52〕の pp.65～72 を参照.
(註30) 駄田井 他〔10〕の pp.175～180 を参照.
(註31) 駄田井〔11〕の pp.157～160 を参照.
(註32) 市川・山口〔18〕の pp.123～126 を参照.
(註33) 小野・鵜川〔49〕の pp.57～62 を参照.
(註34) 坂本 他〔54〕の pp.11～20 を参照.
(註35) 駄田井〔12〕の pp.54～79 を参照.
(註36) 横溝〔65〕の pp.53～71 を参照.
(註37) 小林〔33〕の pp.159～163 および淡路〔9〕の pp.71～76 を参照.
(註38) 星井〔17〕の pp.30～35 を参照.
(註39) 企業的家族経営の特徴については, 石田〔26〕を参照.
(註40) 組織内で育苗サービスを生産・供給するサービス事業体の事例分析としては, 宮部〔45〕を参照されたい.
(註41) 今西〔19〕による.
(註42) 川田〔30〕による.
(註43) 田中〔57〕による.
(註44) たとえば, 山内・大原〔61〕などがあげられる.
(註45) 花きの育苗生産の諸特徴は, 宮部〔43〕を参照.
(註46) JAによる育苗サービス事業の成立・展開の有利性については, 宮部〔44〕.
(註47) JAの育苗サービスとブランド形成については, 宮部〔44〕を参照.
(註48) たとえば, 神田 他〔28〕は雇用型野菜作経営を対象に経営主体形成が経営戦略樹立に大きく関わっていることを実証している.
(註49) 農業サービスを取り上げ, その特徴と問題点, 今後の課題, 農業サービス研究の分析の枠組み等について体系的に整理した著作として, 稲本〔20〕がある. また, 農業サービスを含め, 支援システムのあり方について論述した著作に, 黒河〔38〕がある.
(註50) 牧野〔39〕による.

参考文献

〔1〕阿部登吾「選別調整労働の経済性」『農業経済研究』第63巻第3号，1992.
〔2〕合崎英男・永木正和「米乾燥調製施設の搬入調整と農家間の相互依存関係－共同利用施設の非市場的利用者負担費用を巡って－」『農業経済研究』第70巻第1号，1998.
〔3〕合崎英男「農業共同利用施設の運営政策シミュレータの開発－穀類共同乾燥調製・貯蔵施設を対象として－」『農業経済研究』第73巻第4号，2002.
〔4〕Aoki, M., B. Gustafsson, and O. Williamson ed. "The Firm as a Nexus of Trieties", SAGE Publications, 1990.
〔5〕青木昌彦・伊丹敬之『企業の経済学』岩波書店，1985.
〔6〕荒井聡「需給緩和下のトマト作における作業外部化による産地の再編強化－岐阜県海津地区での機械選果機導入の事例を中心に－」『岐阜大学農学部研究報告』第66号，2001.
〔7〕浅見淳之『農業経営・産地発展論』大明堂，1989.
〔8〕浅見淳之「農業経営にとっての農協マーケティングの役割」『農業経営研究』第33巻第2号，1995.
〔9〕淡路和則「農業経営におけるヘルパーサービスに関する一考察－西欧諸国の先進事例から－」『農業経営研究　報告論文』第36巻第1号，1998.
〔10〕駄田井久・星野敏・佐藤豊信「共同堆肥化処理施設の利用率に関する外的要因の影響分析」『農村計画論文集』第2集，2000.
〔11〕駄田井久・佐藤豊信・星野敏「共同堆肥化処理施設の経営改善に関する一考察」『農林業問題研究別冊　地域農林経済学会大会報告論文集』第36巻第4号，2001.
〔12〕駄田井久『「家畜糞尿堆肥の広域的流通システム」の構築およびその経済分析』岡山大学博士論文，2002.
〔13〕藤島廣二「輸入野菜の増大と国内産地のあり方」『公庫月報』第42巻第11号，1995.
〔14〕平泉光一「共乾施設の荷受方式と稼働実態」『農業経営研究』第30巻第1号．1992.
〔15〕平塚貴彦『水稲請負耕作の経営と経済』農林統計協会，1976.
〔16〕星井静一「全国協会事業の展開」『酪農ヘルパー』(社)酪農ヘルパー全国協会，1996.
〔17〕星井静一「酪農ヘルパー養成研修の現状と今後の課題」『畜産の情報』農畜産業振興事業団，2002.
〔18〕市川治・山口正人「酪農におけるふん尿活用方式に関する研究－とくに北海道酪農を中心に－」『農業経営研究　報告論文』第37巻第1号．1999.

〔19〕今西英雄「花き産業における内外の現状比較と展望」『農業と経済』第57巻第13号,1991.

〔20〕稲本志良編著『新しい担い手・ファームサービス事業体の展開－徳島県の挑戦－』農林統計協会,1996.

〔21〕稲本志良「新しい農業の展開とファームサービス」稲本志良編著『新しい担い手・ファームサービス事業体の展開－徳島県の挑戦－』農林統計協会,1996.

〔22〕井上憲一「酪農家におけるふん尿の作物利用と堆肥の経営外供給に関する一考察－ふんの利用形態による類型化をふまえて－」『農業経営研究』第39巻第3号,2001.

〔23〕井上憲一・藤栄 剛「個別酪農家における堆肥供給行動の規定要因」『農業経営研究報告論文』第40巻第1号,2002.

〔24〕石田正昭『キクの共同出荷にみる個と集団－渥美3農協の事例－』農政調査委員会,1987.

〔25〕石田正昭「農業経営異質化への農協販売事業の対応課題」『農業経営研究』第33巻第2号,1995.

〔26〕石田正昭「ヨーロッパの花き作経営におけるファームサービスの展開とその特徴」文部省国際学術研究助成調査報告書,1999.

〔27〕香川文庸「農協作業受委託事業の料金設定方法に関する一考察－農業サービス事業体における原価計算システムの構築をとおして－」『農業経営研究』第33巻第3号,1995.

〔28〕神田多喜男・山田 勝・杉本恒男「経営発展における経営戦略の役割－施設園芸における事例分析から－」『農業経営研究』第34巻第2号,1996.

〔29〕片桐紀生「酪農ヘルパー事業の現状と課題」『畜産コンサルタント』(社)中央畜産会,第413号,1999.

〔30〕川田穣一「花き産業発展をリードする技術革新」『農業と経済』第57巻第13号,1991.

〔31〕川崎理代・横溝 功・小松泰信「酪農部門における「後継者発掘システム」の構築(1)・(2)」『畜産の研究』第55巻第10号,2001.

〔32〕木南 章「農業経営の外部環境のマネジメント」『農業経営研究』第38巻第4号,2001.

〔33〕小林信一「オランダにおける農業ヘルパー制度」『農業経営研究 報告論文』第37巻

第2号, 1999.
〔34〕高　福男「カントリーエレベーターの運営における差別料金体系の意義」『農業経営研究』第39巻第3号, 2001.
〔35〕小池恒男「新食糧法下における米流通の動向と展望」『農業経済研究』第69巻第2号, 1997.
〔36〕木立真直「青果物流通の変容と農協マーケティングの課題」『農林業問題研究』第121号, 1995.
〔37〕小松泰信「産地戦略と農協営農面事業の課題」『農林業問題研究』第121号, 1995.
〔38〕黒河　功編著『地域農業再編下における支援システムのあり方－新しい協同の姿を求めて－』農林統計協会, 1997.
〔39〕牧野　昇『アウトソーシング－巨大化した外注・委託産業－』株式会社経済界, 1997.
〔40〕松木洋一「請負サービス市場の担い手と地域農業組織化」『農林業問題研究』第113号, 1993.
〔41〕松島貴則・上杉純広・西井一成「野菜集出荷場の統合と農家の経営対応」『農林業問題研究　報告論文』第141号, 2001.
〔42〕Milgrom, P. and J.Roberts, "Economics, Organization and Management"（日本語訳「組織の経済学」）, Prentice Hall International, 1992.
〔43〕宮部和幸「花き作ファームサービス事業体の新展開」稲本志良編著『新しい担い手・ファームサービス事業体の展開－徳島県の挑戦－』農林統計協会, 1996.
〔44〕宮部和幸「農協による花き作ファームサービス事業の成立・展開の条件」『協同組合奨励研究報告（第二十五輯）』全国農業協同組合中央会, 1999.
〔45〕宮部和幸「花き作における組織内製的サービス事業成立の条件」『農業経営研究』第36号第3号, 1998.
〔46〕中嶋千尋「作業請負受託地は機械の固定費を負担するか－限界思考と平均思考－」『農業経済研究』第53巻第1号, 1981.
〔47〕小田切徳美「農業公社営農の背景と展望－中山間地域を中心にして－」『農林業問題研究』第109号, 1992.
〔48〕小野博則「カントリーエレベータにおける等級別原価計算の導入と利用料設定－事業方式の視角からの原価主義の再検討－」『農林業問題研究』第78号, 1985.
〔49〕小野　学・鵜川洋樹「北海道酪農における集中型バイオガスシステム導入経営の事前評価－『積雪寒冷地における環境・資源循環プロジェクト』別海資源循環試験施設を

対象に-」『農業経営研究 報告論報告論文』第40巻第1号,2002.
〔50〕大原興太郎『稲作受託組織と農業経営』日本経済評論社,1985.
〔51〕坂本定禧・佐藤豊信・横溝 功「牛糞堆肥施設の実態と牛糞堆肥の広域的流通の課題-全国の牛糞堆肥施設のアンケート結果を中心に-」『農林業問題研究別冊 地域農林経済学会大会報告論文集』6号,1998.
〔52〕坂本定禧・佐藤豊信・横溝 功「牛糞堆肥の需給と広域的流通の課題」『農林業問題研究 別冊 地域農林経済学会大会報告論文集』第7号,1999.
〔53〕坂本定禧『家畜糞尿リサイクルの課題と対策-牛糞堆肥を中心として-』岡山大学博士論文,1999.
〔54〕坂本定禧・佐藤豊信・横溝 功・駄田井久「耕種農家による堆肥需要の計量的分析-牛糞堆肥のリサイクル利用を目的として-」『農業経営研究』第38巻第1号,2000.
〔55〕慎 光・和田大輔・佐々木市夫「家畜糞尿処理施設に対する農家評価の規定要因」『農業経営研究 報告論文』第37巻第1号,1999.
〔56〕高田 理「カントリーエレベーターの経営と農家の利用組織」『農林業問題研究』第49号,1977.
〔57〕田中武夫「花き産地と経営体の発展-大規模輪キク産地における苗生産分業化と経営体の展開-」『平成8年度農業試験場農業経営経済研究成績書』愛知県,1997.
〔58〕戸田博愛「野菜需給基調の変化と今後の対策」『農業と経済』第58巻第4号,1992.
〔59〕鵜川洋樹・横山繁樹・A. E. Luloff「北海道酪農の環境問題と意義」『農業経営研究 報告論文』第34巻第3号,1996.
〔60〕八巻 正「大規模稲作経営の作業構造と作業受託」『農業経営研究』第26巻第1号,1988.
〔61〕山内高弘・大原興太郎「施設ギク生産の発展に与えた技術革新の性格とその効果-愛知県渥美町を事例として-」『農業経営研究』第38巻第2号,2000.
〔62〕横溝 功「カントリー・エレベータにおける利用料金設定のメカニズム」『農業経営研究』第22巻第2号,1984.
〔63〕横溝 功・本松秀敏「家畜ふん尿の堆肥化処理のコスト評価に関する一考察」『農業経営研究』第34巻第4号,1997.
〔64〕横溝 功「堆肥センターにおける運営の実態と課題」『畜産環境情報』,2000.
〔65〕横溝 功「酪農経営における休日確保のための支援システムの課題と展望-酪農ヘルパー利用組合を対象に-」研究代表者 稲本志良『農業経営の外部化とファーム

サービス事業体』(研究課題番号09460100)平成9年度～平成11年度科学研究費補助金一般研究(B)(1)研究成果報告書,2001.

〔66〕吉田　博「野菜生産の現状と課題」『農業と経済』1992年臨時増刊号,1992.

第4章　地域農業組織と経営支援

第1節　はじめに

　本章では，個別農業経営発展に向けた支援に関して，地域農業の組織化を通じた視点から検討を行う．具体的には，次節で，地域農業組織における支援について検討し，そこでの支援は，第2，第3章の支援をそのまま用いたのでは効果が発揮できないことから，新たな視点での支援が必要であることを整理する．そして，地域農業組織を構成する全ての主体が自発的に相互に連携関係を構築することで，その連携関係が，結果として個別農業経営の経営発展に結びつく「ボランタリー支援」について提示する．これらの論点整理をもとに，第3節では，ボランタリー支援を図るためには，集落営農等の地域農業組織において分散シェアリング的なシステムを構築する必要があること，そして，その点に関して，富山県I営農組合の実証分析を通じて明らかにする．つづく，第4節では，前節の分散シェアリングにおいて言及された「不利益の負担」に関して，現実社会の不確実性に起因して農業経営に生じるリスクの負担の効率化を検討する．このような不確実性に起因するリスクは，地域農業における生産要素配分上のミス・マッチの要因の一つとなるが，まず，その相対的な効率化を図る論理を明らかにする．その上で，個別経営への支援を効果的に実施するための地域農業組織の管理として，不確実性に対する各組織構成員の主観的な評価に基づくリスクの効率的な負担のあり方を明らかにする．以上の分析および検討結果を踏まえ，第5節で本章のまとめを行う．

第2節　個別農業経営支援と地域農業組織の役割

(1) 地域農業組織と支援

　今日，土地利用型農業において，農業による自立的な展開を志向する個別農業経営の確保・育成を図ることは，緊急の課題である．しかし，現状では，こうした個別農業経営の展開は必ずしも順調に進んではいない．

　これら個別農業経営の展開は，地域的な広がりの中で検討していく必要があ

る．なぜなら，地域は，個別農業経営が必要とする農地，労働力等の資源や作業等を外部化できるサービス事業体等が存在するとともに，その利用や取引の場だからである．加えて，個別農業経営が経営発展していくためには，それが必要とする資源を効果的に調達し利用することが重要になる．しかし，それら資源を調達するための生産要素市場は不完全か，あるいは，市場が存在しても，農地の団地的集積に向けた地域の農家の合意形成を図るための費用や，効率的な農作業の実施に向けた地元からの生産条件等の圃場情報に関する収集のための費用等を要する場合が少なくない．したがって，そのままでは，個別農業経営の経営発展が制約される恐れが強い．こうした問題を回避するためには，地域農業の組織化を通じて「準内部取引的」な関係を構築し，個別農業経営が必要とする資源の調達や利用が円滑に行えるようサポートしていくことが重要であり，それは，個別農業経営の経営発展にとって，極めて重要な「支援」行為としての性格を有している．

　これら地域農業組織に関しては，まずは，市町村レベルで捉える視点が提示されている．それは，地域農業組織の先駆的な検討を実施した高橋〔19〕〔20〕の業績に代表される．高橋は，農家の農業経営主体としての機能喪失という認識のもとで，それら農家に代わり市町村や農協，あるいは，中間組織の役割に期待している．また，革新的農業者，集落リーダー，地域農業関連機関による「革新行動」による農業生産システムの改善を図る必要性を提示している．このように，市町村レベルでの検討は，市町村，地域農業関連機関等による個別農業経営の「支援」が検討されてきたのである．いわば，こうした支援は，「公」による個別農業経営の支援の側面であり，それらは，第2章，あるいは，第5章の検討課題である．

　しかし，地域の資源を集積することなどを通じた個別農業経営の経営発展に向けた「支援」について検討していく場合には，むしろ，資源の調達や利用調整の合意形成を行う最小単位である集落を対象に検討することが重要，かつ，効果的と考える．こうした集落レベルの個別農業経営に対する支援は，いわば，「民」による個別農業経営の「支援」としての性格を有している．

　そこで，本章は，集落を単位にした地域農業組織である集落営農を対象に扱う．なお，本章で扱う集落営農については，所属する農家が相互に「顔見知り関係」にあり，農地等の資源の利用や調整に向けた合意形成が図れるような一

ないし数集落を範囲とし，そこに位置する農家の連携や調整を図る組織と捉えることとする．

ところで，第2章では「支援」の定義に関して，「他者の意図を持った行為に対する働きかけであり，その意図を理解し，その行為の質の改善，維持あるいは達成を目指すもの」（註1）と整理している．だが，今日のように多様な性格の農家を構成員とする集落営農において，特定の個別農業経営に対して，こうした定義に依拠した「支援」を実施することは難しい．なぜなら集落営農の基礎である集落の基本原則は，構成員の「平等原則」にあることから，特定の農家における「行為の質の改善，維持あるいは達成をめざす」方向のみの「支援」は，集落の他の農家に容認されず，反感や反発を生じる場合が少なくないからである．したがって，そのままでは個別農業経営が農地等の資源を集積していくことは困難となる．

こうした指摘は，集落営農の組織化を通じて，個別農業経営の規模拡大等といった経営発展を「支援」していくためには，第2章で扱われた「支援」とは，異なる視点や論理を提示する必要性があることを示している．

そこで，以下では，集落営農と個別農業経営の発展に関する既存研究のレビューを通して，集落営農等の地域農業組織における個別農業経営発展に向けた「支援」の方向とそのための課題について検討を行う．

（2）既存研究の成果とボランタリー支援

集落営農等の地域農業組織の組織化の目的や契機について，高橋[20]は，1960年代が「"ゆい"，共同田植え，あるいは，開拓地における共同農作業など」の「労働力の組織化」，70年代が「減少した労働力に代替する生産手段として」導入された農業機械が大型かつ高価なために，それら機械・施設等を共同で導入しようとした「資本財の組織化」，80年代が「集団的土地利用」と呼ばれる「土地利用に関わる組織化」であると指摘している．

こうした指摘は，農家を取り巻く内部・外部環境の変化に伴い，様々な資源（労働力，資本，土地）を農家それぞれが単独で調達し，あるいは利用していくことが相対的に困難になったこと，そして，それら資源の多くは，「生産要素市場」が十分に形成されていないか，あるいは，農家が単独でそこから調達することが困難となったことを示している．このため，集落を単位に組織化し，集

落の「平等原則」に基づき，参加農家の平等出役・出資による「相互支援」の関係を形成することを通して，資源の効率的な調達や利用を図り，参加者の共通の目的である稲作の省力化や転作の効率的処理を実現したのである．

これら集落営農の構成主体は，当初はほぼ等質の性格や営農目的を有していたが，その後の兼業・高齢化の進展のもとで，その性格は非等質化，多様化を強め，集落営農への参加目的は主体間で大きく異なることとなった．こうした構成員が非等質化していく中で，なお，上記の「平等原則」に依拠した「相互支援」を実施する集落営農における個別農業経営の発展に関しては，下記に示すような問題点が指摘されている．

まず，佐藤[15]は，個別農業経営を内在した集落営農に「所得増大効果」，「省力化効果」，「輪換効果」を確認するが，その効果の配分が必ずしも個別農業経営の確保・育成につながっていないことを指摘している．また，井上[4]は，佐賀平坦水田地帯の集落営農を分析し，個別農業経営が集落営農内部に存在していても地縁的組織ゆえの「労働（・資本）に対して薄く，土地に対して厚い収益分配構造」が形成されている実態があること，現状の規模のもとでは，収益配分構造の改訂だけでは個別農業経営の展開は困難であること等を明らかにし，集落による個別農業経営の認知と，そこへの農地利用権や農作業の集積を図る必要性を指摘している．同様に，関野[16]は，秋田県の集落営農の分析から，経済的効果等のメリットを確認するものの，その組織原則は，個別農業経営の育成を念頭においた収益配分ではなく，オペレータの犠牲のうえに成立しているとの認識に基づき，収益配分の改善方向を検討している．その結果，たとえ地代部分にくい込む収益の再配分を行っても，オペレータ層が農業専業で自立するだけの所得水準に達しないことを明らかにし，農家のタイトな結びつきに基づく集落営農から，個別農業経営であるオペレータ層が独立するとともに，両者がより緩やかに結合する方向への組織再編を提示している．

そして，梅本[22]は，「土地利用調整が先行し，地域ぐるみ的営農が開始されると，当初は担い手の農業内自立度の向上をむしろ抑制する機能を有しかねないこと，また，逆に，特定の農家や集団が貸借や受委託によって個別に展開を図っていくと，そこでは土地利用調整秩序の形成がむしろ進みにくい」と指摘する．さらに，「機械・施設の共同利用や共同作業，および土地利用調整単位としての集落の有する効果」は大きいが，「新たな複合部門の導入や経営規模，

作業規模拡大等により農業内自立度向上を図ろうとする担い手の創出をむしろ抑制している」という問題点を指摘している．加えて，和田〔24〕は，集落営農が行う「土地利用権調整」は「集落の本質になじまないことがある」，なぜなら「中核農家への利用権集積はつまるところ農家の階層分化であり，それは集落の平等原則に抵触する可能性がある」からという．

こうした指摘は，これまでのような「平等原則」に依拠した「相互支援」を行う集落営農では，集落の全農家に共通して利益が享受できる水田転作に関わる農地の集積等は可能であるが，一部の個別農業経営の経営発展に結びつくような効果や利益が発生する取り組みは難しいこと，あるいは，集落営農の活動によって生じた成果についても，その実現に貢献した個別農業経営等に厚く配分するのは困難なことを示している．ここに，第2章で提示された「支援」に関して，「平等原則」を基本原則とする集落営農を通じて実施することが難しい理由がある．

このように，個別農業経営の経営発展のためには集落営農の組織化を通じた「支援」は，今日なお重要な課題であるが，そのためには，旧来の「平等原則」に依拠したものとは異なる新たな「相互支援」に向けた視点や論理の構築が求められている．

この点に関して，個別農業経営を含めた全ての構成員で，集落内の全ての活動を集落で完結的に実施するシステムから，土地利用調整組織と個別農業経営の両者を形成・育成し，その相互の協調関係を構築する「重層的組織化」の必要性が1980年代以降に提起されている（和田〔25〕，倉本〔8〕，高橋〔20〕）．こうした個別農業経営の形成・育成に向けた個別農業経営と集落を単位とした土地利用調整組織の二つの主体間で重層的な緩やかな組織化を図るべきとする，これら重層的組織化の視点は重要な論点を提示している．だが，実際のところ集落内には，これらの他に，借地まで行う余力はないものの自己完結的な営農の継続を希望している兼業農家や高齢農家が一定程度存在している．これら兼業農家や高齢農家等を含めて組織化していく必要性を論じているのが，稲本〔3〕である．稲本は，個別農業経営への機能の集中を図ろうとする新政策型の農業再編に対して批判的検討を行い，「「重層型」担い手構造」を提起するとともに，個別農業経営の展開の視点に加えて，兼業農家や高齢農家による個別完結的営農の改善も併せて実施しつつそれらを「生活型農業」（註2）として「「重層型」

担い手構造」の一局として位置づけることが必要であると論じている．

こうした指摘から導出されることは，個別農業経営の育成・確保のためは，土地利用調整組織と個別農業経営の視点に加えて，多数を占める兼業農家や高齢農家を重層的組織化の一局として位置づけていくこと，そして，そのための，それら農家と個別農業経営との相互連携関係（相互支援）のあり方，および，連携関係の形成条件を具体的に明らかにしていくことが重要ということができる．

上記は重要な論点を提示しているが，下記の点の検討が十分ではない．第1に，効果的な土地利用調整を実施していくためには，現在，営農の継続を希望している兼業・高齢農家とともに，地権者である農地貸付世帯からの土地利用調整に向けた合意や協力を確保しておくことが重要となるが，既存研究ではこれらの視点には，必ずしも十分に配慮していないことである．第2に，既存研究は，重層的組織化の必要性を論じているが，その具体的連携の論理や方向のあり方についての理論的，実証的研究は少ないことである．

この点に関して，一般経営学の「組織間関係論」（註3）は，組織や主体間の連携（註4）に関した研究蓄積が多くあり，しかも，その主要な論理である「資源依存モデル」（註5）は，特に，有効な分析枠組みとして援用することができると考える．それは，組織が存続していくためには，必要とする諸資源を確保していかなければならないという前提にもとづいている．そして，これら諸資源を当該組織内部で調達できれば問題はないが，当該組織は，それら「諸資源を所有し，コントロールしている他組織に依存している」（註6）場合が多いと考える．こうした「依存」関係ゆえに，資源の獲得・処分をめぐって組織間関係が形成・維持されるとする．しかも，当該組織にとって資源の重要性が高いほど，あるいは，それら資源を所有している相手以外から当該組織が必要とする資源を獲得していくことができない状況が強まるほど，相手に依存する（一方的依存関係）と考える．そして，資源を有する相手組織は，「パワー優位」な状況にあるという．「パワー優位」となった相手は，「パワー劣位」の相手に様々な要求を突きつけるなどの機会主義的な行動を取りやすい．こうした「パワー優位」が相手に生じると，当該組織は，その「自律性」を制約されることになる．そこで，これら資源の依存関係によって発生する「パワー関係」を均衡することが求められるが，その戦略として，①相互依存関係そのものを内部化する

「自律化戦略」，② 相手組織との協調的関係を強化する「協調戦略」，③ 法律やより上位のパワーを持つ第三者に調整をまかす「政治戦略」の三つがあるという (註7)．

こうした組織間関係論に依拠すれば，個別農業経営の経営発展のためには，②の「協調戦略」が重要かつ有効であり，それら他者との協調戦略に基づいて個別農業経営が必要とする農地等の資源を確保・調達していくことが求められていると指摘できる．そのためには，取引関係の形成に伴って発生することが予想される「パワー優位・劣位」の関係を，良好な相互連携関係の構築によって緩和していく必要がある．すなわち，相手に対して，より強く依存する関係を形成することとなれば，「一方的な依存関係」になり，連携相手における「パワー優位」という状況が発生する．例えば，個別農業経営が「パワー優位」ならば，農地貸付世帯等から，貸付農地の適切な管理や，畦畔草刈りや水路清掃の実施に対する懸念や不信感につながりやすい．あるいは，兼業・高齢農家等が「パワー優位」となれば，個別農業経営に対して，農地や景観の維持・管理に向けた過度の労務提供の要求といった機会主義的な行動を招来する恐れがある．こうした関係では，両者の連携関係の維持は困難となる．そこで，上記の問題を回避し，連携関係の効果を発揮していくためには，一方的に連携相手に依存する関係ではなく，むしろ，連携相手が必要とする資源や役割等を積極的に相互に提供・分担し，双方依存的・互恵的関係を構築することで，「パワー関係の均衡」を図る必要があるといえよう．これら連携関係の形成を通じた「パワー関係」の均衡や一方的依存関係の回避という論点は重要である．

こうした互恵的な連携関係が形成できれば，集落の「平等原則」に依拠せず，また，それに抵触することなく個別農業経営の発展を可能にする「支援」が実現できる．すなわち，集落営農等の地域農業組織において個別農業経営の経営発展を図るためには，そこに参加する多様な主体が自らの目的達成のために自発的に他者に働きかける「相互支援」の関係を形成し，それが結果として個別農業経営の経営発展の支援となる関係を構築することが重要である．本章では，こうした「相互支援」を「ボランタリー支援」と呼ぶことにする．

ところで，これら「ボランタリー支援」は，① 主体間の相互連携関係に基づいていることから，第2章のように，被支援主体と支援主体が明確ではない．② 各主体がそれぞれの目的を達成するために，自発的に，相互に連携関係を結

び，その行為が，結果として，個別農業経営の経営発展等の支援につながるのであり，第2章で示された「意図を持った行為」を前提としていないなど，それらの「支援」とは異なるものである．

そこで，この点に関して，第3節において，こうした視点のもとで，集落営農において，個別農業経営の経営発展を可能にする「ボランタリー支援」を構築する視点から具体的に検討する．つづく，第4節は，前節の分散シェアリングで言及された「不利益の負担」に関して，会計上の費用便益に基づく不利益ではなく，その背後にある主観的評価にも依存する経済活動に付随するリスク負担を分析対象とする．その上で，リスク負担の効率化を図るための「ボランタリー支援」の理論的整理と，今後の研究課題を検討する．

第3節 集落営農におけるボランタリー支援の方向と課題

（1）集落営農におけるボランタリー支援に向けた分散シェアリング

今日，集落に存在している主体とその目的は，大別すれば次のように提示できる．まず，第1に，土地利用型農業を職業とし，農業所得の拡大を通じた専業的な農業展開を志向している個別農業経営であり，それらは，農業において私経済性の追求を目指す主体である．第2に，主たる農家所得を他産業から得ている兼業農家である．そして，第3に，高齢農家である．これら，兼業・高齢農家は，農業は兼業所得の補完的な，あるいは，趣味・生き甲斐としての位置づけであり，家計に占める農業所得の割合が相対的に低いことから，農業所得の向上よりもむしろ，集落で対応すべき転作の処理や，農地保全を通じた農村景観の保全あるいは農村コミュニティの維持に関心が強いといえる．そして，第4は，農地貸付世帯である．これら世帯は，資産としての農地の安定的な貸借関係の継続や農村環境・景観の保全に関心がある．こうした農地貸付世帯は，現在離農し，集落営農には参加していないが，地域に定住している場合も多い．それら世帯は，いわゆる「ステークホルダー」としての性格を有しており，これら世帯を含めた効果的な相互支援の関係を形成することで，集落全体

の土地利用調整の実現や多様な農家・世帯間の良好な連携関係の形成等が可能になり，個別農業経営の発展と同時に集落営農のパフォーマンス向上が期待できる．

集落営農の構成員に，こうした個別農業経営と兼業所得の補完や生き甲斐・趣味あるいは資産としての農地管理等を主目的とする兼業農家や高齢農家等が混在し，個別農業経営と兼業・高齢農家が共通して，稲作の継続を志向している場合には，個別農業経営の主目的である私経済性を追求する過程で，稲作の継続を希望する兼業・高齢農家と農地利用を巡る競合関係によって，個別農業経営が農地を団地的に集積できないなどの問題が生じる場合がある．これら問題を解決できなければ，個別農業経営の発展は難しい．

そこで，上述の問題の発生を回避し，集落営農の効率的な運営を確保し，あわせて，個別農業経営の経営展開を支援していくためには，集落営農に，次のようなボランタリー支援を可能にするシステムを構築しておく必要があると考える．

第1に，土地利用調整を実施する組織を構築するとともに，個別農業経営，兼業・高齢農家，農地貸付世帯までを含めて，集落営農の組織構造に明確に位置づけていくことである．ただし，その際，構成員のタイトな結合に基づいて集落営農が営農等に関する意思決定を集権的に実施する方向ではなく，各主体が緩やかに結合するとともに，各々の営農目的に応じた活動や組織参加について自由度をもって選択できるような意思決定システムを採用することである．

第2に，これまでのような「平等原則」に依拠して，集落全体で共通してプラスの効果が出る方向を目指すのではなく，集落営農に参加する多様な主体の主目的（農業所得の追求，生き甲斐・趣味，資産管理等）を達成できるように集落営農の成果を配分できる仕組みを構築することである．

第3に，これら主体毎の営農目的を達成していく過程では，その相互調整は，必ずしも予定調和的に実現されないことから，主体間で様々な矛盾等が発生しやすい．そこで，これら矛盾を回避するには，多様な主体それぞれの主目的を達成していく一方で，それら主体の優先度は相対的に低いが，他の主体の目的達成の源泉として利用できる貢献を相互に引き出すことが可能なシステムを構築することを通じて，主体間の良好な相互連携関係を形成していくことである．

以上を通じて，それら主体の参加・貢献意欲を減じずに，それら主体からの自発的な相互協力を引き出すとともに，相互にメリットを発揮していくことが可能になる．これら多様な主体間の相互連携関係を構築する論理は，組織に参加する主体「それぞれに花を持たせること」，「一つの変数のシェアリングがどこかに集中している割合が低いこと」を通して，その参加・貢献意欲や組織そのものの効率性を高めようとする「分散シェアリング」(註8)と類似の概念である．これまでの集落営農は，こうした効果的なシェアリングが実施されてこなかったがゆえの問題を生じていたと指摘できよう．集落営農において，こうした「分散シェアリング」的な仕組みを内包することによって，個別農業経営の経営発展を可能にする「ボランタリー支援」が実現できると考える．これら「ボランタリー支援」は，「平等原則」に依拠し，全農家共通の事項についての連携を図ろうとする旧来の「相互支援」とは異なるものである．

そこで，多様な主体を包摂した組織化を進めつつ，それら主体間において「ボランタリー支援」の関係を構築することで，兼業・高齢農家や農地貸付世帯の目的を達成するとともに，個別農業経営の経営発展を実現している富山県Ⅰ営農組合の成果と活動内容の分析を通じて，上記の仮説を検討する．

(2) 富山県Ⅰ営農組合におけるボランタリー支援

ここでは，多様な主体を包摂した組織化を進め，あわせて，個別経営等の経営発展とその他の主体の効用も同時に向上させることに成功している，富山県Ⅰ営農組合(註9)を分析対象に，営農組合の運営方法や活動内容の聞き取り調査，営農組合資料の整理等を通じた実証的分析を行う．

Ⅰ営農組合の位置している富山県A市は，富山県の西端に位置し，総面積134 km^2，総面積の9割が200 m以下の平坦地にある．A市の事業所従事者割合をみると，その4割が，富山県の基幹産業の一つであるアルミ加工を中心とした製造業に従事している．農業概況について，表4.1に示した．水田率は98.2 %，稲作単一経営は98.4 %と，稲作への特化が著しい．また，総農家に占める恒常的勤務の兼業農家率は83.3 %と県平均を2.5ポイント上回り，安定兼業化が進展している．経営耕地面積別の農家割合をみると，0.5～2 haに91.6 %の農家が集中する一方で2 ha以上は8.4 %と県平均を4.5ポイント下回る．そして，稲作農家に占める借入田のある農家率は12.1 %に留まるが，1

第3節　集落営農におけるボランタリー支援の方向と課題

表 4.1　A市の農業概況

		富山県	A市
総農家に占める恒常的勤務の兼業農家率		80.8	83.3
販売農家に占める稲作単一経営農家率		93.6	98.4
経営耕地面積に占める田の割合（水田率）		96.2	98.2
田の借入れがある農家の割合		23.2	12.1
田の借入れがある農家1戸当たり借入面積		65.0	116.6
経営耕地規模別農家割合	例外規定	0.3	0.1
	0.3〜1.0 ha	49.4	41.3
	1.0〜2.0 ha	38.3	50.3
	2.0〜3.0 ha	8.5	6.5
	3.0〜5.0 ha	2.3	0.9
	5.0 ha 以上	1.1	1.0

資料：1995年農業センサス

戸当たり借入田面積は116.6aと県平均を51aも上回り，少数の農家に借地が集積される傾向にある．

　I集落では，担い手育成基盤整備事業による大区画圃場整備を契機に，I集落の全戸（39戸）が参加するI営農組合が1996年に結成された．営農組合は，個別農業経営のO経営，借地まで行う余力はないが，なお，営農継続を希望している兼業・高齢農家（12戸），農地貸付世帯（26戸）を構成員としている．また，営農組合は，集落全体の土地利用調整を実施するとともに，水稲育苗施設と田植機等の稲作用機械を導入し，稲作用機械については，O経営と協業組合にそれぞれ貸与している．このうち，営農継続農家は「協業組合」に組織化され稲作を協業経営方式で実施し，また，O経営は，集落内で貸付希望となった農地と集落全体の転作について一括して受託している．これら概況を整理したのが図4.1である．

　I営農組合の組織化のプロセスは次の通りである．集落の定例の会合で，圃場の漏水問題が取り上げられ，その際，市役所勤務の構成員から担い手育成基盤整備事業の情報が提示された．それを契機に，集落の構成員でもあり，農協の営農指導員であったF氏が中心となって組織化が進められた．営農組合設立直前に個別完結的営農を実施していた農家は16戸（集落の41％），稲作機械

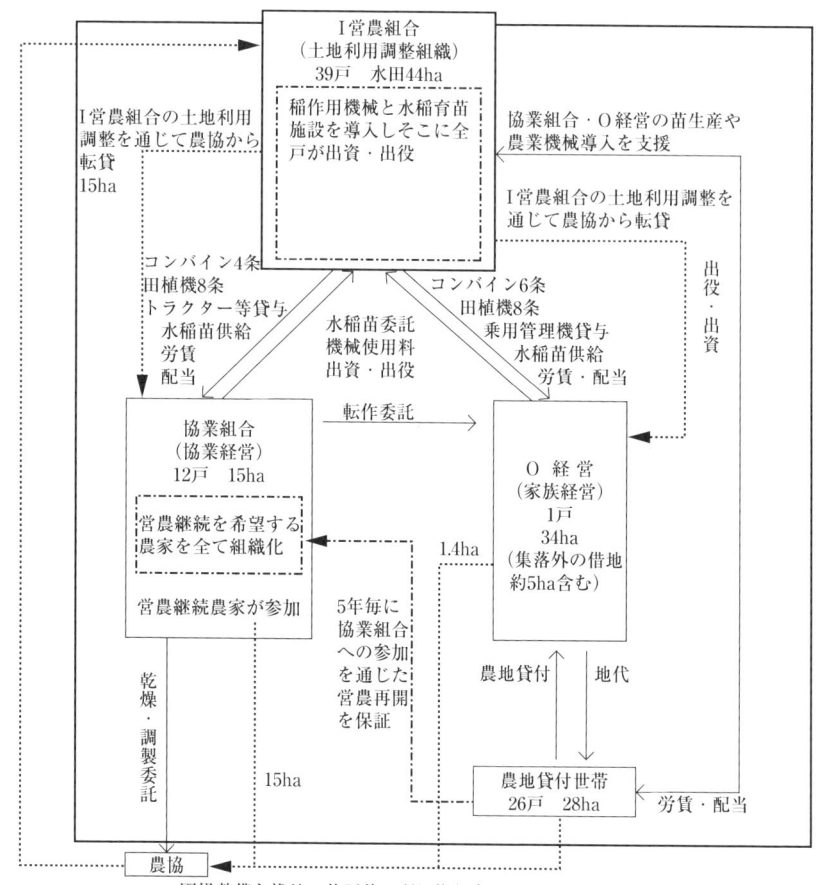

(142)　第4章　地域農業組織と経営支援

```
                    ┌─────────────────────┐
                    │    I営農組合          │
                    │  (土地利用調整組織)    │
                    │   39戸　水田44ha     │
I営農組合の土地利用    │┌──────────┐│  協業組合・O経営の苗生産や
調整を通じて農協から   ││稲作用機械と水稲育苗││ 農業機械導入を支援
転貸                  ││施設を導入しそこに全││
15ha                 ││戸が出資・出役    ││
                    │└──────────┘│
                    │                   │    I営農組合の土地利用調整を
                    │                   │    通じて農協から転貸
                    └─────────────────────┘
     コンバイン4条         │ ↑ │    コンバイン6条            出
     田植機8条            │ │ │    田植機8条              役
     トラクター等貸与      水稲苗委託  乗用管理機貸与           ・
     水稲苗供給           機械使用料  水稲苗供給            出
     労賃                出資・出役  労賃・配当             資
     配当                │ │ │
                       ↓ │ ↓
   ┌──────────┐  転作委託   ┌──────────┐
   │  協業組合    │─────────→│   O 経 営    │
   │ (協業経営)   │            │  (家族経営)   │
   │ 12戸　15ha  │            │   1戸        │
   │┌────────┐│            │   34ha       │
   ││営農継続を希望す││←──────   │ (集落外の借地  │
   ││る農家を全て組織││            │  約5ha含む)   │
   ││化          ││     1.4ha  │              │
   │└────────┘│            └──────────┘
   │営農継続農家が参加│  5年毎に
   │              │  協業組合
   │乾燥・調製委託  │  への参加      農地貸付  地代
   │              │  を通じた         │   ↑
   │              │  営農再開         ↓   │
   │              │  を保証       ┌──────────┐
   │       15ha   │              │  農地貸付世帯  │
   │              │              │  26戸　28ha  │ 労賃・配当
   └──────────┘              └──────────┘
            │
            ↓
         ┌────┐
         │ 農協 │
         └────┘
```
圃場整備と換地の終了後，利用権設定を実施予定(2003年以降)

注1) ───は相互連携関係を，……は，集落内の農地の流れを-・-・-は，相互連携関係のための仕組み
　　　を示している．
注2) 圃場整備の農地を順次，営農組合の土地利用調整を通じて，O経営と協業組合に配分しているが，
　　　2002年度末に圃場整備の換地が終了した後は，農協と利用権を設定し，営農組合による土地利用調整
　　　を経た後に，O経営と協業組合に配分する予定である．

図4.1　I営農組合の組織構造と相互連携関係

作業を全て委託している世帯あるいは農地貸付世帯の合計は13戸（同33％）に達していたことから，構成員に今後の営農意向に関するアンケートを実施したところ貸付希望が大半を占めることとなった．こうした状況下で，集落営農の組織化を進めたのであるが，その過程で，①零細な家族経営単独での営農の

第3節　集落営農におけるボランタリー支援の方向と課題　（ 143 ）

継続は認めない，②生き甲斐等の目的で営農継続を希望している兼業・高齢農家は全て後述する「協業組合」に参加する，③協業組合に参加しない世帯は，集落で担い手として認知した個別経営であるO経営に農地を貸し付ける，以上の三点について集落全体で合意を取り決めた．

その結果，I集落の世帯は，O経営，営農継続農家，農地貸付世帯（註10）の三つに分けられるとともに，このうち，営農継続農家は全面協業経営である「協業組合」に組織化され，そこには12戸が参加した．

I営農組合は，次のような特徴が指摘できる．まず，補助金と制度資金の利用に加えて，農地貸付世帯も含めた全戸が所有地10a当たり3万円を出資して，水稲育苗施設と田植機等の稲作用機械を導入したことである．このうち水稲育苗施設は，農地貸付世帯まで含めた全戸が出役して苗を生産し，O経営と協業組合に供給している．また，稲作用機械は，それぞれO経営と協業組合に貸与している．

また，営農継続を希望する農家は全て，全面協業経営組織である協業組合に組織化されたことは既に述べたとおりであるが，その構成員の多くは，定年退職前後の世代であり，生き甲斐や趣味としての営農の継続を希望している．そ

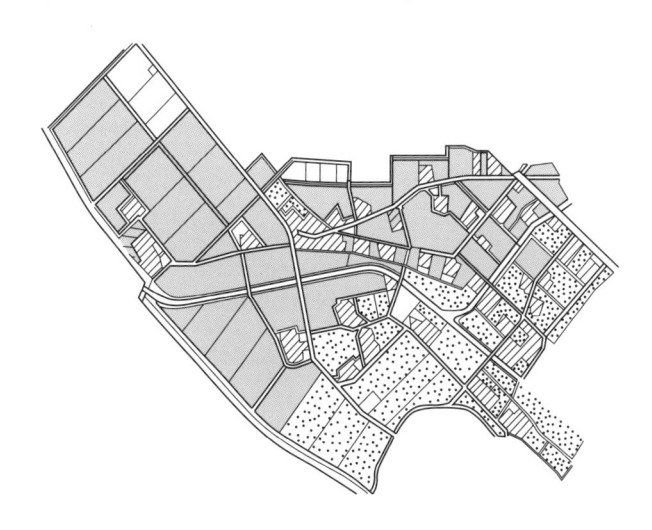

凡例：　▧ O経営圃場　▨ 住宅　⣿ 協業組合圃場　□ 圃場整備中

図4.2　I営農組合の圃場図

こでは，農地貸付世帯に対しても5年毎に，協業組合への参加を認める仕組みを設け，たとえ，農地を貸し付けていても，完全な離農を前提とするのではなく，個々の世帯の事情に応じて，将来の営農再開を保証している．なお，協業組合は，稲作について共同で実施し(註11)，転作はO経営に全て委託している．収益については，プール計算を実施し，労賃を含めて10a当たり7～7.5万円の収益を構成員に還元している．これは，1998年の米生産費調査の富山県における10a当たり稲作所得（約4.9万円）を大きく上回っている．

そして，全地権者が集落全戸からなるI営農組合によって実施される土地利用調整の内容・方針に合意し，圃場整備が完了した農地について，農地保有合理化法人である農協へ利用権を設定し，営農組合による土地利用調整を経た上で，農協から協業組合とO経営に耕作エリアを区分して転貸し，集落の農地について「所有と利用の分離」を図っている．これにより，協業組合とO経営は効率的な作業単位を確保することが可能となっている（図4.2）．これら土地利用調整の実施によって，個別経営等であるO経営は，営農組合参加後の5年間で経営面積を12.5 haから34.0 haへ約2.7倍の規模拡大を実現し，圃場枚数は，営農組合参加以前の約180筆から約30筆強にまで集約できている．

（3）集落営農におけるボランタリー支援の形成方策とその効果

I営農組合では，農地貸付世帯まで含めた多様な主体を集落の組織構造に位置づけるとともに，農地貸付世帯まで含めたボランタリー支援の関係を形成することで，それら主体毎の主目的を達成し，同時に個別農業経営であるO経営の経営発展を実現していた．そこで，こうしたO経営の経営発展を可能にした，「ボランタリー支援」が実現できた論理について検討する．

まず，第1に，集落営農における意思決定の観点でみると，既存の集落営農でみられたような，集落営農内部に中央集権的な組織を構築し，集落全体で営農を実施するといったトップダウン型の意思決定を採用するのではなく，個別経営等や営農継続を希望する農家がそれぞれの目的に添った営農が可能となるように，各主体に意思決定を配分し，一定の自由度を持って営農活動が行えるよう配慮している点である．これにより各主体は，自立的に活動しながら主体間の緩やかな結合（ルースカップリング）関係を形成し，営農組合それ自身は，

各主体間の調整，土地利用調整，育苗施設の管理・運営のみを担当すればよい体制を採用している．

　第2に，各主体それぞれの主目的を達成できるよう成果を分散して配分するとともに，各主体から，その性格や目的に応じた役割を相互に引き出している点である．

　すなわち，協業組合参加農家は，定年退職前後の世代が多く，趣味や生き甲斐的な農業の継続を希望しているものが相対的に多数を占めている．それらは，全面協業経営である協業組合への組織化と，圃場の団地化，転作作業のO経営への委託等によって作業の効率性の向上や営農の継続性の確保が容易になり，「生活型農業」の追求が可能な体制を実現できている．その一方で，協業組合に参加している農家は次のような役割を分担している．まず，O経営単独では困難な水路清掃に参加し，地域資源管理の役割を分担して担うことで，O経営の負担を軽減し，その収益向上を支援している．加えて，協業組合は，その構成員の相互扶助を目的とし，借地等の規模拡大を志向していない．協業組合が借地拡大を希望しないことで，農地利用を巡る競合関係が回避でき，しかも，O経営は，将来に渡って，集落内の貸付希望の農地を受託できることとなった．それは，間接的ではあるが，協業組合によるO経営の農地集積に向けた支援である．

　また，農地貸付世帯は，比較的若い世代が世帯主となった世帯が多く，営農組合の結成を契機に兼業への特化を選択し農地を貸し付けているが，定年退職等を契機に農業を再開する可能性を残している．そこでは，兼業に特化することによる専門化の利益や，貸付農地の長期・安定的な維持・管理，農村生活環境の維持・向上，あるいは，定年退職後の営農再開の担保等を主目的とし，I営農組合に参加することで，それら目的を実現が容易になっている．その一方で，農地貸付世帯は，自らの目的が達成できるように，O経営，協業組合が使用する営農組合所有の農業用機械への出資や水稲育苗施設への出資および出役を行い，その収益性向上を支援している．

　そして，個別経営等であるO経営は，I営農組合に参加することを通して，大区画圃場の団地的な集積が可能となり，参加後5年間で経営面積は12.5 haから34 haへと急速な規模拡大を実現し，私経済性の追求という主目的を達成できている．その一方で，O経営は，これら効果が継続して確保できるように，

次のような役割を担っている．それは，協業組合は，兼業退職者や高齢者が主たる構成員のため，転作作業への労力的な余力がなく転作の負担は困難であった．そこで，O経営は，その転作作業を代行し（O経営は，生産物と転作助成金のうち2.5万円を受け取る），これにより，協業経営は，稲作のみ実施する体制を取ることが可能となっている．また，O経営は，自家育苗する方がコスト的には安価に苗が生産できるが，集落で割り当てられた育苗施設への出役負担に積極的に応じているだけでなく，集落内から受託した水田に用いる水稲苗については，営農組合が有する育苗施設から購入し，その操業度の確保に協力している．O経営が育苗施設の利用に協力していることで，協業組合が単独では対応できない育苗労働の軽減が実現できている．

これら主体間のボランタリー支援の関係を整理したのが図4.3である．各主体は，それぞれの主目的を達成するために相互に協力や援助を行う「ボランタリー支援」の関係を構築している．こうしたボランタリー支援を通じて，多数を占める兼業・高齢農家や農地貸付世帯の効用の向上と個別農業経営であるO経営の経営発展が集落の平等原則に抵触することなく実現できている．

ところで，農地貸付世帯は，農業を行っていないにも関わらず，当該組織に参加し，出資や出役まで負担し，O経営や協業組合を支援している．こうした関係は，短期的にみた場合，必ずしも主体間で「誘因」と「貢献」のバランスが図れず，特定の主体の負担感のみ増大し，その結果，競合関係や矛盾が発生する危険性を内在しているが，主体間の矛盾や対立は発生していない．それは，

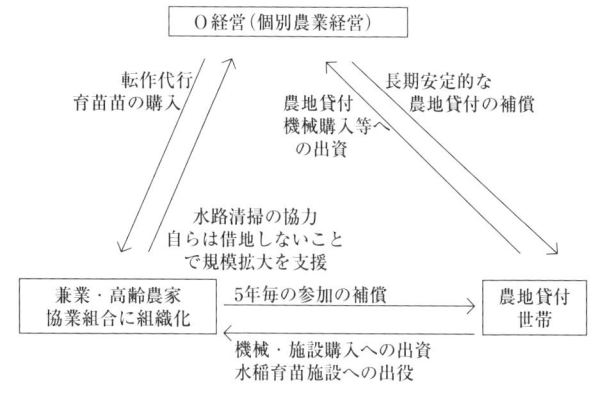

図4.3　I営農組合におけるボランタリー支援

上述のボランタリー支援の構築を通して，相互協力の関係が長期に渡り継続できるといった意識や集落営農に対する将来的な「見込み」（註12）や「期待」が向上し，それによって，短期的な視点では，必ずしも，負担と貢献のバランスが図れない場合でも，長期的には，負担とメリットが均衡できるという評価や期待を持たせたと指摘できる．

こうした，農地貸付世帯まで含めた多様な主体を集落営農の組織構造に明確に位置づけるとともに，主体間の連携関係を構築することで，各主体に負担感を発生させない安定的な組織運営が実現でき，集落の平等原則に抵触することなしに，個別農業経営の経営展開と営農継続農家や農地貸付世帯が共存することができている．多様な主体が存在している地域において，こうしたボランタリー支援のシステムを構築することによって，多様な主体それぞれが期待するメリットを提供できるとともに，既存の集落営農で発生したような問題を顕在化させずに，個別農業経営の経営発展が実現できているのであり，これらシステムは現段階においては，最も効果的な支援システムの一つということができる．

(4) 小 括

Ｉ営農組合にみることのできるボランタリー支援は，そこに参加する多様な主体それぞれの主目的を達成できるとともに，各主体からその優先度が相対的に低い事項に対する負担を相互に引き出すことが可能になる．そして，それら負担が他の主体の目的達成の源泉として相互に利用できることで，個別農業経営の経営発展等が可能になるシステムである．

多様な主体が存在する地域においは，集落営農の組織化を図り，主体間のボランタリー支援の関係を構築することを通して，平等原則に依拠しない相互支援が可能となり，個別農業経営の経営発展を支援することが容易になる．これらボランタリー支援については，集落営農だけに留まらず，より広範な地域や個別農業経営と多様な組織間の相互連携などへの適応についても検討していく必要がある．

第4節　地域農業の組織化によるリスク負担の効率化と経営支援

(1) 問題意識と課題

　不確実性下にある現実社会においては，経済活動に不可避的な非効率が一定程度生じる．農業経営においてもしかりであり，生産活動や販売活動の成果に付随する非効率を低減するために，個別経営や各種農業組織では生産技術の向上や市場動向に関する情報処理の強化に取り組んでいる．また，農業経営においては，生産活動の基礎となる営農資源の配分に関わっての非効率も大きな問題である．なぜなら，多くの営農資源がそうであるように，資源配分システムとしての市場が未成熟あるいは未成立であるために価格をシグナルとする競争的均衡が達成されず，地域内に賦存する営農資源を効率的に配分することが容易ではないからである．このため，個別経営および地域農業全体の生産性の向上を図るためには，地域農業の組織化をとおして地域内に賦存する営農資源を組織的な管理により配分することが求められる．ところで，効率的な営農資源の配分は，生産量だけを指標とするのではない．営農資源を配分する上での指標の一つは，個別経営の利潤の向上と併せて営農資源の利用率の向上である．農業労働力の就業機会の創出や，農業機械・施設の遊休化や耕作放棄圃場の増加の防止等による営農資源の利用自体が，地域社会や地域農業の活性化に大きく貢献するからである(註13)．また，上述したように現実社会に存在する不確実性の下で，経営成果は期待効用において評価されることとなる．すなわち，農業経営，農業生産に関わる不確実性に起因する非効率であるリスクを低減するような営農資源の配分が求められるのである．これらのことは，実際に行われる農業経営や組織的な活動の事業構造において具体化されるのであり，事業構造を規定するものが営農資源の配分構造および利得の分配構造である．したがって，営農資源の配分構造と利得の分配構造とが，それぞれに農業経営に関わるリスクを低減し経営成果の期待効用を向上するようデザインされるとともに，両者の整合性を図ることが必要となる．本節では，このようなリスクを低減する取り組みを「リスク負担の効率化」と呼ぶこととする．

以上の問題意識に立脚し，本節の課題は，前節の分散シェアリングにおいて言及された「不利益の負担」に関して，経済活動に付随する不可避的な非効率に対してリスク負担の効率化を検討することである．地域農業の組織化により経済主体間の利得の分配および営農資源の配分を行い，リスク負担を効率化することは，前節での分散シェアリングにおいて検討されたボランタリー支援としての主体間の連携システムを，リスク負担の効率化を視点として評価・分析することに他ならないのである．

（2）農業経営におけるリスクと組織的対応

1）農業経営が直面するリスク

地域農業組織による営農資源の配分や利得の分配をとおして行うリスク負担の効率化を検討するための準備として，まず，農業経営が直面する不確実性に関する整理を行う．

酒井泰弘（1982）（註14）は，不確実性の要因を市場不確実性，技術的不確実性の二つに区分する．市場不確実性とは，生産物市場と生産要素市場における需給をはじめとする諸々の市場の状態を正確に推測することが不可能なことであり，経済主体が行う経済活動をあらわす生産関数や利潤関数に関わる不確実性である．経済主体は市場予測に基づいて経済活動に資源を投入したり，利得の分配に関する契約を行ったりする．しかし，経済主体は市場の需給状態が完全に予測することは不可能であり，生産要素価格や生産物価格の変動により生じる経済的損失というリスクを負担しなければならない．例えば，施設野菜経営における燃料価格や畜産経営における飼料価格は，財自体の需給状態のみならず為替相場の変動等にも影響を受ける．その結果，例えば，事前の予測とは異なり価格が高騰するとき，経営成果の落ち込みは避けられないであろう．また，生産物市場における需給状態の予測の困難性は，次に述べる技術的不確実性とも関連して生産物価格を不確実なものとし，経営成果を大きく左右する．技術的不確実性とは，経済主体にとっての外生的な与件に関して一定の確率分布に基づき生じる不確実性といえる．例えば，気象条件の変動や病害虫の発生状況は農産物の生育に大きな影響を与える不確実性であり，農業経営は重大かつ深刻なリスクを負担しながら生産活動を行わざるを得ないのである（註15）．

このように経済活動の内生的，外生的条件に関わる情報を完全には入手でき

ないことに起因する市場不確実性，技術的不確実性の下で，個別経営や地域農業組織（註16）は生産活動の成果である生産物の質と量，および販売活動の成果である価格を事前に予測し，その下での利潤最大化や費用最小化を目標として営農資源の配分や利得の分配の契約を行う．しかし，現実の結果が一致しないとき，当初の営農資源の配分や利得の分配はもはや利潤最大化や費用最小化を達成し得ず，時として大きな損失を被ることとなるのである．

これらのリスクに対して，その負担の効率化を目的とする市場取引が，不確実性を売買契約に組み入れる「条件付き請求権の市場」であり，保険市場や，株式市場，先物市場等が該当する．農業経営が行う生産活動や販売活動に関わる不確実性に関しては，青果物の価格安定制度や，作物の収穫に対する農業共済制度，水稲作の価格に対する稲作経営安定対策等の保険機能を担う諸制度が創設されてきた．また，近年，契約栽培や相対取引等という価格変動の制限を売買契約に組み入れた取引が拡大しつつある．しかし，現実社会が示すようにこれらの市場の発達は不十分である（註17）．生産活動や販売活動の成果が大きく変動するとき，これらの諸制度のリスク軽減効果は限界を有することとなる（註18）．

以上，生産活動や販売活動の成果に対して不確実性が存在し，しかもその対応策の効果には限界があることを確認した．このような状況において，地域農業を組織化し組織的な管理により営農資源の配分や利得の分配を行うことは，各経済主体のリスク負担を効率化し，地域農業全体の効率性を改善する上で重要な役割を担うのである．

次に，経済主体がこのようなリスクを負担することの影響を明らかにした上で，個別経営の組織化によるリスク負担の効率化と経営の効率化に関しての理論的整理を行う．

2）リスク負担の効率化に関する理論的枠組み（註19）

（i）リスクと期待効用　経済主体が不確実性の下でリスク回避性向を有するときの効用の変化は，図4.4のリスク回避型のNM効用曲線によって示されるように上に凸となる．このような効用曲線の形状は，効用を生み出す財や利得の水準の上昇と共にその変化率が漸減することと，期待効用に及ぼすリスクの影響を示す．

図4.4は，利得 x が不確実性を有する場合の期待効用を示しており，経済活

動の成果に関する分散 Vx_i が大きくなるほど期待効用が低下することを示している．まず，不確実性のない世界において x_1 に対する効用を $U_1=U(x_1)$ とすると，不確実性である分散 Vx_1 の下での期待値である Ex_1 から得られる効用水準は $U_2=U(Ex_1)=U(x_2)$ となる（E

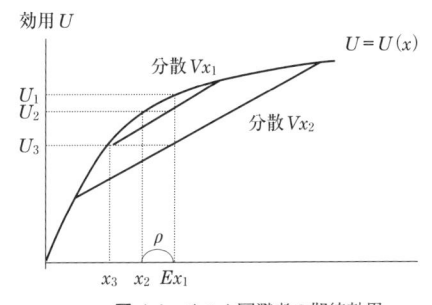

図4.4　リスク回避者の期待効用

は期待値を意味する）．このことは，確実に x_2 が得られるときと同等の効用 U_2 であることを意味する．$U_2=U(Ex_1-\rho)$ という関係にあるとき，Ex_1x_2 はリスク・プレミアム ρ，x_2 は確実同値額と呼ばれる．リスク・プレミアムは，不確実性を有する利得 Ex を，確定的な利得として評価するときの割引額となる．

このリスク・プレミアムは，x の分散 Vx_i と効用曲線 $U(x)$ の形状を規定する限界効用の変化率 $Au=-U''(x)/U'(x)$ とによって（註20），$\rho=Au\cdot Vx_i/2$ と近似される（Au は，絶対的危険回避度（註21）と呼ばれ，経済主体の危険回避度の程度を示す指標である）．したがって，経済主体の絶対的危険回避度 Au や x の分散 Vx_i が大きいほど，リスク・プレミアムは大きくなる．図中では，分散が Vx_2 に増大すると，期待効用が U_3 へ低下することが示されている．

では，不確実性の存在は生産水準にどのような影響をあたえるのであろうか．経済主体は利潤最大化を目的として，生産物価格と限界費用が一致する点まで生産を行うとしよう．不確実性の下でのリスク・プレミアムは，生産物価格の期待値を確定的な価格として評価するときの割引額である．したがって，限界費用と対比される実質的な価格は引き下げられることとなり，この実質的な価格と限界費用が一致する生産水準はより低いものとなる．さらに，生産要素価格や生産活動の成果に関する不確実性についても同様の影響を与えることから，より高い不確実性の下ではそれだけ生産水準が縮小することを意味する．

このように，リスクを負担することによるリスク・プレミアムが農業経営において増大するとき，個別経営次元での生産水準の低下と，地域農業次元での

より大きな効用の低減となる．農産物の生産活動自体や営農資源の利用自体が地域社会や地域農業の活性化に貢献するという外部経済の存在は，生産水準が縮小したときの負の影響をより大きくするのである．

(ii) **リスクの効率的負担** では，経済主体の組織化においてどのようにリスク負担は効率化されるのであろうか．複数の経済主体間でのリスク負担の効率化は，変動的な利得の分配に関わる均衡条件を示した「アロー・ボーチの条件」により一般化される．「アロー・ボーチの条件」は，変動的な利得を含む分配がパレート効率的となるための均衡式を，利得の獲得状況とそれらに対する各経済主体の主観的確率を規定要因として導出する．具体的には，利得の各獲得状況の期待効用に関する限界代替率が複数の主体間で一致する分配方法において利得分配はパレート効率的となり，リスクは効率的に負担されることとなる．したがって，「アロー・ボーチの条件」を満足する利得の分配方法は，いわゆるエッジワース・ボックスにおける契約曲線上に多数存在することとなる．ただし，このような分配方法は経済主体間の公平性を保証するものではない．また，既得権として設定されている分配方法や初期の営農資源の所有構造に応じて，契約曲線上へシフトして選択できる分配方法は限られたものとなる．さらに，関係する経済主体について全ての効用が改善されるようなリスク負担へのシフトであっても，改善される効用の程度に差があるとき，「羨望」(註22)の問題が生じる．とくに，地域農業組織においては，これまで平等原則に依拠した組織運営が行われてきたことから羨望の影響は大きく，不公平感を解消することがリスク負担の効率化を実現する上で重要となる．本節の課題に即せば，「アロー・ボーチの条件」により定義される利得の分配を行うことを制約条件として，その下でどのような営農資源の配分がリスク負担の効率化を実現するのか，そのためにはどのような地域農業組織の管理機能が必要であるかが明らかにされねばならない．ついては，次の三つの接近視角から事例分析を行い，リスク負担の効率化に関する検討を行う．

第1に，利得に伴う分散を低減しうる経済主体や，絶対的危険回避度が小さい経済主体へ当該利得を重点的に分配することは，リスク・プレミアムの総計を低減する．厳密には，変動的な利得に関しては，各経済主体のリスク許容度(絶対的リスク回避度の逆数)の比率に応じて比例的に分配することがリスク・プレミアムの総計を最小化するのであり，アロー・ボーチの条件に従う利得の

第4節　地域農業の組織化によるリスク負担の効率化と経営支援　(153)

分配方法となる (註23). 第2に，変動的な利得を生み出す事業においては，より多くの経済主体が事業主体としてリスクを負担することによりリスク・プレミアムの総計は縮小し，期待効用は高まる．このことは「リスク拡散の利益」と呼ばれ，事業主体の増加による1人当たりの利得の減少割合よりも，利得の分散が減少する程度が大きいことによる (註24). 第3に，営農資源の初期の所有構造に規定された利得の分配から新たにパレート効率的な利得の分配へシフトするためには，経済的便益のみでなく各経済主体が公平感に裏付けられ相互に協力することが必要であり，この点での地域農業組織の調整機能が重要となる.

なお，第1，第2の接近視角に関して，リスク・プレミアムが低減し期待効用が高まる結果として，地域農業次元での生産拡大が期待される．農業生産の外部性による地域農業や地域社会の活性化への期待により，集落農業組織が転作作物生産の維持・拡大に取り組むこととなる.

上記を整理しよう．変動的な利得に関わるリスク負担を効率化するためには，利得を産み出す事業を担う経済主体を増やす一方で，それら各経済主体のリスク許容度に応じて比例的な利得の分配を行うことが有効である．このことにより，リスク・プレミアムの総計を低減することができるからである．このような利得の分配構造は，事業運営に必要となる諸資源の所有構造および配分構造と裏表の関係にあり，その整合性において事業構造がデザインされることとなる．換言すれば，リスク負担を効率化しうる利得の分配の実現を制約条件として，（地域農業）組織による管理の下で（営農）資源が生産効率的に配分される必要がある.

以上のことから，個別経営が直面するリスク負担を効率化しうる地域農業全体での取り組みは，農業経営から産み出される変動的な利得の分配構造と，地域内に賦存する営農資源の配分構造と，その総合を図る事業構造の問題に帰着するのである．なお，これら各構造は個別経営間の相互協力の下で形成され機能することから，ボランタリーな支援システムにとしての側面を有し，そのようなシステム形勢の場としての地域農業あるいは地域社会の機能が重要となる.

(3) 事例分析－転作作物経営に関わるリスク負担の効率化－

1）事例の概要(註25)

滋賀県の湖南地域に位置するM町では，転作作物の生産およびその維持・拡大に，四つの専業経営が共同で設立した作業受託事業を行うA社が大きな役割を果たしており(註26)，今後とも作業受託事業の継続が望まれている（表4.2，図4.5を参照）．現在の事業内容は，後述するように受託先である各集落農業組織の状況（組織経営体としての進展度等）に応じて三通り（Ⅰ～Ⅲ型）の事業がデザインされている．ただし，これらの事業は当初より採用されたものではなく，歴史的経緯を経る中で徐々に形を変えながら現在の事業デザインが形成されてきた．これは，水田農業を巡る環境変化に対して，専業経営と，兼業農家を中心とする集落農業組織とが相互の利益の向上を図るための協力体制を適応させてきた結果であり，また，地域内での転作作物の生産の維持を目標とするJA，普及センター，町役場等の関係機関が，機械銀行事業の推進をとおして経済主体間の調整に努めたことを推進力とする．今後，M町では米価の更なる低下や転作助成金の減額等の想定される環境変化に対して，専業経営と集落農業組織の相互協力を基礎として，事業デザインの変更を視野にいれ転作作物の生産維持を図っていくかまえである．このことの背景には，農業生産に伴う外部性が地域社会の活性化に重要な枠割りを果たしているとの共通の認識が関係機関，住民，生産者の間に形成されていることがある．

以下では，A社の各事業型における専業経営と集落農業組織の各リスク負担構造を比較し，リスク負担の効率化の実態を分析する．まず，A社の各事業型の概要を示す（参考としてA社が設立される以前に主に行われていた期間借地経営の概要を付す）．

○A社設立以前の事業型（期間借地型経営）

A社が設立される以前の主な転作作物の生産体制は期間借地経営であった．これは，麦作経営は集落農業組織が行い，麦作後に専業経営が期間借地により大豆作経営を行うものである．専業経営は，転作助成金の額以内で地代を支払い，転作作物経営に関わる成果はすべて専業経営に帰属し，そのリスクは専業経営が全て負担していた．なお，集落組織が行う麦作について，収穫作業は機械銀行が一括して受託してきた．

第4節　地域農業の組織化によるリスク負担の効率化と経営支援　(155)

○Ⅰ型事業（麦－大豆作全作業受託）

　麦－大豆の生産に関わる全作業受託事業である．作業料金（註27）は「10,000円～24,000円＋生産物」である（現在，M町の大豆の収量は3俵，麦の収量は5俵である）．定額の作業料金が伴う作業受託事業であるが，A社が肥料費や農薬費・種苗費を負担し栽培管理を行い，生産物に関わる利得とリスクがA社に全て帰属する．このため，実質的には期間借地に近い．機械銀行，集落代表，A社の三者の協議により，圃場条件（収量見込，作業性）に応じて作業料金の定額部分を調整する．例えば，麦の収量が5俵を見込める圃場の作業料金は1万円であり，収量2俵しか見込めない圃場の作業料金は24千円である．なお，作業委託者は転作助成金の最高額を受け取るが，畦畔管理と大豆後の耕起を行い，専業経営の労働負担の軽減を図る．

○Ⅱ型事業（（麦作後）大豆作全作業受託）

　集落農業組織が行う麦作後の大豆作に関する全作業受託事業である．作業料金は「7,000円～20,000円＋生産物」であり，Ⅰ型と同様に，A社が肥料費や農薬費・種苗費を負担し栽培管理を行い，生産物に関わる利得とリスクがA社に全て帰属する．また，圃場条件（収量見込，作業性）に応じて作業料金の定額部分を調整する．なお，転作カウント対象外の大豆作についての作業料金は10,000円に固定されている．作業委託者は同額の高度加算金（10,000円）を受け取るので，実質的には，集落農業組織には追加的な負担は掛からず，しかも，

表4.2　A社の事業デザインと実績

事業内容	作業品目	実施面積	作業料金	転作助成金との関連
Ⅰ型：麦－大豆作全作業受託	麦―大豆	45 ha	10,000円～24,000円＋収穫物	麦でカウント（土地利用集積），大豆で高度加算
Ⅱ型：大豆作全作業受託	（麦）―大豆	15 ha	7,000円～20,000円＋収穫物	麦作は集落農業組織が経営．大豆作で高度加算．
Ⅲ型：収穫作業受託	大豆	60 ha	9,100円	―
	麦	45 ha	11,500円	

注 1) 全作業受託時の料金の定額部分は，機械銀行（JA），A社，集落農業組織の三者で，圃場条件や予想収量に応じて契約時に協議決定する．
　 2) 作業の実施面積は平成13年度の実績である．
　 3) 表中にはないが，作り手がなく管理を依頼された水田12 haの経営を行っている（図4.5を参照）．
　 4) 現在，大豆の平均収量は3俵，麦の平均収量は5俵である．

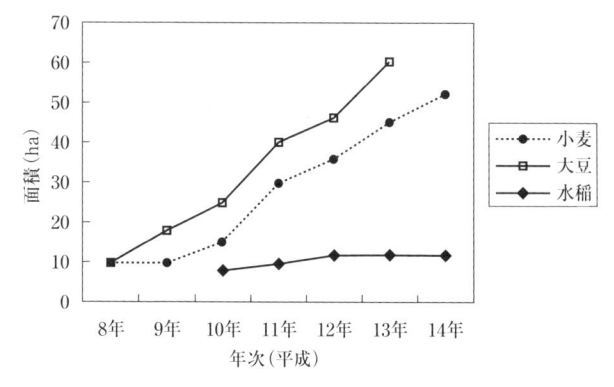

図 4.5 A社の年次別作目別作業面積（実質）の推移

大豆生産が行われることにより，夏期の雑草管理と次期稲作時の肥料費を節約する．なお，I型事業と同じく，作業委託者は畦畔管理と大豆後の耕起を行う．
○ Ⅲ型事業（部分作業受託）

麦作，大豆作の各収穫作業の受託事業．作業料金は麦作 11,500 円，大豆作 9,100 円である．とくに，大豆の収穫作業受託の事業対象となるのは経営体としての成熟度が高い集落農業組織であることが多い．例えば，集落一農場方式の集落営農が確立されている集落において，麦後大豆作の収穫作業のみの委託が行われる．これは，大豆コンバインという汎用性が小さく，かつ高価な農業機械を導入することによる非効率を回避するためである．

2）集落農業組織の類型とリスク負担構造

次に，上記にみた A 社の各事業型におけるリスク負担構造を，一方のリスク負担主体である集落農業組織の経営体としての進展度を視点として整理しよう．なお，下記における各事業が対象とする集落農業組織の類型化は，実際に見受けられる主な組織類型を示すものである．

A 社が行う事業において，I 型事業の対象となる集落農業組織の多くは，慣行的な共同作業の実施以外には，ブロック・ローテーションによる転作対応を主な組織的活動とし，経営体としての進展度が低位にある組織として位置づけることができる．当事業は，転作作物経営の主催者である兼業農家が転作助成金の全額を受領し，生産物に関わる全ての作業を専業経営が組織する A 社が負担する．ただし，専業経営には確定的な利得である作業料金が支払われ，その

第4節 地域農業の組織化によるリスク負担の効率化と経営支援

表4.3 A社の事業型にみるリスクの負担構造

事業型（実績）	集落農業組織			A社	
	経営体としての進展度	確定的な利得	変動的な利得	確定的な利得	変動的な利得
I型 45 ha	低位	転作助成金	—	作業料金： 10,000円～24,000円	麦・大豆
II型 15 ha	中位	転作助成金	麦	作業料金： 7,000円～20,000円	大豆
III型 （麦）45 ha （大豆）60 ha	高位	転作助成金	麦・大豆	作業料金： （麦）11,500円 （大豆）9,100円	—

注 1) 集落農業組織の「確定的な利得」である「転作助成金」は，正確には，支払い作業料金を差し引くことで算出される．転作助成金は，多くの集落で最高額（73,000円/10 a）を得ている．
2)「変動的な利得」は，表記の生産物の販売額から栽培管理に掛かった費用を差し引いた額である．
3) 表中の利得額は全て10 a当たりの額である．
4) 現在，大豆の平均収量は3俵，麦の平均収量は5俵であるが，毎年の変動は大きい．
5)「集落農業組織」が示す利得の帰属主体は，各組織構成員農家あるいは組織自体の両方を含む．

額を圃場条件や平均的な収量により調整することにより，収量に関するA社のリスク負担の軽減を図っている．II型事業の対象となる集落農業組織の多くは，共同作業を実施し麦作経営を行っており，経営体としての進展度が中位にある組織として位置づけることができる．当事業においては，転作助成金の全額を受領する集落組織あるいはその構成員である兼業農家が麦の生産・販売に関わるリスクを負担し，大豆の生産・販売に関わるリスクはA社が負担する．なお，当事業の作業料金もI型と同様に圃場条件や収穫見込みにより調整を行い，A社のリスク負担の軽減を図っている．III型事業の対象となる集落農業組織の中でも，共同作業の実施により麦－大豆作経営を行っている組織は経営体としての進展度がより高位にあると位置づけられる．とくに，集落一農場方式による集落営農では，組織経営体として利潤の向上や地域社会の活性化を目的に多角的な取り組みを行っている．当事業においては，転作経営を主催している集落農業組織が転作助成金の全額を受領し，かつ，生産物に関するリスクを全て負担する．一方，A社は確定的な利得である作業料金のみを受け取ることによりリスクを負担することがないため，A社ではIII型事業の規模拡大を志向

している.

 3）考　察

　分析事例とした M 町では，転作作物経営に関わる内部環境，外部環境の変化に対して，経済主体間の相互協力の形態を適合させることにより地域内の転作作物生産の維持・拡大を図ってきた．経営成果に関わるリスクの負担に注目すれば，経済主体間の相対的なリスク許容度に応じた利得の分配構造と，その実現を制約条件とする営農資源の配分構造に基づき事業がデザインされ，地域農業全体としてリスク負担の効率化が図られてきたのである．

　当初，期間借地により転作作物経営を主催していた専業経営は，麦・大豆の価格の下落傾向，品質評価の厳格化，低収量性と収量の変動性等により収益性が低下かつ不安定化し，経営を継続することが困難化しつつあった．一方，地域農業の維持・振興の手段として転作作物の生産を望む集落農業組織では，転作作物経営の収益性を改善し，また，専業経営が転作作物の生産へ参画しうる体制を整備・強化するための取り組みが行われるようになった．ブロック・ローテーションによる転作圃場の集団化のみならず，畦畔管理作業や大豆収穫後の圃場耕起等を引き受けることによる専業経営の労力的負担の軽減や，確定的な利得の分配構造の再編による生産物のリスク負担の効率化等である．現在，A 社と集落農業組織の間の転作作物経営に関わっての利得の分配および営農資源の配分は，複数の事業型にみるように一律的でない．A 社を構成する専業経営と集落農業組織を構成する兼業農家の間の相互協力が構築されうる事業構造が各集落農業組織の状況に応じて選択されている．

　事例のⅠ型事業にみる集落農業組織は，経営体としての進展度が低位にあり期間借地的な対応しか採れない状況にある場合が多い．したがって，A 社が生産物に関わるリスクを負担しつつ転作作物の生産を維持することが可能な事業構造が必要となる．この実質的には期間借地経営といえるⅠ型事業の存立要件を，リスク負担を観点に整理すると，A 社のリスク負担を軽減するために作業料金として確定的な利得が分配されることにより，専業経営は変動的な利得である生産物を引き受けることが可能となったのである．とくに，作業条件や収量性が低位にある圃場では作業料金をアップできる制度を整備することにより，期間借地経営時よりもリスク負担が軽減されることとなった．また，畦畔管理や大豆後耕起を地主である兼業農家が行い，専業経営の労力的負担も軽減

された.

　一方，Ⅱ型事業，Ⅲ型事業にみるように，集落農業組織の経営体としての進展度がより高まるにつれ，集落農業組織に対して分配される変動的な利得の割合は増加する．とくに，Ⅲ型事業については，生産物に関わるリスクを集落組織が全面的に負担することとなった．ただし，大豆作の収穫作業のように追加的な高額投資が必要であったり，A社が実施することが最も効率的であったりする部分作業については，A社への作業委託が継続して行われている．このような事業構造により，作業効率の高い専業経営とリスク許容度の高い地域農業組織との間で転作作物経営に関わるリスク負担が効率化され，転作作物の生産が維持されているのである．また，Ⅱ型事業やⅢ型事業の増加は，A社の作業受託事業量の拡大と，地域農業における転作作物の生産量の増大につながるものであった．

　さらに，先の「事例の概要」では述べなかったが，Ⅲ型事業に取り組んでいた集落農業組織の中でも，集落一農場方式の集落営農への取り組みを行う組織では，大豆コンバインを導入しての自己完結的な転作作物経営の開始や，生産物の加工への取り組みが見られた．組織として農産物の生産に取り組むこと自体に地域社会の活性化効果があるとの認識が構成員の総意として形成され，より高い期待効用の下で転作作物経営が行われていることを示すものと考えられる．この段階に進む組織にあっては，組織内でリスク負担の効率化が図られることとなる．

　なお，以上のような取り組みに対する関係機関の支援 (註28) は，リスク負担の効率化を図る上で不可欠な推進力となる．例えば，既存の価値観とは異なる新たな事業のデザインの検討や，平等主義一辺倒ではなく効率性を加味した作業受委託料金の設定や受委託者間でのリスク負担の形態の導入は，関係する経済主体間のコンフリクトの解消が必須であり，関係機関の一体的な支援を必要となる．

　転作作物経営の成立・維持に対して転作助成金の水準が決定的な役割を果たしていることは紛れもない事実である．転作作物経営は，利得の低さに比してリスクが高いという費用便益構造を特徴とするが故に，転作助成金という確定的な利得を基礎として成立するからである．しかし，転作助成金の額に上限があり給付条件が規定されていることにより，それら制約条件の下で転作助成金

を如何に有効に活用するかが重要な問題となる．換言すれば，助成金を媒体として転作作物経営を効率的に運営するシステムを地域内に確立することが求められるのであり，そのような取り組みなくしては転作作物生産の水準は現状を大きく下回ることは明らかである．

本稿が明らかにしたのは，上述した転作作物経営を効率的に運営するシステムに関して，確定的な利得の分配と営農資源の配分とがリスク負担の効率性を規定するということである．すなわち，農業経営に関わるリスク・プレミアムの総計を最小化しうるリスク負担の効率化は，アロー・ボーチの条件を満足するような利得の分配を制約条件とする営農資源の配分構造を，経済主体間に形成することに他ならないのである．

（4）小　括

本節では，農業経営におけるリスク負担の効率化に焦点を当て，地域農業の組織化による個別経営支援に関して理論的整理と事例分析を行い，「不利益の負担」に関するボランタリー支援に関する検討を行ってきた．

まず，本節の理論的整理と事例分析の帰結をまとめれば，次の三点である．

第1に，地域農業の組織化をとおして農業経営におけるリスクを負担することに関して，組織構成員が一律的に平等負担しようとすることは，農家が多様化・異質化する状況においては，地域農業全体の効率性を保証しないばかりか効用が低減する要因にさえなる．各組織構成員がリスク許容度の比率に応じて変動的な利得を引き受けることにより，個別経営および地域農業の両次元でリスク・プレミアムを低減し，期待効用を高めることができる．第2に，リスク負担の効率化は，パレート効率的な利得の分配の実現を制約条件とする営農資源の配分によって図られ，現実の事業構造において具体化される．このとき，営農資源の初期の配分構造からリスク負担を効率化しうる配分構造へのシフトが必要となるが，経済主体間の相互協力関係が形成されて初めてリスク負担を効率化するためのシフトが可能となる．この点で，第3に，地域農業の効率化のためには，多様な経済主体間の相互協力体制の構築が不可欠であり，関係機関等による関係する経済主体間の調整機能は不可欠な要因の一つである．

次に，地域農業組織における「不利益の負担」に関するボランタリー支援を研究するにあたっての課題として3点を指摘しておく．

第1に，地域農業組織における不利益の負担のあり方は，組織を形成し維持する上での重要な要因であり，このことに関係する組織構成員間の調整の失敗は組織の機能不全を招きかねない．したがって，農家が多様化・異質化する今日，既存の方法とは異なる不利益の負担を行おうとするとき，その意義と効果が明らかにされねばならない．「不利益の平等負担」ではなく，公平性の下での効率的な負担を実現することが，地域農業の組織化によるリスク負担の効率化の本質となる．いわば，新たな平等主義原理の論理を構築することが必要であり，併せて実践のための条件を明らかにすることが，ボランタリー支援研究の社会的な貢献の一つといえる．第2に，不確実性に起因する農業経営上のリスク負担を地域農業組織の管理をとおして効率化することの必要性を導き出したが，そのために必要となる各経済主体のリスクに主観的な評価の明示的な位置づけの方法が探求されなければならない．

　第3に，地域社会あるいは地域農業は，各経済主体のリスク負担を効率化するためのシステム構築の場であるとともに，そのために必要となる要素を提供・維持する一種の支援インフラ（註29）である．したがって，ボランタリー支援研究においては，支援主体・被支援主体への個別的な接近だけではなく，地域社会や地域農業が支援インフラとして機能を充足する論理を明らかにすることが課題の一つとなる．

第5節　おわりに

　本章では，地域農業を組織化することによる個別農業経営への支援に関して，地域農業組織を構成する農家の多様化・異質化が地域農業ならびに地域農業組織の管理に与える非効率を問題とし，その是正のための組織管理論的考察を行ってきた．とくに，これまでの地域農業組織が依拠してきた一律的な平等原則の限界を指摘し，新たに組織管理の原則として「分散シェアリング」および「リスク負担の効率化」を導入することの必要性と可能性を，事例分析を行いつつ探った．そして，地域農業組織の構成員が自発的に相互に連携関係を構築することによる個別経営間の支援を「ボランタリー支援」として概念化し，今後の研究課題を明らかにした．

　「ボランタリー支援」は，これまでの地域農業組織論の延長線上に位置するといえるが，個別経営が維持・発展するための支援を視点に地域農業組織の構造

と機能に接近するとき，平等原則による組織管理の限界をより明確化したことに第1の貢献があり，さらに，その改善方向を示し得たことに第2の貢献がある．

　最後に，地域農業組織による支援研究に残された課題として次の2点を挙げておく．

　第1は，農業労働力の減少傾向が強まる今日，地域農業の維持・振興には人材を確保・育成することが重要であり，この点で新たに就農を図ろうとする新規参入者，および新たな事業を起こそうとする起業者に対する地域農業組織の支援，いわゆるインキュベータ機能についての論理を構築することである．

　前者の新規参入者の就農及び就農定着を促進するためには，必要となる参入費用を如何に節約するかが重要であり，参入の成否を左右する大きな要因である．とくに水田農業においては，自己完結的に営農を行うことは困難かつ非効率的であり，そのために地域農業組織や農村社会との相互関係が重要となる．形成される関係によって，参入費用を節約もすれば，反対に増加することもある．参入費用の節約は新規参入者の個人的な取り組みだけでなく，受け入れ経営や地域農業組織，地域農村社会，および関係機関による費用節約を目的とする支援と相まってその効果を高める．この点で，地域内の主体が形成する相互関係が重要となり，各主体が独自的に支援を行うのではなく，それら支援間の相乗効果が発揮されるような組織的な取り組みが望まれる．

　後者の起業者の育成に関しても，地域農業組織の支援は前者と同様に重要な要因となる．個別経営による新事業の起業は情報不足の下でリスクを負担しつつ経済活動を実践しなければならず，地域農村社会や地域農業組織からの支援が確約されないとき，また，その確約をとるのに多くの時間を費やすとき，多くのプランが立ち消えることとなるからである．新事業の起業に伴う不確実性を受容する農業者が出現するためには，種々のリスクを低減する仕組みが必要であり，そのことが起業の本質といえる．起業するために必要となる支援のインフラとしての機能が地域農業組織に求められるのである．地域農業組織が支援インフラとしてそれらのシステム化を図ることはボランタリー支援の重要な一局面であり，不確実性を軽減する装置として機能するような地域農業組織の管理が求められる．

　第2は，現実の地域農業組織の変化に対する「ボランタリー支援」研究の適

応可能性と，理論的展開方向を明らかにすることである．

　例えば，個別経営への支援を進める地域農業組織が経営を一括して代替する場合，本章で示した「ボランタリー支援」が，組織経営体である地域農業組織の経営問題に有効かどうかがまずもって明らかにされなければならないであろう．この点については，個別経営の相互支援から組織内の組織構成員間の相互支援へという，理論的な拡張が必要であると考える．

註

(註1) 第2章を参照．
(註2) 稲本は，① 年齢や性別にあわせた作目や経営規模の選択，② 経営体と兼業・高齢農家の農地競合を巡る競合の回避，③ 規模の経済性の作用の程度が相対的に小さい作目・品目・技術の選択，④ 生産，販売，経営管理過程の作業・機能の外部化，以上の四つの経営改善と生活改善を実現した農家からなる農業を「生活型農業」と呼ぶ（稲本〔3〕pp. 35～36）．
(註3) 組織間関係論に関する包括的な文献については，山倉〔26〕，スコット〔23〕，佐々木〔14〕，高橋〔21〕，組織科学〔17〕を参照．
(註4) 組織間関係は，「「市場のみえざる手」による競争関係という極から，「ヒエラルヒーの見える手」による権限関係という極までの連続体のうちの中間部分」（佐々木〔14〕pp. 1）を対象にするという．
(註5) 資源依存モデルは，Pfeffer and Salancik〔11〕によって確立されたモデルである．それについては，山倉〔26〕，pp. 35～40，あるいは，高橋〔21〕pp. 63～69を参照．
(註6) 山倉〔26〕p. 35
(註7) 山倉〔26〕p. 93～117参照．
(註8) 分散シェアリングについては，伊丹，加護野〔5〕pp. 556～560，あるいは，伊丹〔6〕pp. 55～57を参照．
(註9) I営農組合については，拙稿〔18〕を参照されたい．
(註10)　農地貸付世帯は26戸とI営農組合の過半を占める．これら世帯は，自営兼業や公務員，あるいは，家や農作業が既に後継者に世代交代しているものが多い．こうした，兼業先の定年退職まで期間を残していた比較的若い世代が農作業に従事していた世帯では，営農組合設立を契機に兼業への特化を選択し農地を貸し付けたと思われる．
(註11)　協業組合では，稲作機械作業については全戸の平等出役で実施し，肥培管理作

業については，圃場毎の分担制を採用して実施している．

(註12) R.アクセルロッド〔12〕は，ゲーム理論をもとに，関係する主体間において「長期的な相互関係の継続」が期待できるほど(次回も協調関係を結ぶ確率を「未来係数」として捉える)，より良好な協調関係が形成されると論じている．また，高橋〔21〕は，こうした将来への「見通し」の高さを「未来傾斜指数」として捉え，「組織に対する将来の見込みや期待」が大きいほど，構成員は協調的行動をとることを一般企業の従業員を対象にした調査で明らかにしている．

(註13) なぜなら，営農資源の活用自体が，住環境の向上等の外部経済性を産み出すからである．ただし，この点について本稿では深くは立ち入らない．

(註14) 酒井〔13〕pp.194～195を参照．

(註15) ただし，このような不確実性に対して，生産活動を担う主体の技術的熟練はその影響を低減しうることも事実である．

(註16) 本稿では，地域農業組織を「地域に賦存する各種営農資源の配分に関する組織的な管理機能を担う主体である」と概念化する．

(註17) 詳しくは，酒井〔13〕pp.240～246，丸山・成生〔9〕p.138，宮澤(1988年) pp.95～99，等を参照されたい．

(註18) 例えば，「稲作経営安定対策」は，長期的な価格低下が続くときには，その効果は薄れ，機能しなくなる(伊庭〔1〕を参照)．

(註19) 理論的枠組みについては，丸山，成生〔9〕pp.127～144，酒井〔13〕を参照した．

(註20) $U'(\cdot)$，$U''(\cdot)$ はそれぞれ1回微分，2回微分を示す．

(註21) 危険回避度については，絶対的回避度と相対的回避度の2種の指標がある．詳しくは，酒井〔13〕pp.95～108を参照．

(註22) 「羨望」に関しては奥野・鈴村〔10〕pp.353～354を参照．

(註23) 詳しくは丸山・成生〔9〕pp.143～144を参照．

(註24) 詳しくは丸山・成生〔9〕p.137を参照．

(註25) 本事例では，専業経営が組織するA社と，主に兼業農家が組織する集落営農組織との相互関係に焦点を当てているが，これら両者を構成要素とする中間組織を一つの地域農業組織として位置づけ，その機能と構造に関する分析を行うものである．

(註26) 例えば，M町全体の大豆作付けは約160 haであり，その半分の面積に関わってA社が作業の全部，あるいは一部を行っている．

(註27) 文中の作業料金は全て10a当たりの料金である.
(註28) 「関係機関の支援」は,本章が分析対象としている「ボランタリー支援」の一部ではないが,「ボランタリー支援」を機能化するための重要な要因である.この点に関しては第2章を参照いただきたい.
(註29) 地域を支援インフラとする論理については,吉田孟史〔27〕を参照.

参考文献

〔1〕伊庭治彦「水田農業の経営施策の評価―施策へのコミットメントとリスク負担の配置を視点として―」『農業と経済』第68巻第4号,2002.
〔2〕今田高俊「管理から支援へ－社会システムの構造転換をめざして－」『組織科学』第30巻第3号,1997.
〔3〕稲本志良「地域農林経済研究の現代的課題」『地域農林経済学の課題と方法』富民協会,1999.
〔4〕井上裕之「農業生産組織における収益分配構造」『農業経済論集』第46巻第1号,1995.
〔5〕伊丹敬之・加護野忠男『ゼミナール経営学入門』日本経済評論社,1994.
〔6〕伊丹敬之『日本型コーポレートガバナンス』日本経済評論社,2000.
〔7〕小橋康章・飯島淳一「支援の定義と支援論の必要性」『組織科学』第30巻第3号,1997.
〔8〕倉本器征『水田農業の発展条件』農林統計協会,1988.
〔9〕丸山雅祥・成生達彦『現代のミクロ経済学』創文社,1997.
〔10〕奥野正寛・鈴村興太郎『ミクロ経済学Ⅱ』岩波書店,1988.
〔11〕Pfeffer J, and Salancik G, "The External Control of Organizations", Harper &Row Publishers, 1978.
〔12〕R.アクセルロッド著,松田裕之訳『つきあい方の科学』ミネルバ書房,1998.
〔13〕酒井泰弘『不確実性の経済学』有斐閣,1982.
〔14〕佐々木利廣『現代組織の構図と戦略』中央経済社,1990.
〔15〕佐藤 了「東北水田農業の担い手問題と土地利用秩序の形成」永田恵十郎編著『水田農業の総合的再編』農林統計協会,1994.
〔16〕関野幸二「集落営農の方向」『東北農村計画研究』第8号,1992.
〔17〕『組織科学』第15巻第4号,1981.

〔18〕高橋明広「重層的組織化による集落営農再編のための組織構造と誘因システム」『農業経営研究』第38巻第3号，2000．

〔19〕高橋正郎『地域農業の組織革新』農山村文化協会，1987．

〔20〕高橋正郎『地域農業の組織論的研究』東大出版，1973．

〔21〕高橋伸夫『未来傾斜原理』白桃書房，1996．

〔22〕梅本　雅「集落営農の担い手像」『東北農業経済研究』第10巻第1・2号，1991．

〔23〕W・Gスコット等『組織理論』八千代出，1985．

〔24〕和田照男「集落営農と農地流動化」『土地と農業』第18号，1988．

〔25〕和田照男「大規模水田経営の成長課題」和田照男編『大規模水田経営の成長と管理』東京大学出版，1995．

〔26〕山倉健嗣『組織間関係』有斐社，1993．

〔27〕吉田孟史「起業者活動と地域―起業学習システムとしての地域―」『経済科学』名古屋大学経済学部，第45巻第4号，1998．

第5章　農業政策と経営支援

第1節　はじめに

　本章においては，国や地方自治体が主体となって行う制度や政策としての「働きかけ」を柱としつつ，第1章の「支援」研究の枠組みを踏まえ，個別農業経営の維持・発展を睨んだ「支援」研究の具体的な分析視角と課題について検討を行う．

　個別農業経営の維持・発展に対してなんらかの「支援」の側面を期待される国や地方自治体が主体となって行う制度や政策を考える場合，一般にその制度や政策の目的と具体的な「働きかけ」の方向や方法が整理され，その上でその「働きかけ」と個別農業経営との関連が検討された上で，そこでその「働きかけ」が「支援」としての側面を持つかどうか，また持つ場合はどの程度持つのかを認識する論理を明らかにする必要がある．そして，この種の制度や政策には税金が投入されており，納税者の納得する費用対効果との関連も重要となる．したがって，「支援」としての側面を認識する場合，国や地域社会からの視点と個別農業経営からの視点との両者を同時に踏まえることが特に必要となる．

(1) 制度や政策としての「働きかけ」の任務

　制度や政策としての「働きかけ」の任務は，金沢夏樹に従えば「農業経営の内部構成者（農業者およびその組織）がその経営目的にそって，その外部条件を内部化しつつ，自からの経営活動の自由な範囲を自主的に拡大してゆく」(註1) 際に個別経営の対応や努力だけでは解決困難な様々な条件を除去したり，あるいは個別経営における「内的必然を刺激させ活性化させる」(註2) ことと言えよう．その際に考慮すべき点は，第1に「農業経営には，その成長過程に理論的にも実際的にも順序があり，それを飛越した飛躍はない」(註3) という点であり，第2に「内部化活動とは農業経営の本来固有な活動であり成長の路線のなかに位置付けられる」(註4) という点である．そして，「内的必然」とは「農業者がこの順序の重要さを自覚し，その上で講ずる対策を必須のものと考える」(註5) ことを指し，「農業経営の成長とは生産力の拡大とその内部化の順

序ある路線を意味する」(註6).特に,農業経営の成長の経路に関しては,「与えられた条件をそのままに固定的に考え,その範囲内で,できるだけ合理化を図る」「合理化路線」と「外部条件を積極的に内部化し」,「経営活動としての合理化活動の余地あるいは範囲空間を拡大する」「経営拡大路線」との二つの経路を考慮しておく必要があろう(註7).

(2) 制度や政策としての「働きかけ」の枠組み

　以上のことを踏まえた上で,具体的な「支援」の側面を持つことが期待される制度や政策としての「働きかけ」の方向と方法に関しては,次の3点を押さえておく必要があろう.第1に農業経営の個別的成長経路ないしプロセスの把握とそれを考慮した上での制度や政策としての「働きかけ」の対象と範囲,第2に農業経営と地域農業・産地あるいは様々な地域主体との間の関連ないし連携の程度,そして第3に農業経営を取り巻く地域農業・産地の再編の方向も含めた様々な社会的・経済的条件ないしその変化の方向である.これらの諸点を踏まえた上でここでの「支援」研究の枠組みを構築していく必要があろう.

　第1の点の農業経営の個別的成長経路ないしプロセスに関しては,「働きかけ」の方向及び「働きかけ」のコアとなる問題との関連,頼 平に従えば次の七つの局面を考慮しなければならない.すなわち,① 生産要素調達局面,② 生産技術局面(栽培・飼養技術局面と作業技術局面),③ 経営要素構造局面,④ 経営部門組織局面,⑤ マーケティング局面,⑥ 共同組織局面,⑦ 経営管理技術局面,である.農業経営の個別的成長経路ないしプロセスに関して,どの局面に重点が置かれてもこれらの七つの局面は「相互に有機的関連をもち,お互いに補完し合う関係にあるから,相互にバランスがとれるように総合的」(註8)な配慮が不可欠となる.したがって,制度や政策としての「働きかけ」の対象と範囲に関しては特定の局面の特定の部分にのみ目を奪われるのではなく,成長経路ないしプロセスにおける各局面との関連やフィードバック効果等を十分に把握しておく必要がある.そして,当然この制度や政策としての「働きかけ」の対象と範囲に関しては,政策や制度の目的と農業経営の経営目標との整合性が保たれなければならない.

　第2の点に関しては,三つの局面を考慮する必要がある.すなわち,第1に農業経営の個別的成長経路ないしプロセスにおいて生ずる地域との様々な「摩

擦」とその解消に向けた「調整」作業に関する局面，第2にマーケティングとの関連で重要となる産地体制に関する局面，そして第3に農業経営の外部化の条件に関する局面，である．当然，第2と第3の局面は密接に関連している．特に第3の局面に関しては，稲本志良に従えば「外部依存」，「共同組織・経営」，「中間組織」の三つの形態に分類されるが，「こられの外部化は，操業費の節約はいうまでもないが，経営発展の源泉と（なり，経営発展にかかる）費用の節約という重要な意味を有している」(註9)．

　第3の点に関しては，二つの局面を考慮する必要がある．すなわち，第1に農産物の流通・市場条件に関する局面，第2に国や自治体における補助金等の財政負担および制度に関する局面，である．第1の局面に関しては，規制緩和政策の一環でもある農産物の輸入拡大，自由化政策にも大きく影響される．また，第2の局面に関しては，財政改革が進む中で，「社会的に負担されて然るべき経営発展のための費用，すなわち，社会的費用」(註10)の負担に関して納税者に対して施策としての合理的な根拠の提示が求められる(註11)．

(3)「政策支援」の方向

　一般に，制度や政策としての「働きかけ」を考えた場合，その方向に関して大きく二つのものが考えられる．すなわち，第1に特定の農業経営をリーディングファーマーとして位置づけ，選別的，集中的にこの特定の農業経営に対して制度や政策としての「働きかけ」を展開していく「選別的方向」，第2に地域農業・産地としての一定の広がりを持って制度や政策としての「働きかけ」を展開していく「地域・産地包括的方向」とである．

　前者は，リーディングファーマーとして位置づけられる企業的経営体やそれを志向する個別経営に対して選別的，集中的に制度や政策としての「働きかけ」を展開することによって，それらに続く企業的センスを持った多くの経営体を創出し，その波及的効果を期待しつつ地域農業・産地の維持・発展を展望していく方向である．他方，後者に関してはさらに二つの方向が考えられ，その一つの方向は，「地域・産地包括的方向」での制度や政策としての「働きかけ」に対して地域農業・産地としての一定のまとまりをもって対応し，その成果としての地域農業・産地の維持・発展を通じて間接的に個別経営の育成・成長を展望していく方向である．もう一つの方向は「地域・産地包括的方向」での制度や政

策としての「働きかけ」に対して戸数として一定の量的まとまりを持った個別経営がそれぞれで対応し，その成果としての個別経営の維持・成長を通じて地域農業・産地の維持・発展を展望していく方向である．

(4) 本章の構成

本章では，「政策支援」の方向として類型化した「選別的方向」としての位置付けで農地制度，農業金融制度を取り上げ，「地域・産地包括的方向」としての位置付けで農産物価格安定制度を取り上げて具体的に検討する．

第2節の「農地制度と農地集積支援」では，様々な関連制度や政策によるリーディングファーマーへの農地の集積に焦点を当て，具体的な制度や政策としての「働きかけ」の展開を概観し，その手法や効果，問題点の分析を通じて農地集積支援に関する研究課題を整理し今後の方向を提示する．

第3節の「農業制度金融と農業投資」では，具体的な農業金融制度や政策の整理と金融支援研究の枠組みの整理を基に，リーディングファーマーへの金融支援としての「働きかけ」に関してその目的，手段，効果，問題点等の分析を通じて，金融支援に関する研究課題を明らかにし今後の方向を提示する．

第4節の「価格安定制度と経営安定」では，京都府の「野菜経営安定制度」を具体例とし，外部主体である国や地方自治体の行う「働きかけ」として価格安定制度の政策目的と具体的な「働きかけ」の方向や方法を整理する．その上でその「働きかけ」が「支援」としての側面を持つと認識する枠組みと方法を明らかにした上で，「支援」研究において価格安定制度を対象とする場合の研究課題を整理し今後の方向を提示する．

第2節 農地制度と農地集積支援

(1) 農地制度の展開と農地集積支援施策の進展

1) 統制から管理へ

1952年に制定された農地法は，戦前・戦中の農地立法の成果を引き継ぎ，農地改革の成果を恒久化するために制定された（註12）．その中でも，農地の権利移動統制と転用統制は，農地法の理念である「耕作者主義」に反する権利取得を排除し，耕作者の地位を安定させることによって農業生産力の増進を図る

目的をもっていた．こうしたネガティブなスクリーニングは，農地改革後の比較的均質な農業経営と当時の機械化段階の下では農業生産力を維持発展させる効果をもったが，階層間の生産力格差が拡大するとそれだけでは十分な役割を果たせなくなる．

そのことは，1970年代にはいって明瞭になりはじめる．稲作における中型機械体系が導入されるにつれて，「請負耕作」といった形で借地流動が進み始めた．70年の農地法改正では，法の目的に「土地の農業上の効率的な利用」を加えるとともに，上限取得面積の撤廃，小作地所有制限の緩和，統制小作料の廃止，賃貸借の解約制限の緩和などによって，借地流動の法認への方向転換が行われた．さらに，1975年の農振法改正で設けられた農用地利用増進事業によって借地流動を促進させる利用権制度が発足し，80年の農用地利用増進法によって体系化された．

農用地利用増進法の特徴は，単に利用権という形で借地流動を法認しただけではなく，地域主義の手法に則っていることにあった（註13）．利用権設定は，市町村の事業として仕組まれ，一定の区域の農用地に関して集団的に行うこととされた．またその際には，地縁的集団である農用地利用改善団体が，農地の利用と権利集積に自主的な役割を果たすことが期待された．こうして，同法による権利移動は，農地法による統制の枠組みからはずされたのである（註14）．

しかし，法手続が完備されたからといって直ちに合理的な農地利用や効率的担い手への農地集積が実現するわけではない．特に，農政的に望ましいとされる効率的な農業経営を行っている農家層に農地を集積させることは易しくなかった．実際，農用地利用改善団体などの地縁集団は，集団転作に対応するための農地利用調整には大きな役割を発揮したが，特定の農家層への農地集積には必ずしも十分な役割を果たしてきたとはいえない．

こうして，農地法による統制とは別に，事業的な手法で農地をいかにして方向付けるのかが課題になった．これを，農政的には「農地管理」と呼んでいる．農地管理とは，国の権限に基づく統制でもなく市場メカニズムにまかせるのでもない，地域的組織主体による緩やかな農地移動の方向付けを意味する（註15）．農地管理の主体と手法については後述するが，農用地利用増進事業の成立以降，さまざまな農地管理の仕組みが整備されてきた．いわば，農地統制の時代から農地管理の時代に移行したのである（註16）．

2) 認定農業者制度の成立と農地集積支援

以上のように賃貸借による農地流動化を促進する制度条件は整ったにもかかわらず，担い手農家層への農地集積のスピードはこれまで極めて遅かった．その背景には，やはり農地市場の需給状態が関係していたと思われる．特に，東北・北陸などある程度の規模の担い手層が分厚く存在している地域では長く農地不足の状態が続き，規模拡大競争は熾烈で高額の小作料が形成されてきた．こうしたなかでは，特定の農家層に農地を集積させる方向付け自体が宙に浮いてしまう恐れが強い．

しかし，1980年代後半以降，農産物価格と下落と担い手の高齢化の進展によって，農地市場の状態は土地余り・担い手不足の受け手市場状態が全国的に一般化した．それによって，①担い手を意識的に育てるために農地を集積しなければならず，②そうでなければ農地の遊休化が進まざるをえないという認識が深まった．さらに，米価抑制の手段として高能率の担い手層に着目した米価算定方式が採用されたことによって，構造政策を加速する農政的要請が強まった．こうした中で，1989年の農用地利用増進法の改正が行われた．

この改正では，事業の実施主体である市町村が農業構造の改善目標を立てること，市町村は規模拡大希望農家の経営規模拡大計画の認定を行い，農業委員会は認定を受けた農家の申し出を受けて農地の利用集積に向けた調整を行うことが明記された．これは，現在の農業経営基盤強化促進法による認定農業者制度に直接つながる重要な改正であった．というのは，それまでの農用地利用増進制度では，「農地流動化の向かうべき方向については，制度自体としては何も定めていなかった」(註17)からである．

その後，いわゆる「新政策」の下で1993年に成立した農業経営基盤強化促進法では，その目的が旧農用地利用増進法の目的である「農用地の利用増進」から「農業経営基盤の強化を促進する」に改められるとともに，「効率的かつ安定的な農業経営」の目標を明らかにし，その目標に向けて農業経営改善計画的を樹立した農業者に農用地の利用集積を支援することが明記された．旧農用地利用増進法の利用権設定等促進事業と農用地利用改善事業は，新法の農業経営基盤強化促進事業に引き継がれることになったほか，農用地利用改善団体の農用地利用規定の中で利用集積先となる農業法人を指定し，そこに農地を集積させることを目指した「特定農業法人」制度も設立された．

こうして，市町村が定める「農業経営基盤の強化促進に関する基本方針」に従って認定された認定農業者に農地を集積させるという明確な方向性を農地制度自体が持つに至ったのであるが，それが実際にどの程度の実効性を持ちうるかは，そのような方向付けを行う農地管理システムのあり方と，それぞれの市町村の置かれている農地市場の状態に依存せざるを得ない．また，集積の方向も，単なる量的な集積を目指すだけではなく，面的な集積，即ち団地化を念頭においた集積も必要となってきている．

次項では，認定農業者の農地集積支援ニーズを検討することによって，農業経営基盤強化促進法下における農地集積の問題点を探ることとしたい．

（2）認定農業者の農地集積支援ニーズ

農業経営基盤強化促進法第13条によれば，農業委員会は，認定農業者から農用地について利用権の設定等を受けたい旨の申出又は農用地の所有者から利用権の設定等についてあっせんを受けたい旨の申出があつた場合には，それらの申出の内容を勘案して認定農業者に対して利用権の設定等が行われるよう農用地の利用関係の調整に努めるものとする，とされている．しかし，実際には認定農業者が望むようには農地の集積支援が行われているとは必ずしもいえないというのが多くの市町村の実態である．

表5.1　高月町の認定農業者等が農地集積に要した期間　　（単位：ha，年）

農家番号	現在の経営面積	うち自作地	借地	経営面積が5 haを超えた年次 a	経営面積が10 haを超えた年次 b	経営面積が15 haを超えた年次 c	期間 b-a	期間 c-b
No.1	33.3	5.0	28.3	1970	1975	1980	5	5
No.2	27.7	2.1	25.6	1970	1986	1990	16	4
No.3	17.0	1.1	15.9	1978	1982	1988	4	6
No.4	15.7	1.6	14.1	1984	1990	1995	6	5
No.5	12.5	2.2	10.3	1975	1989	—	14	7 +
No.6	11.8	2.1	9.7	1977	1985	—	8	11 +
No.7	9.4	0.8	8.6	1989	—	—	7 +	—
No.8	6.9	1.0	5.9	1983	—	—	13 +	—
No.9	6.0	0.9	5.1	1985	—	—	11 +	—

（注）+記号は調査時点（1996年）現在，当該規模に到達していないため，調査時点までの経過期間をしめしたもの．
資料：拙稿『平成8年度農業構造改善事業報告書―滋賀県高月町―』近畿農政局，1997年．

表5.2 経営継承を円滑に進めるための対策

	1位	2位	3位
農地の利用集積を進めること	250	66	61
個別業者に対する投資助成行うこと	62	81	138
融資制度を充実させること	77	107	87
相続時の税負担の軽減など相続対策を講じること	80	77	99
農地保有合理化事業を進めること	85	112	53
継承する農地や施設のリース事業等を拡充すること	27	83	59
経営継承の際に親から引き継ぐ借入金の負担を軽減すること	43	67	44
離農者から引き継ぐ離農跡地や家屋などを再整備すること	4	12	26
その他	8	4	3
不明	91	118	157
合　　計	727	727	727

　このため，認定農業者等が規模拡大を志してから目標の規模に到達するまでには，通常かなりの年月を要している．滋賀県のように兼業化すすみ，農地市場がかなりの程度に借り手市場化しているところでも，大規模農家が借地拡大を開始し始めてから現在の規模に到達するまでには相当の年月を要しているのである（表5.1）（註18）．その間，借地の拡大は毎年徐々にしか進んでいない．目標とする量の農地を農地市場から調達すること自体，必ずしも容易ではないのである．

　このことが特に問題となるのは，農地集積の如何が後継者の確保と関連していることである．全国農業会議所が2002年に行った『認定農業者の経営継承に関するアンケート調査』（註19）によると，経営継承を円滑に進めるための対策として認定農業者が求めていることの第1位は，圧倒的に「農地の利用集積を進めること」であることがわかる（表5.2）．後継者確保のためには，現在の経営主が規模拡大などの積極的な経営展開をしていることが条件になるのであるが，そのための支援を認定農業者は求めている．農地集積の困難は，経営継承のネックにもなっているのである．

　認定農業者が農地を集積するうえでのもう一つの問題点は，経営耕地の分散である．土地利用型の農業経営では，経営規模の拡大につれてその経営耕地は極端に分散していく．しかも，同じ市町村内の大規模農家同士の経営耕地が互いに錯綜する状態にある（註20）．それぞれの農家が，個別に相対で規模拡大していった結果が分散錯圃状態を生み出しているのである．こうした現象は，

なんらかの組織的主体による農地管理が行われない限り，市場メカニズムでは解消のしようがない問題である．

　以上のように，認定農業者の農地集積ニーズは，農地の経営規模拡大とその団地化の二つの側面で，地域的組織による農地管理を求めているといえるだろう．

（3）市場メカニズムの限界と農地管理
　　　―地域的組織による農地集積支援の根拠―

　それでは，以上のような認定農業者層の農地集積ニーズに対して，地域的組織による農地管理が必要とされる根拠はいったい何であろうか．

　まず，第1に，農地市場は完全ではないということをあげなければならない．農地そのものと取引相手に関する情報の偏在・不完全性からくる取引コストの大きさ，縁故関係や家産としての農地の性格からくる自由な貸借の阻害など，農地市場そのものの持つ不完全性である．このような不完全性ゆえに，規模拡大志向農家が農地市場から農地を調達したくても，それ相当の時間が必要となる．こうした時間的なコストを縮減するために，組織による農地集積支援は意味を持つ．

　第2に，先にも述べたように，市場メカニズムは農地の分散を解消できない（註21）．農地分散は，規模拡大を行っている大規模農家の経営全体の観点から見ると非常に重大な問題ではあるが，貸し手農家には，どの借り手がこれから貸し付けようとする一筆の農地を最も集団的に利用できるのかという情報はない．従って，最適な借り手を見つけるための探索コストのほうが，探索することによって獲得できるかも知れない地代プレミアムよりもずっと大きいかも知れないのである．

　もちろん，大規模農家も，外延的な規模拡大が一段落すると，離れた農地を処分して近くに農地を集めようとするから，徐々にではあるが農地は団地化する方向に動いていく．また，大規模農家同士でも借地交換が行われることもありうる．しかし，それ自体にも長い時間と取引コストがかかるのである．

　以上のように考えると，地域的組織による農地管理の意義は，農地市場の不完全性を補完し，取引費用を縮減することで農地利用の効率性を向上させるところにあるといっていい．農地管理は，市場メカニズムを補完することによっ

て，農地の効率的利用を実現させるサービスであると言い換えてもいい．では，そのようなサービスの提供主体と手法にはどのようなものがあり得るだろうか．

まず，農地管理の主体であるが，次のような主体が考えられる．① 行政機関（市町村，農業委員会），② 農業者の団体（JA，土地改良区，認定農業者組織など），③ 公益法人（市町村農業公社，都道府県農業公社など），④ 農地の権利者が構成する地縁的団体（農用地利用改善団体，地域農業集団など）．

実際の農村では，これらの機関が単独に農地管理に携わるだけではなく，互いに協力しあいながらその機能を発揮している．例えば，④の地縁的団体や①の農業委員会などが掘り起こした賃貸借関係を，②や③の農地保有合理化事業に乗せて，①で権利関係を確定するといった具合にである．また，農業委員会などは，農業経営基盤強化促進法で集積支援を行うことになっているが，現場段階でのエージェントは農業委員や流動化推進員などである．もっとも，近年では，農地保有合理化法人の資格をとったJAの窓口に直接地権者から貸し付け依頼が持ち込まれることも多くなってきている．

次に，農地管理の手法であるが，これは方向付けの手段と管理調整の方式によって，表5.3の四つに分類することができる．

表5.3 農地管理の手法の分類と具体例

調整の方式 \ 方向付け管理の手段	調整・誘導型	権利移動介入型
一括管理型	・交換分合事業 ・土地改良換地 ・圃場整備と一体的に行う農地利用調整	・集合的利用権等調整事業
個別管理型	・農地移動適正化あっせん事業 ・農地銀行活動（通常の流動化促進） ・JAの経営受委託仲介 ・認定農業者組織による借地交換など ・農用地利用改善団体などによる利用調整	・農地保有合理化事業 ・農場リース事業

まず，① 方向付けの手段に関しては，[A] 調整・誘導型（農用地の権利を取得せず，もっぱら調整，誘導等の働きかけによる方法）と[B] 権利移動介入型（売買，貸借等により農用地に関する権利を取得し，提供する方法）がある（註22）．② 管理調整の方式に関しては，[α] 個別管理型（個別に発生する移動案件を管理主体がその都度方向付けを行う方法）と[β] 一括管理型（一定の区域を区切ってその中の諸権利を一括して再配置する方法）がありうる．

通常，農業経営基盤強化促進法によって担い手に農地を集積させるべく求められている農業委員会の活動は，個別管理型―調整・誘導型の手法による「農地銀行事業」や「農地移動適正化あっせん事業」などである．これらの活動は，貸し手の貸付希望を受けて，1件1件の案件ごとに適当な借り手に農地をつなげるものであり，通常認定農業者などの規模拡大希望農家の台帳に基づいて調整が行われている．また，JAが経営受委託事業と称して，実際上貸借の仲介をしているケースもある．個別管理型―調整・誘導型には，市町村の認定農業者組織など受け手農家自らが作った組織が，借地交換・交換耕作などの形で，相互調整を行うケースもある．農用地利用改善団体など地縁組織による農地利用調整なども，通常はこの型にあてはまる．このタイプの農地管理の特徴は，集積速度は遅くかつ団地形成力も弱い代わりに，調整に要する合意形成コストは小さく一般的に取り組みやすいことである．

個別管理型－権利移動介入型には，農地保有合理化法人が農地を転貸したり，一時貸付後売却する形をとる農地保有合理化事業や農場リース事業などがある．合理化事業は長く都道府県農業公社（都道府県段階の農地保有合理化法人）の専売特許であったが，現在ではJA，市町村，市町村公社も同事業を実施できるようになっており，なかでもJAがかなりのシェアを伸ばしている．県公社との関係では，JAが賃貸借，県公社が売買の絡む事業という棲分けがなされているケースが多い．農地保有合理化事業のメリットは，貸付相手の定まらない状態で合理化法人が引き受け，それを希望者に転貸することによって貸し手と借り手の間を一端切断できることにある．このため，縁故関係にとらわれず規模拡大希望者に農地をつなげやすく，借り手の経営耕地の団地化も図りやすいなどのメリットがある．しかし，そのようなことが実際に可能かどうかは農地市場の状態に依存するために，合理化事業の実績には上がっていても単に借り手の決まった貸借関係をただ合理化法人を窓口にして利用権に乗せただけ

というケースもある．

　農地保有合理化法人が，一定の区域を区切ってその中の権利（の全部または大部分）を一括して取得し再配分するケースとして，集合的利用権等調整事業がある（註23）．これは，一括管理型―権利移動介入型の農地管理である．事業の主体は農地保有合理化法人であるが，実際には農用地利用改善団体などの地縁的組織との綿密な協力の下に実施される．この事業のメリットは，担い手への農地集積と団地化を一挙に実現できることであり，もしそれが実現すればその効果は大きい．しかも，利用権の終期をそろえて転貸していることで，何度も再配置のチャンスが生まれることもメリットである．しかし反面，合意形成には極めて大きなコストがかかるので，地縁的組織との協力関係なしでは実現が難しい．

　一括管理型―調整誘導型の農地管理としては，換地や交換分合，圃場整備と一体的に行う農地利用調整などがある．これらは，いずれも地縁的組織と土地改良区・農業委員会・JAなどが協力して取り組まれることが多い．特に近年では，圃場整備事業に担い手集積要件が付加されているために，圃場整備と農地集積あるいは作業集積がセットで行われるケースが増えている．この型の農地管理では，集合的利用権調整事業と同様のメリットがあるが，何度も繰り返し行い得ないという弱点もある．このため，特に事業終了後に発生する経営耕地の分散には有効に対処できない恨みがあるが，場合によっては集合的利用権調整事業をビルトインすることでその欠点を補うこともできる．

（4）農地集積支援の実効性とその条件

　以上，認定農業者などの担い手農家層の農地集積ニーズと，それを支援する多様な農地管理システムに関してみてきた．しかし，これらのシステムにどの程度の実効性があるかは，農地市場の状態とそれぞれの管理主体の特質・協力関係に依存する．以下では，農地集積支援のための条件を検討しよう．

　まず，農地市場の状態と担い手への農地集積支援の実効性についてである．農地市場が貸し手市場であった時代には，農地の貸し手は容易に借り手を見つけることが出来たから，農地管理主体が間に入ってそれを別の方向に誘導することは極めて困難であった．実質的には農地貸借は相対で決定され，それが利用権に乗せられただけだったのである．

第2節　農地制度と農地集積支援

　しかし，農地市場が借り手市場化すると，地主は自力で借り手を見つけることが難しくなってくる．借りてくれると思って頼んだ受け手はもう手一杯という状態であることが起きるからである．地主は，借り手が見つかるまで自力で探索を続けることもできるが，借り手の情報を集約している農地管理主体にお願いした方が探索コストが節減される．その代わり地主は借り手を選べないが，そう贅沢はいっておられない状況になってきている．

　例えば，滋賀県湖北地方の高月町では，国道8号線を境に町西部では受け手が多いので貸借関係は相対で決まり，町東部では受け手が少ないためJAがあっせんする率が高いと言われている（註24）．また，同じく湖北地方のびわ町は，受け手が少なく借り手市場の旧大郷村と受け手がまだ借地競争状態にある旧竹生村から構成されているが，前者では近年JA合理化法人に地主から借り手について白紙委任状態で農地が集まりはじめたために，JAが転貸先を実質的に選定できるようになってきたという（註25）．このため，旧大郷村の認定農業者はJA合理化事業による借地を急速に増やす一方で，JAは旧大郷村の農地を大まかに地区割りして，そこを担当する担い手農家に貼り付けることで経営耕地の団地化を徐々に進めている．

　以上のように，農地市場の状態が担い手への農地集積支援の実効力を決定する大きな要因になっている．その意味では，これまで形成されてきた各種の農地管理システムが本当に力を発揮するのはこれからであるといえるだろう．

　さて，農地集積支援の実効力を左右するもう一つの条件は，農地管理主体の活動に要する情報取得コストと合意形成コストである．農地銀行活動など従来型の農地管理では，農業委員会や行政の集落段階におけるエージェントの役割を，農業委員や流動化推進員が果たしていた．こうしたエージェントは，もっとも農家に近いところにいて農地の貸付情報を得やすい立場にあった．また，集落内という近しい間柄であるだけに，貸借関係締結のための合意形成コストも低いと考えられる．しかし反面，集落段階のエージェントは，集落内の社会的しがらみや集落の平等主義のために，特定の担い手層に積極的に農地を集積しにくい面があったことは否定できない．このため，えてしてこれらの推進員の活動は，ヤミ小作の掘り起こしに留まってきた．

　しかし，農地市場の借り手市場化にしたがって，徐々にJAなどの農地貸付受付窓口が実質的に機能し始めた．農業委員や流動化推進員などの集落段階の

エージェントは，集落内の貸付情報はたやすく得られるが，集落外の借受情報はかえって得にくい立場にある．このため，在住する集落内に借り手を見つけることができない農地の貸し手は，全町レベルの機能的な管理主体に依存し始めたのである．そのことは，借り手市場化が町段階の機能的主体の貸付情報取得コストを引き下げるように作用する．また，パソコンによる農地マッピングシステムの普及によって借受情報の取得・蓄積・処理コストも下がってきた．さらに，借り手市場化と農家の世代交代があいまって，貸付相手に対する貸し手のこだわり感が低下することで，貸借関係締結のための合意形成コストも下がりつつある．

とはいえ，管理主体であるJAの側も，あくまで地主からの申し入れを待つという個別管理型の農地管理では，団地化に関しては十分な成果をあげられない．団地化推進のためには，過去の借地を含めて一定区域内での農地利用の再配分が必要であり，そのためには集落や認定農業者組織などとの連携調整が必要になってくる．マッピングシステムは情報取得・蓄積・処理コストを低減させるが，それだけでは権利者の複数化によって増大する合意形成コストを引き下げることは難しい．こうして，農地管理主体間の相互連携と流動化窓口・情報の一元化が重要になってくるのである．

(5) 農地集積支援の今後の方向―まとめにかえて―

さて，最後に今後の農地集積支援の方向性について述べたい．

まず，第1に，面的集積から団地化への重点の移行である．規模拡大が十分なコスト削減につながらない大きな要因の一つが経営耕地の分散にあるといわれているが，土地利用型の大規模農家の規模拡大が進めば進むほど経営耕地の分散も進んでいる．したがって，単なる外延的規模拡大から団地化を視野に入れた集積支援へと，集積の方向性を変えていくことが今後重要になってくる．

第2に，団地化を繰り返し可能とするような農地管理システムの構築である．土地改良法上の換地や交換分合にはそれ自体一定の団地化効果があるが，その後の農地移動によって再び経営耕地が分散してもなかなか対応しづらい．また，換地や交換分合は，通常所有権ベースで行われるために，借地流動には対応しにくい．そこで，農地をプールして再配分することが可能な農地保有合理化事業など，権利移動介入型の農地管理が重要性を増してくると思われる．

さらにいえば，利用権の終期をそろえて定期的に借地を再配置することを可能にする，集合的利用権等調整事業のような取り組みがもっと行われるべきであろう．もちろん，そのためには集落などの地縁的集団の力を借りる必要があるが，農地市場の借り手市場化と農家の世代交代による農地へのこだわり感の低下が，地主からの農地の白紙委任を徐々に可能にしていくと考えられる．

ただし，農地保有合理化事業はもともと自作地流動に主眼をおいた制度であり，北海道や東北のような地帯では，税制と制度資金の優遇を梃子にきわめて高い介入実績を誇ってはいるものの，借地流動には極めて弱い．同制度の賃貸借における地主メリットは小作料の一括前払いくらいだからである．したがって，権利移動介入型の農地管理を借地でも進めるには，地主に対する合理化法人への貸付インセンティブを強化する必要がある．今後，いわゆる昭和一桁世代のリタイアによって借地流動は一層進むと予想されるが，それに対応した制度転換が求められる（註26）．

また，団地化を促進するにも，団地化に協力するインセンティブを地主に与えなければならない．かつて，国の事業で貸し手に流動化奨励金を支払う制度があったが，農産物価格の下落に伴なう借り手の経営悪化を背景に，受け手の側や集団に奨励金を支払うシステムに変わってきた．しかし，誰に農地を貸し付けるかを決定するのは今なお地権者であるから，地主に対して借り手の経営耕地の団地形成に協力するインセンティブを与えない限り，団地化は容易に進まないだろう．例えば，借り手の団地形成を条件に地主に助成金を与えたり，標準小作料制度においても団地形成プレミアムのような仕組みを導入するなどの取り組みが必要であると思われる．

第3節　農業制度金融と農業投資

(1) はじめに

1) 問題意識

わが国の農業制度金融は，1960年代の農業基本法農政の時期に，政策目的達成のために施行された「農林漁業金融公庫法（1952年）」，「農業改良資金助成法（1957年）」，「農業近代化資金法（1961年）」を嚆矢としている．この農業制度金融の成立期は，政策当局が目指す方向へ農業経営を誘導するため，貸付条

件の異なる多様な制度資金が大量に融資され，農業制度金融の全盛期でもあった．

しかし1970年代後半以降，①農業投資の低迷，②固定化負債問題・不良債権問題の発生，③金融自由化の下での政策金融の利子率の有利性の縮小等の影響を受け，農業投資に占める農業制度金融の割合が急速に低下していった．

さらに近年，制度金融の肥大化問題が指摘され，その縮小化の必要性が指摘されてきている中で，特に1990年後半以降，農業制度金融を取り巻く法制度が大きく変化すると同時に，農業投資資金需要者の性格も一層に変化してきつつある．

このように，わが国の農業制度金融を取り巻く環境は内的にも外的にも大きく変化してきており，農業経営に対して何らかの資金供給が必要である場合に，政府が資金供給を行うことが当然視された時代から，なぜ政府が資金供給を行わなければならないのか，という点が問われる時代になってきていると考えられる．

2）課題と方法

以上の問題意識と本稿に与えられたテーマ，すなわち，個別農業経営の農業投資に対する政府による金融支援の論理の構築あるいは整理を踏まえつつ，本稿では，個別農業経営の農業投資に対する政府による金融支援に関する研究を行う際に必要となる，あるいは有効となると考えられる論点・視点を，試論的に提示することを課題とする．

本稿では設定した課題に対し，以下のアプローチを試みる．まず，経営発展と財務行動の関係，制度金融と金融支援の関係を考察し，金融支援の研究の枠組みを提示する．その後，金融支援の研究の枠組みをふまえながら，金融支援を論じるために有効と考えられる論点を提示し，各論点において，金融支援という視点から見た農業制度金融の問題点と，農業制度金融が金融支援になるために必要と思われる考え方を，試論的に提示する．

(2) 金融支援研究の枠組み

1）経営発展と財務行動の関係

（i）農業を担う主体の多様化　近年，農業経営を取り巻く経営環境は大きく変化し，これまでに類を見ないほどの経営革新を積極的に遂行しながら経営

発展を遂げようとする経営が，個別経営体・組織経営体を問わず存在してきている．他方，農業白書等で報告されているように，農外から農業に新規参入し経営活動を開始する主体が，個人を中心に増加傾向にある．加えて，わが国の食料問題・食品産業問題について，川上の農業，川中の食品製造業・食品卸売業，川下の食品小売業・外食産業，そして最終消費者を，フードシステムとして捉え支援していく，あるいは農業の多様な担い手を育成し支援していくという，近年の農業政策の流れをふまえると，株式会社を含め農業に参入する主体は今後，一層増加すると考えられる．

このように近年，農業を担う主体は非常に多様化してきており，農業経営を取り巻く経営環境の急速な変化を踏まえると，今後その傾向は一層進む可能性がある．

 (ⅱ) 資金需要の発生と借り入れ制約の可能性　以上の多様な農業主体は，その経営内部構造，経営目標，経営管理手法等もそれぞれの経営形態によって大きく異なるが，共通する点として，巨額な資金需要が発生することが指摘できる．

即ち，上記で挙げた農業を担う主体は，第一に，常に将来のあるべき姿や不測の事態を想定しながら行動する必要があること，第二に，経営発展のための投資や農業に新たに参入するための投資等が行われる場合，通常，多額であると同時に成果が現れるまでに長い時間がかかり，その期間においては当該主体の収益性や安全性は著しく低迷する可能性が生じることを考慮する必要がある．それ故，当該主体にとって経営発展を遂げるまでの期間，あるいは新たに農業に参入しそれを軌道にのせるまでの期間をカバーするだけの十分な長期資金需要・運転資金需要が発生するのである．

ここでこれらの主体にとって重要な問題は，必要な資金をどのように調達し確保しておくかということである．必要資金をすべて自己資本によって調達する場合，資金の機会費用と調達に伴う取引費用がどの程度の水準になるかという問題はあるものの，比較的容易に調達し保有することが可能であり，深刻な資金調達問題が発生することは少ない．

しかし，必要資金をすべて内部調達できない場合，外部から資金調達を行わなければならない．これらの主体が必要資金の一部あるいは全部を外部から調達しようとする場合，以下のような問題が生じうる（註27）．一般に，資金供給

者が把握できる資金需要者の経営内部についての情報は限られており，両者の間には情報の非対称性が存在する．そのため，たとえ資金需要者が，将来性のある経営あるいは，返済に関してなんら問題がない経営であっても，資金提供者を説得するだけの情報を提供できないことが生じうる．資金需要者が高い情報生産費用をかけ，自ら経営内容を開示し将来の収益性を資金供給者に主張しても，提供された情報が実際に信頼されるかという問題が生じる．資金需要者がこのような状況に直面した場合，資金調達に時間がかかり，当該経営は経営発展過程において巨額な資金需要が生じても，タイミング良く資金を調達し投資することが出来なくなる可能性が生じる．最悪な場合は，必要資金をそもそも調達できない可能性もある．特に農業経営の場合，農業の持つ商品的・技術的・主体的特質の影響から，民間の市中銀行との間で生じる情報の非対称性が非常に大きく，必要資金を調達することは，著しく困難である．

この場合，経営発展を遂げる上で，あるいは農業経営を軌道にのせる上で必要となる投資が，そもそもできなくなってしまうという，「流動性制約」に直面する可能性がある．また，一般に経営活動を行う主体は，日常的に発生する決済資金を確保することができず，円滑な資金繰りが行えなくなる可能性，即ち「流動性リスク」に常に直面しており，もし仮に，必要資金を調達できなければ，当該主体は取引先からの信用をも失うこととなり，マイナスの影響が出てしまう．

2) 制度金融と金融支援の関係

(i) わが国の農業制度金融の特徴　一般に資金市場への政府介入の理論的根拠として，市場の失敗によって市場で効率的な資金配分ができないこと，市場が公平な所得配分をもたらさないことが指摘されている (註28)．既述したように，農業の分野では，農業の持つ商品的・技術的・主体的特質からもたらされる情報の不完全性が，効率的な資金配分を阻害する要因となる．わが国の農業制度金融に関する既存研究においても，以上の観点から，農業金融における制度金融の重要性がしばしば指摘されてきた (註29)．

わが国の農業制度金融の特徴は，様々な融資プログラムが資金需要者にとって好条件で整備されており，農業金融に占める制度金融の割合が，一般の金融に占める制度金融の割合と比較して著しく高いことである．例えば，1998年における中小企業向融資残高に占める制度融資の割合が10％に満たないのに

対して，農業向融資残高に占める制度融資の割合は48.3％であり，農業分野においては資金市場に対する政府介入度合いが強いことが明らかである．

(ii) 制度金融と金融支援の関係　前項で見てきたように，資金市場に市場の失敗が存在し借入れ制約に直面している資金需要者が，制度金融の融資を通じて必要資金を調達することができ，経営発展の遂行や，農業に新規参入しその経営を軌道に乗せることができれば，制度金融は当該資金需要者にとって金融支援としての側面を持ち得ると考えることができる．制度金融の目的が「民間金融機関では融資が困難である経済主体に対し，政府が融資あるいは利子補給といった金融的手法を通じて，当該経営の成長・発展に資すること」であることを踏まえると，本来は，制度金融の全てが常に資金需要者にとって金融支援であるはずであり，そうであることが望ましい．

しかし，制度金融によって資金市場に存在する市場の失敗を改善することができても，同時に政府の失敗を引き起こす可能性がある．理論的に政府が市場の失敗を改善し，効率的な資金配分の実現が可能であっても，実際に，それらを実現できるとは限らない．また，資金需要者の経営が量的・質的に改善されるとも限らない．この場合，制度金融を通じた融資が資金需要者にとって金融支援になっていないどころか，場合によっては，資金需要者の経営発展等をかえって阻害してしまう側面も有することになり得る．

ところで，上記で何度か出てきた「金融支援」とはどのように捉えることができ，制度金融とどのような関係にあるのだろうか．金融支援について考える際，資金需要者に資金を融資することは金融支援になり得るが，融資という行為そのものが，全て金融支援になるとは限らないことに注意しなければならない．

支援（support）には，そもそも「力を貸す・支える」という意味が含まれており，単に「助ける・救う」という援助（assistance）とは異なる．したがって，資金需要者に対する融資が金融支援になり得るためには，融資という行為に対して，支援を受ける主体，支援を提供する主体に以下の要素が融資の前後，一貫して含まれていることが重要である．

金融支援を受ける主体，即ち資金需要者は，経営の意思決定を外部に依存しすぎることなく，自分の経営に対し自主性・自立心を常に有するということである．融資を通じて資金需要者の経営改善が結果としてなされたとしても，借

入に必要な諸資料の作成や簿記記帳，資金管理，あるいは生産管理・販売管理等，本来，資金需要者が行うべき日常的経営管理さらには革新的経営管理の意思決定を，外部に過度に依存したものであれば，資金需要者の経営改善は一時的・偶発的なものとなり，融資が経営発展などに資するとは言えない．

　他方，金融支援を提供する主体，即ち資金供給者は，資金需要者のモニタリングを融資の前後とも緻密に行っていかなくてはならないが，当該経営に関わる意思決定に必要以上に介入しないという意識を持ち，資金需要者の自主性・自立心を尊重し引き出すことである．資金供給者が，既述したような資金需要者の経営に関わる意思決定に必要以上に介入し，当該経営の経営主宰権をも掌握することとなれば，資金供給者による融資は資金需要者にとって，もはや支援ではなく支配になってしまう．また，ここで考察したような資金供給者が持つべき要素を踏まえると，資金需要者による借入要請を当該経営状況から判断し，あえて断る，即ち融資しないことも資金需要者に対する支援になりうる．

　このように融資を通じて金融支援が成り立つためには，資金需要者と資金供給者との間の関係は，あくまでも前者が主で後者が前者を補完するというものであることが重要と考えられる．

　さて，以上のように捉えた金融支援の視点から，わが国の農業制度金融を見た場合，どのような問題点が存在するであろうか．農業制度金融の問題点に関しては多くの既存研究が蓄積されているが（注30），本稿のように，金融支援の視点から問題点を論じたものは極めて少ない．わが国の農業制度金融の問題点を論じたほとんどの研究は，農業制度金融は金融支援であることを前提とし，金融支援はどのように捉えることができ，制度金融が金融支援となるためには何が必要かといった観点は希薄である．さらには，農業金融は一般の金融とは異なる特殊な分野であり，農業金融には政府介入が不可欠である，という考え方が研究の背景にあり，政府がある主体に融資を行うことが正当化されるか否か，という視点も希薄である．

　既述したように制度として確立し，資金需要者にとって好条件で整備されている制度金融であっても，実質的には資金需要者にとって支援になっていない場合があり得る．また，わが国の農業制度金融を取り巻く経済環境は大きく変化してきており，資金需要者に対して何らかの金融支援が必要であっても，それが即，政府による金融支援を正当化する理由にはならないと考えられる．

第3節　農業制度金融と農業投資　(187)

これらを踏まえて次節では，金融支援を論じるために有効と考えられる論点を提示し，各論点において，金融支援という視点から見た農業制度金融の問題点，農業制度金融が金融支援になるために必要と思われる考え方を，試論的に提示する．

（3）金融支援という観点から見た農業制度金融

政府による金融支援について考察する際には，資金市場に対する政府介入は正当化されるか，制度金融が金融支援になるためには何が必要か，という点を常に意識して，多様な論点から考察することが重要である．その場合，次の五つの論点からの考察が有効である．即ち，① 支援主体（支援すべき主体は誰か），② 被支援主体（支援を受けるべき主体は誰か），③ 支援目的（なぜ支援するのか，目的そのものが意義のあるものか），④ 支援手段（採用する手段は目的遂行のために適切か），⑤ 支援効果（支援の結果，実際にどのような効果があったか）である．

以下，これら五つの論点において，金融支援という視点から見た農業制度金融の問題点と，農業制度金融が金融支援になるために必要と思われる考え方を，試論的に提示する．

1）支援主体

本稿で考察するテーマは，農業制度金融と金融支援の関係についてであり，このテーマから見れば支援主体になり得るのは政府ということになる．したがってここで検討すべき点は，「政府が資金市場に介入する余地はあるか」であり，この検証を通じ介入の余地が認められることによって，金融支援主体として政府の存在が認められることとなる．なお，ここで言う金融支援を行う政府とは，政策系金融機関である農林漁業金融公庫，国・都道府県・市町村を指す．そして，政府が金融支援を行う場合，政府は ① 金融機関としての側面（情報の非対称性に直面している最終的な資金の借手に対し金融仲介を行う）と，② 公的機関としての側面（市場の失敗がある場合にそれを緩和し政策誘導を行う）という二つの側面を持つことになる（註31）．

しかし，既述したようにわが国の農業制度金融に関する既存研究においては，残念ながら，資金市場に対する政府介入の余地があるか，という議論はほとんどなされていない．このようなテーマは制度金融の存在意義を問うもので

もあり，どのような視点から論じるにせよ，制度金融を取り巻く社会経済環境が大きく変化してきている現状において，制度金融に関するあらゆる研究の原点となると考えられる．

　資金市場に対する政府介入の余地が認められるためには，資金需要者に対して以下の二点が確認されることが必要である．①資金需要者が優良な借手であること，即ち，資金需要者が将来性のある経営あるいは返済に関してなんら問題がない経営であること，②民間金融機関からの借入以外に，外部資金調達手段が無いことである．

　一般に経済主体の外部資金調達手段には，直接金融・間接金融・企業間信用がある．これらの調達手段のうち，資金需要者が優良な借手であっても，直接金融の社債や株式，間接金融の商業的金融機関からの借入，企業間信用を用いることができないこと，即ち政府以外からの外部資金供給者から資金を調達することができないことが確認されることによって，資金市場に対する政府介入の余地が生まれることとなる．

　さらに，仮に政府介入の余地が認められても，そのことが即，制度金融の存在意義となるわけではない．資金市場に政府介入として金融を使う手段は三つあり，補助金給付，租税優遇措置，制度金融がある．従って，資金市場に対する政府介入の手段として制度金融を用いるならば，その根拠を明確に示さなくてはならないのである．

2）被支援主体

　前項でも述べたように，近年，農業経営を取り巻く経営環境は大きく変化し，これまでに類を見ないほどの経営革新を遂行しながら発展を遂げている経営，他産業の業者が農業に参入する事例，農業と連携を図る食品業者等，政府による金融支援の対象になりうる主体の特質の多様化が進んできている．

　このような状況において，もし政府が支援すべき主体は誰か，融資の対象と領域は適切であるか，という視点が抜け落ちたまま支援活動を行えば，本来，資金を供給すべきところに資金が回らない，あるいは回してはいけないところに資金を供給してしまう，といった政府の失敗を引き起こす可能性が大きくなる．従って，政府によって支援を受けるべき主体について考察することの意義は非常に大きいと考えられる．

　近年，農業経営を取り巻く経済環境が厳しいこと，90年代後半に農業制度金

融に関する法律改正がいくつか行われたこと等から，被支援主体に関しては特に，①食品産業・外食産業を営む大企業，②信用割当に直面する経営について，慎重な検討が必要である．

　まず前者の①について考察する．1999年7月，農林漁業金融公庫法の一部が改正された．これは，食品工業向融資が旧日本開発銀行から農林漁業金融公庫へ移行されることに伴い，従来の食品加工向融資の対象の改正，食品安定供給施設整備資金等，新たな資金の創設を主な内容とする．これにより農林漁業金融公庫融資の対象には，従来の農業者や農業協同組合，中小企業を中心とする食品販売業者だけでなく，食品若しくは飼料の製造，加工，流通，販売の事業を営む大企業も含まれることとなった．このことは食品産業や外食産業を営む主体が，全面的に農林漁業金融公庫融資の対象になったことを意味する．

　わが国の食料問題・食品産業問題を，フードシステムとして捉え，そこに携わる主体を支援していく，あるいは農業の多様な担い手を育成し支援していくという，近年の農業政策の流れを踏まえ，政策金融機関である農林漁業金融公庫が公的機関としての側面から，融資の対象と領域を拡大していくことの意義は大きい．

　しかし制度金融における金融機関としての側面から見れば，必ずしも無条件で融資の対象と領域を拡大していくべきものではない．即ち食品工業向融資に関しては，利子率や限度額，提携事業の要件を定める等という措置を講じても，融資対象と領域に制限を設けず全面的にカバーすることは，既述した政府の失敗のうち，回してはいけないところに資金を供給してしまう，という誤りをおかす恐れが出てくる．したがって，農林漁業金融公庫が食品工業に携わる主体に対して融資を行う際，真に融資すべき主体は何かという点を考慮し，金融機関としての側面，公的機関としての側面双方から公庫融資の対象と領域について考察することが重要となる．

　次に後者の②について考察する．本稿の冒頭でも述べたように，70年代後半以降，農業制度金融が低迷してきており，ほとんどの制度資金における融資計画に対する資金貸出の実績は100％以下である．この現状を鑑みれば，既存研究でもしばしば指摘されているように，マクロ的に見たわが国の農業金融における信用割当問題はほぼ解消したと言えよう．しかしミクロ的に見れば，個々の経営の中には，後述するように資金需要がありながら，債権保全措置の

とりにくい経営が存在する．特にこのような経営は，本来，政策的に育成しようとしている企業的経営の中に多く存在する．

　一般に，肉用牛肥育・養豚・施設園芸等，施設利用型経営は土地利用型経営よりも，経営形態的特質から企業的に経営を行う過程で資金需要が非常に高い．また近年，企業的経営の中には農業生産だけでなく食品加工や流通・販売など川中・川下にも進出し，これらの活動の比重が農業生産よりも大きい経営も存在する．

　これらの経営は担保になりうる土地保有比率が低い傾向にある．しかもたとえ土地を保有していても中山間地域など土地価格が都市地域よりも低く，各経営が直面している立地条件によっては，そもそも担保価値が低い場合が考えられる．

　政策金融機関である農林漁業金融公庫は通常，資金貸付の都度，貸付金額に見合った担保や保証を必要とするため，これらの経営が農林漁業金融公庫資金を借りようとする場合，担保制約に直面しやすい．他方，保証に関しても近年，個人保証の確保が困難となる傾向にあり，直貸方式等で機関保証が利用できない場合，保証に関しても制約を受けることになる (註32)．

　以上のような状況を考えると，農林漁業金融公庫にとって上記に挙げた企業的経営は，債権保全措置のとりにくい貸付先であると考えられる．この場合，債権保全措置の取りにくい企業的経営は政策金融機関との間でも，信用割当，即ち外的信用制限に直面する可能性が大きい．

　このような状況の中で2002年7月，農業金融二法の一つ「農業法人に対する投資の円滑化に関する特別措置法」が施行され，「農業法人投資育成会社」が新設されることとなった．資金の借り入れが困難な農業法人でも，出資を通じて資金調達ができるようになったことの意義は大きい．しかしこの法律では，出資対象が農業法人に限定されていること，一農業法人当たりの出資額は農業法人の出資金の半分という上限があること等から，この法律でもって債権保全措置のとりにくい企業的経営が抱える資金調達の問題を，完全に解決することは困難であると考えられる．

　上記で見た信用割当，即ち外的資本制限は，資金の提供者である政府が投資収益を過小評価することから生じる現象であるが，これに対し，投資主体である経営が，投資収益を自ら過小評価する場合もありうる．農業のもつ産業的・

第3節　農業制度金融と農業投資　(191)

作目的・主体的特質に加えて，近年，農業を取り巻く社会経済環境が非常に厳しくなってきており，本来，投資すべき主体であっても将来的な不安から投資を控えるケースがある．

　政府は融資を行う際，どのような主体が投資を行うべきか，あるいは投資を真に効果的に担うことのできる者としてどんな主体が想定されるかという点を考慮し，金融機関としての側面，公的機関としての側面双方から，被支援主体について考察することが重要となる．

3）支援目的

　制度金融の重要な役割の一つは，融資，信用保証，利子補給等という金融的手法を通じて市場の失敗を緩和し，政策当局が目指す方向へ経済主体を誘導することである．市場の失敗には，① 情報の非対称性，② 外部性，③ 不完全競争の問題が重要とされるが，本稿のテーマである個別農業経営に対する支援という視点から見れば，① 情報の非対称性の問題が特に重要であると考えられる．

　一般に，農業経営は信用割当，即ち外的資本制限に直面する．たとえ借り手として優良な企業的経営であっても農業経営が持つ主体的特質・技術的特質から，民間の金融仲介機関との間で生じる情報の非対称性を解消することができず，信用割当を解消することは困難であると考えられる．このような経営に対し，政府が資金市場に介入して市場の失敗を緩和し，当該経営の経営内容を改善するという支援目的は，換言すれば，支援目的として情報の非対称性の下での信用割当に対する政府介入は正当化されうる．

　さらに，農業制度金融が資金需要者にとって金融支援になりうるためには，農業制度金融の目的が上記の一般的な目的に加え，より具体的・明瞭であることが重要である．もし農業制度金融の目的が不明瞭であったり，具体性に欠けたものであれば，後述する制度金融の手段や効果の評価さえも具体性を欠いたり，客観性を欠いたりする可能性が生じ，大きなマイナスの影響を及ぼす．例えば，認定農業者に対して融資されるスーパーＬ資金の目的は，「農業経営基盤強化促進法に基づく農業経営改善計画の認定を受けた農業者が実施する経営改善を，金融面から総合的に支援すること」と掲げられているが，金融面から総合的に支援するとは何か，この資金における限界は何か等が示されてはいない．すべてを完璧に記すことは不完全情報の経済下においては不可能であるが，制度金融の手段の選択や評価が意味のあるものにするには，ある程度，目

的の具体的・明瞭な設定が重要であると考えられる．

4）支援手段

　制度金融の支援手段には，直接融資，信用保証，利子補給の三つがある．さらに直接融資には，政府系金融機関である農林漁業金融公庫が被支援主体に直接貸付ける直貸方式と，農林漁業金融公庫が一旦，民間金融機関である農協に融資業務を委託し，農協が被支援主体に貸付ける転貸方式がある．そして農業投資に関わる制度資金は利用される期間によって，長期資金・運転資金の二つに分類できる．また，わが国の農業制度金融の場合，農林漁業金融公庫による直接融資の比重が他の手段と比較して非常に大きい．この場合，以下の点に注意する必要がある．一般に政策金融機関の直接融資が正当化される主な理由として，以下の二点が指摘されている（註33）．即ち，①政策目的が複雑で融資対象を裁量的に選択せざるを得ない場合，②直接融資以外の方法では資金の借手と民間金融機関との間で利益相反というモラルハザードの問題が生じてしまう可能性が大きい場合である．農林漁業金融公庫による直接融資の場合も，単に貸しやすい・借りやすいといった理由だけからではなく，二つの場合に照らし合わせて正当性が厳密に検討される必要がある．

　以上の諸点を考慮し融資を実際に行う際，その融資が資金需要者にとって金融支援になり得るためには，資金供給者の場合，資金需要者のモニタリングを緻密に行いつつも，当該経営に関わる意思決定に必要以上に介入しないという意識を持ち，資金需要者の自主性・自立心を尊重し引き出すことが重要であることは既述したとおりである．しかし，このような視点からわが国の農業制度金融を見た場合，以下の三つの問題点に要約でき，必ずしも制度金融が金融支援になっていない状況がある．

　第一の問題点は，資金の肩代わりについてである．これは制度資金の返済方法に代表され，資金需要者が償還できなくなった低利な制度資金（農林公庫資金，農業近代化資金，畜特資金など）を，より高利な農協プロパー資金の新規貸付によって返済することを言う．既存研究によれば（註34），数値として現れる延滞率は，農林公庫資金・農業近代化資金の場合，1～2％であるが，農協プロパー資金を含む実質延滞率は10～40％もの水準となっており，資金需要者の負債は制度資金の部分が減っても農協プロパー資金の部分でかえって増加することとなる．このように，負債の返済という資金需要者の経営にとって非常

に重要な意思決定を，農協が中心となって行うことは，資金需要者の経営に関わる意思決定に必要以上に介入していることになり，金融支援として資金供給者がふまえるべき要素が欠如していると考えられる．また，金融支援を受ける資金需要者においても，「経営の意思決定を外部に依存しすぎることなく，自分の経営に対し自主性・自立心を常に有する」という要素が欠如していることを意味する．

　第二の問題点は，借入れ手続きについてである．この問題に関してはさらに，① 書類作成手続きの代行，② 手続き開始から実際の融資にまで要する期間に分けることができる．まず前者の ① に関して考察する．制度資金を借り入れる際に要する書類内容は，貸付条件の内容によって異なるが，一般に相当量の複雑な書類が要求される．これらの書類の中には，投資物件の見積書など専門家が作成するものも含まれており，ある程度，書類作成を関係諸機関が代行することは否定されるものではない．問題は，資金計画利用書など，本来は資金需要者が作成すべき書類までも，関係諸機関が代行するケースがしばしばあることである．しかも，既存研究によれば，企業的経営であるはずの認定農業者が借り入れるスーパーL資金においても，このような書類作成の過度な代行が見られるのである．このような代行は，第一の問題点と同様，資金需要者の経営に関わる意思決定に必要以上に介入していることになり，金融支援として資金供給者がふまえるべき要素が欠如していると考えられる．また，金融支援を受ける資金需要者においても，「経営の意思決定を外部に依存しすぎることなく，自分の経営に対し自主性・自立心を常に有する」という要素が欠如しているといえる．

　次に後者の ② について考察する．経営発展過程にある，あるいは異業種から農業に新規に参入し経営を軌道に乗せようとする資金需要者に，巨額かつ多様な資金需要が生じることは既述した通りである．しかし通常，制度資金を利用しようとする場合，手続き開始から実際の融資にまでには，数ヶ月かかり，仮に，新たな資金需要が生じても，制度金融がタイミングよく・弾力的に資金需要に対応していくことは困難となり，資金需要者は最適な投資時期を逸してしまう可能性が生じる．制度資金はその性格上，その審査手続きに多くの関係諸機関が関わっており，ある程度の期間を要し迅速化は困難な側面を持つが，金融支援として資金供給者が踏まえるべき金融支援の要素である，「資金需要

者の自主性・自立心を尊重し引き出す」という側面から乖離してしまう可能性を有する．

第三の問題点は，運転資金の融資体制についてである．1994年にスーパーL資金とともに創設されたスーパーS資金は，運転資金において初の制度資金として注目を集めたにもかかわらず，主要な供給者である農協にとってこの資金を融資するインセンティブは小さいものとなっている．その理由として，①金利条件と②貸付方式の煩雑さが指摘されている（註35）．スーパーS資金の金利は，他の農協プロパー資金の金利と比較して低利である．また貸付方式に関しては，極度貸付方式（極度額（貸付金の上限額）を設け，契約期間中であれば，借入残高が極度額を超えない限り，何度でも借入，返済ができる貸付方式）をとっており，他の農協プロパー資金の貸付方式と比較して，資金需要者の管理，即ちモニタリングが複雑となる．スーパーS資金の低金利および極度貸付方式は，資金需要者の負担を小さくするよう工夫されたものであるが，資金供給者である農協から見れば，かえって借入者のモニタリングに関して負担を大きくするものであり，結果として，農協は，スーパーS資金の融資インセンティブが小さくなる．既述したように，巨額な農業投資が行われる場合，それに伴い巨額な運転資金需要が発生するが，それにもかかわらず，スーパーS資金の融資実績は創設当初から非常に低いものとなっており，スーパーS資金に関しては，必ずしも資金需要者にとって十分な金融支援体制になっていない．このような状況は資金供給者が本来行うべき，資金需要者に対するモニタリングが緻密に行われていないことを意味する．

5）支援効果

従来の農業制度金融の効果に関する問題点として，第一に，効果の評価が量的に把握できる側面に偏重し，質的な側面の評価は看過されてきたこと，第二に，過去様々な農業政策ごとに創設されてきた制度資金が，資金需要者の経営発展の遂行等に資するものであったか否かが不明瞭なまま，新たな制度資金が次々に創設されてきたことを挙げることができる．

第一の問題に関しては，政策の効果を数量的に評価することは，政策評価の客観性という点から見て必要不可欠であることはいうまでも無い．しかし，前項で考察したように，融資という行為が金融支援になるためには，融資という行為に対して，数値化することが難しい質的な要素が含まれていることが必要

であり，この質的な部分を如何に主観的になることなく評価できるかが，重要である．

なお，政策の効果を数量的に評価する際の分析視角は，荏開津（1977），今村（1975）の研究成果が参考になる．これら既存研究を踏まえれば，農業制度金融の効果は，① 農業政策目標実現効果，② 個別経営改善効果，③ 地域農業改善効果の三つに大別することができる．本稿のテーマから見れば，これら三つのうち個別経営改善効果が，政府による金融支援の数量的効果として重要となる．個別経営改善効果は，融資された制度資金が個別経営改善にどのように役立ったかを見るものであり，① 生産性の向上，② 収益性の向上，③ 安全性の向上，という視点から融資効果を検討することが基本とされる．

これらの視点に基づく具体的な指標は，当該経営の作目や経営構造，直面する経済環境などの違いから各経営によって異なる可能性がある．しかし，どのような指標を用いるにせよ，支援効果を評価する際には，以下の点に関して注意する必要がある．即ち，経営成果である生産性・収益性の水準は様々な要因に規定されており，経営外的要因と経営内的要因を峻別することである．

経営外的要因には，農産物市場や生産資材市場の価格変動，自然災害，技術進歩などがあげられる．例えば，収益性の向上に関して，経営成果がもっとも集約的に表れる経営純収益が，仮に増加していても，その要因がほとんど農産物価格の上昇によって説明されるとすれば，支援の効果はほとんど見られないということとなる．

経営内的要因においては ① 経営内的要因ではあるが，当該経営の予測や事前の回避行動を超えて生じるものと，② 当該経営自体の経営成果改善能力によるものに大別することができる．前者は例えば，突然，家族経営の構成員が不測の事故や病気に直面し，当初予測していた生産量や収益が達成できない場合が挙げられる．また後者に関しては，融資を受けた制度資金以外の生産要素，例えば労働の働きも経営成果に影響を及ぼすと考えられるので，できる限り，制度資金そのものの働きを経営成果から抽出することが望ましい．

このようにして支援効果を検討した結果は，蓄積されていくことによって今後，審査等において資金需要者の経営の質的評価をする際に有益な情報として利用していくことが可能となる．

第二の問題に関しては，数多くの制度資金の対象が重複・競合してしまい，資

金需要者自体にとって利用しにくいものとなっている．例えば，資金需要者が長期運転資金を借りようとした場合，2002年7月にいわゆる農業金融二法が成立し，農業近代化資金の使途が拡大したため，農林漁業金融公庫のスーパーL資金，農業近代化資金の二つが利用可能であり，しかもそれぞれ融資限度額や償還期限など貸付条件が少しずつ異なる．なぜ，農業近代化資金の使途に長期運転資金が付け加えられたのか，そもそも農協原資の制度資金に運転資金であるスーパーS資金が存在するのに，新たに運転資金を創設する理由は何か，スーパーS資金は認定農業者にとってどのような支援効果をもたらしたのか等が明確に示されていないのである．一つ一つの制度資金が資金需要者の経営発展の遂行などにどのように貢献したのかが明確に評価されないまま，即ち農業制度金融が資金需要者にとって金融支援になり得たのかが不明確なまま，次々に新たな制度資金が創設されれば，かえって資金需要者を混乱させ，市場の失敗以上の社会的費用をも発生させる恐れがある．

したがって，農業制度金融が資金需要者の経営発展の遂行等に貢献しているか否かを明確にして上で，亀谷（2002）でも論じられているように，農業制度金融の資金形態の総合体系化・需給調整・融資条件の再編がなされることが望ましい．

（4）おわりに

以上，本稿では，個別農業経営の農業投資に対する政府による金融支援に関する研究を行う際に必要となる，あるいは有効となると考えられる論点を提示し，各論点において，金融支援という視点から見た農業制度金融の問題点，農業制度金融が金融支援になるために必要と思われる考え方を，試論的に提示してきた．

その結果，政府による金融支援について考察する際には，資金市場に対する政府介入は正当化されるか，制度金融が金融支援になるためには何が必要か，という点を常に意識しつつ，次の五つの論点からの考察，即ち，① 支援主体（支援すべき主体は誰か），② 被支援主体（支援を受けるべき主体は誰か），③ 支援目的（なぜ支援するのか，目的そのものが意義のあるものか），④ 支援手段（採用する手段は目的遂行のために適切か），⑤ 支援効果（支援の結果，実際にどのような効果があったか），が有効であることを論じた．

本稿は，金融支援という視点から見た農業制度金融の問題点，農業制度金融が金融支援になるために必要と思われる考え方を提示するに留まっている．その意味で，本稿は政府による金融支援の意義・あり方を体系的に論じる際の予備的作業として位置づけることができる．

今後の課題は，本稿で提示した五つの論点に従いながら各々の理論的・実証的分析を行い，数多く存在する農業制度資金そのものの，個別農業経営の農業投資に対する貢献度を具体的に評価できる手法を開発していくことである．これらの作業を積み重ねることによって，政府による金融支援の意義・あり方を体系的に論じることが可能となる．さらには，本稿の冒頭でも指摘したように，現在は，農業経営の資金需要に対して，政府が資金供給を行うことが当然とされた時代から，なぜ政府が資金供給を行う必要があるのかという時代へ変化してきており，この時代の変化を説明する一つの答えにもなりうる．

第4節　価格安定制度と経営安定

本節では，「支援」研究において価格安定制度を研究対象とした時，価格安定制度の考え方やその枠組みを検討し，「支援」研究としての研究課題の整理を行う．具体的には，まず外部主体である国や地方自治体の行う「働きかけ」として価格安定制度の政策目標と具体的な「働きかけ」の方向や方法を整理する．その上でその「働きかけ」と個別農業経営との関連を検討した後，その「働きかけ」が「支援」としての側面を持つと認識する枠組みと方法を明らかにしつつ，「支援」研究において価格安定制度を対象とする場合の研究課題を明らかにする．なお，本節では価格安定制度として国や地方自治体による運用の実績が長く，その特徴や問題点を鮮明に扱えると考えられる野菜を対象とした価格安定制度に焦点を絞って検討する．その際，本節の課題に即して，まず「粗収益保証方式」を採用している京都府の「野菜経営安定制度」を事例として取り上げ，その後この種制度では一般的な「市場単価保証方式」による野菜価格安定制度に言及することにしよう．

(1)　「働きかけ」としての価格安定制度の仕組み

野菜の価格安定制度は，わが国の卸売市場を中核とした青果物流通システムの中にあって，野菜価格形成の不安定性とそれを契機とする生産の不安定化を

産地レベルにおいてカバーする重要な役割を担ってきている．そして，国だけでなく多くの地方自治体においても農政施策の一環として，膨大な予算措置が講じられてきている．この種制度には，一般に，ミクロ的効果としての制度加入農家の当該野菜部門の「経営安定効果」とマクロ的効果としての当該野菜の「産地保全・育成効果」およびこの効果を前提とした消費地域への「供給安定効果」とが期待される．国の制度の狙いが後者に重点が置かれているのに対して，多くの地方自治体においては特に前者のミクロ的効果としての「経営安定効果」を直接的な狙いとして制度が仕組まれているといえる．特に，地方自治体におけるこの種制度は，国の制度では期待できないその地域の特性を活かした柔軟な対応が可能であり，地域農業振興の大きな要となっている場合がしばしば見受けられる．地方自治体における野菜価格安定制度は，歴史的にみると昭和34年の「京都府青果物安値補てん制度」いわゆる"京都方式"を端緒とし，国の制度にも大きな影響を及ぼしながら「野菜経営安定制度」として今日まで様々な変遷を経て継承・発展してきているといえる．

さて，当該制度の仕組みの特徴を概観すると以下の5点に要約できる．

① 保証方式は，10a当たり粗収益保証方式である．
② 高収益積み立て方式が導入されている．
③ 制度資産には1号資産と2号資産とがある．前者は，府・市町村・農協・生産者が一定の負担割合で業務対象期間前に造成しておく資産で，後者は，高収益積み立て方式によって業務対象期間中に積み立てられる資産である．また，資産の取り崩し方式は，1号資産と2号資産との同時同率取り崩し方式が採用されている．なお，2号資産には積立限度額が設定されている．
④ 最低基準額は設定されておらず，業務対象期間中の10a当たり実現粗収益額が保証基準額を下回った分に補てん率をかけた全額が，補給金として生産者に交付される．ただし，補給金の額は「資産の範囲内」であり，その点で実質的な「足切り」効果がある．
⑤ 業務対象期間は3年であり，その期間が終了した時点で資産に残余が生じた場合は，1号資産については生産者造成割合に応じた額が，2号資産についてはその全額が「無事戻し金」として生産者に交付される．ただし，資産の残額が一定基準を下回った場合は，初年度あるいは2年度終了時点で業務を打ち切ることができる．

第4節　価格安定制度と経営安定

　上記の仕組みの特徴のポイントは，1号資産にしろ2号資産にしろ，生産者負担分は基本的には生産者に戻される仕組みになっていること，さらに資金が枯渇した場合は業務期間が短縮され再度制度資産が積まれて業務が再会されること，また，高収益積み立て方式や資産の取り崩し方式として採用されている1号・2号資産同時同率取り崩し方式は，生産者以外の主体が積みたてた1号資産の取り崩しを抑制する役割を果たしており，生産者の「自助努力」が具体的に表現されている制度といえることである．そして，この種制度の基本的仕組みを個別農業経営サイドから見た場合，次のように考えることができよう．すなわち，青果物生産・流通に顕著な単収変動と市場価格変動との総合的変動に基づいた実現粗収益変動を，生産者の「自助努力」効果が組み込まれた当該制度の仕組みというフィルターに通すことを通じて補助金を制度加入生産者としての個別農業経営に流し，長期的な「経営安定効果」を実現するための「装置」と考えることができる．

　そして，個別農業経営における長期的な「経営安定効果」の実現という目標を，それを基礎として達成されるマクロ的効果としての当該野菜の「産地保全・育成効果」及びこの効果を前提とした消費地域への「供給安定効果」とを期待して行政により用意されている個別農業経営の外部にあるこの制度に加入することによって，間接的に達成できる可能性を個別農業経営は持つことになる．そこでは，外部主体としての行政が，制度の運用という「働きかけ」を行う訳であり，そこに「支援」としての側面の評価と認識を行うことになる．

（2）「働きかけ」としての価格安定制度における「支援」の側面の評価と認識

1）制度の定式化

　個別農業経営に対する長期的な「経営安定効果」を「働きかけ」としての価格安定制度における「支援」の側面として具体的に表現するため，本制度の仕組みの特性や経済効果を何らかの指標として示す必要がある．そこで，このことを考慮しつつ本制度の定式化を試みると以下のように表現できる．

$$P = \phi(R_1 | a) \cdots\cdots\cdots\cdots\cdots\cdots\cdots\cdots\cdots\cdots\cdots\cdots\cdots\cdots [1]$$

　　P　：本制度の仕組みの特性や経済効果を表現する指標ベクトル
　　R_1　：t 年間における10a当たり実現粗収益額ベクトル

a　　：制度の基準値ベクトル
　　　ϕ　：本制度の仕組みを表現する関数
　なお，t 年間という期間は，業務対象期間ではなく，長期的な「経営安定効果」を評価する中長期的な期間が対応する．また，制度の基準値ベクトル（a）の元には，t 年間基本的に変化しない基準値と制度を運用することによって変化する基準値とが並存している．

2)「支援」の側面の客観的評価と認識

　この定式化を前提とすれば，いくつかの指標によってこの制度における「支援」の側面を理論的・客観的に評価することが一定可能となろう．具体的には，t 年間における 10 a 当たり実現粗収益額ベクトル（R_1）に関する確率モデルの開発が可能なら事前評価可能となり，過去の現実値を使えば事後評価が可能となる．具体的には，基準粗収益カバー率，粗収益補てん率，生産者以外が積み立てた 1 号資産取り崩し額等の指標は，制度における「支援」の側面を客観的に表現する指標となろう．なお，この時注意を要する点は，「支援」の側面を考慮しつつこの種制度の評価を行う場合，ある単年度の補給交付金の有無や額を問題にするのではなく，10 a 当たり実現粗収益額の変動パターンを前提としながら，「装置」としての当該制度の適用によりある条件である額の補助金としての補給交付金が生産者に交付されることによって，長期的に実現する個別農業経営の状態の中に「支援」の側面を認識する必要があるということである．

3)「支援」の側面の主観的評価と認識

　以上の指標は全て 10 a 当たりの評価であり，個々の経営者の意識がどのように変化するかあるいはしたか，そのことを通じて個々の生産者として当該野菜の作付面積がどの様に変化するかあるいはしたか，は判明しない．これらは，「支援」の側面の主観的評価に関わる問題といえよう．

　当該制度に関わる「支援」の側面を主観的に評価する場合，個別生産者がこの制度に加入したことによって得られるあるいは得られた満足度が考慮される必要がある．具体的には，個別生産者の制度に対する理解と期待あるいは既に当該制度に加入している生産者の評判等によって，個別生産者としてどの程度「助けられると思うか」「ありがたいと思うか」が事前評価として考慮される必要があろう．この点に関しては，制度の客観的評価の有様が個別生産者の制度に対する理解という観点で極めて重要といえよう．他方，実際に一定期間制度

が運用された後に制度に加入した個別生産者が得る「満足度」は，制度運用による実績に大きく左右されると言える．要するに，事前に理解した「支援」の側面として考えられる効果がどの程度実現したかと言うことである．しかし，制度が事前に前提とする当該地域の粗収益変動パターンにマッチした基準値の設定により制度の運用がなされたなら，長期的には事前評価と同様の効果が達成されるはずであり，一定の満足水準は得られるものと考えられる．しかし，当該地域の粗収益変動パターンにマッチした基準値の設定に不備があれば，期待される効果が達成されず満足水準も低いものとならざるを得ないであろう．

(3)「支援」研究の対象としての価格安定制度

「支援」研究の対象として当該制度を考えた場合，次の課題が提示できる．第1の課題は，制度における「支援」の側面を客観的に表現する指標を頼りとしつつ，制度の合理的運用の根幹を成す基準値の水準を決定するための合理的方向を提示することである．第2の課題は，そのような方向で決定された基準値を前提としつつ制度が実際に運用された場合，どのような問題が内在しているかを「支援」の側面を考慮しつつ検討し，「支援」研究の対象としての制度運用における課題や問題を提示することである．

1) 基準値水準設定に関して

対象基準値水準の設定に際しては，当該地域の10ａ当たりの実現粗収益変動と対象基準値水準および目標となる指標との関係を他の基準値を一定として明らかにする必要がある．すなわち，目標となる指標の値の高低は，「支援」の側面の客観的な評価を表しており，その指標がある任意の水準を達成できる実現粗収益変動と対象基準値水準の関係を他の基準値を一定として明らかにするということである．この関係が明らかになれば，制度の対象基準値水準を合理的に決定する方向を示すことができよう．具体的には，10ａ当たりの実現粗収益変動を確率モデルと考えた場合，目標となる指標（制度の定式化から確率変数となる）の期待値等の特性値がある一定の水準となるための，実現粗収益変動を表す確率モデルを一意に表現できる指標（パラメータ・ベクトルの関数）と対象基準値水準との関係を表現できる新たな関数を導出することになる．この関数は，目標となる指標が同一の水準（効果）を達成できる確率モデルを一意に表現できる指標と対象基準値とによる等効果関数ということができよう．

第5章 農業政策と経営支援

ただし，制度の対象基準値設定には目標となる指標と制度の合理的な運用上，考慮すべきその他の指標とを同時に考慮すべき場合がしばしば起こりうる．そこで，この場合を具体的に考察しておこう．今，ある二つの目標となる指標の特性値（前者を E_{1i}，後者を E_{2i} とする）に関する次の二つの等効果関数

$$a_i = \phi_1(S) \cdots\cdots\cdots\cdots\cdots\cdots\cdots\cdots\cdots\cdots\cdots\cdots\cdots\cdots\cdots\cdots\cdots [1]$$

$$a_i = \phi_2(S) \cdots\cdots\cdots\cdots\cdots\cdots\cdots\cdots\cdots\cdots\cdots\cdots\cdots\cdots\cdots\cdots\cdots [2]$$

ただし，a_i は対象基準値，S は実現粗収益変動を表す確率モデルを一意に表現できる指標

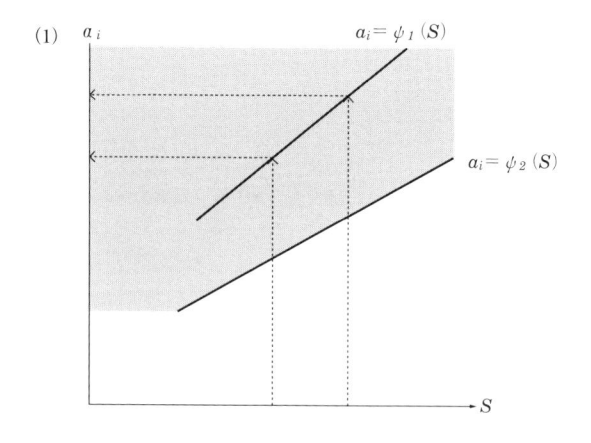

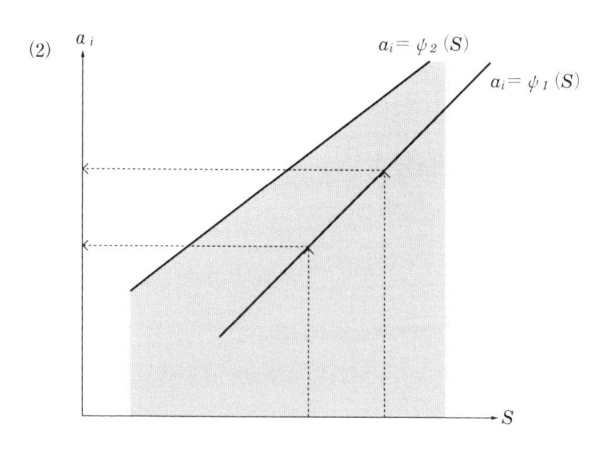

図 5.1 基準値設定の方法

が考察の対象となっているとする．この二つの等効果関数において，[1]の等効果関数を主，[2]を従と考え，E_{2i}が一定水準以上(あるいは以下)となることを条件に，考慮されるSの区間と対象基準値a_iの操作可能区間において[1]の等効果関数が意味を持つ場合は，図5.1で示された状態に等効果関数[1][2]が導出される場合となる．この図における斜線部分がE_{2i}が一定水準以上に導出されている領域である．これらの場合以外，例えばE_{2i}が一定水準以上となる斜線の中に等効果関数[2]が存在しない場合や等効果関数[1][2]が交差するような場合では，Sの区間と基準値a_iの操作可能区間内において，条件を満たす[1]の等効果関数は存在しないか，もしくは部分的にしか存在しなくなる．その場合，操作対象基準値a_i以外の基準値の操作(目標となる指標の特性値に対して定性的に逆の効果を与えるもの)によって，等効果関数[1][2]をシフトさせることによってE_{2i}が一定水準以上(あるいは以下)となる斜線の中に等効果関数[1]を入れることは，理論上考えられる．

2) 実際の制度運用に関して

一般に，この種の制度の運用に関しては，制度の運営やその機構，制度における各主体とそのなかでの契約の方法等は行政サイドで定められた業務方法書に従って行われることになる．しかし，その場合，そこに定められている事項あるいは想定されている状況と実際の制度の運用状況との間には相当なギャップが存在することが一般的である．すなわち，行政サイド(具体的には業務方法書)からでは把握できない，実際の運営業務を遂行して初めて明らかになってくる制度運用上の問題点がしばしば存在する．これは「支援」の側面を評価する場合，理論的な問題と離れて考察しておく必要がある．

ここで，個別生産者から見た時，「支援」の側面の評価において留意すべき問題を整理しておこう．

第1に，制度の加入要件を満たす地域条件はクリアーされているものとすると，業務対象期間の途中からの加入・退出や予約数量の変更の条件に関する問題である．当該制度は，基本的に当該業務を担当する協会((社)京のふるさと産品価格流通安定協会のこと，以下協会という)と農協との間の契約になっており，生産者との直接の契約は農協が担当することになる．ただし，協会サイドで個別生産者の実績把握は行っている．したがって，個別生産者の加入・退出や予約数量の変更に関しては農協サイドで調整することになる．したがっ

て，個別生産者にとって制度に加入したことが制約となる場合がある．これは，制度加入に伴って個別生産者が負うべき義務や責任という問題でもある．

第2に，交付金が支給される時，制度加入地域の全体としてプールしている1号資産が取り崩されるが，これを個別生産者に配分する場合，制度加入契約時の個別生産者ごとの予約数量と実際の出荷数量に差がある場合，理論通りの交付金が個別生産者に支給されない場合が地域全体の単収水準との関係において起こりうる．すなわち，実際の出荷数量が予約数量より少ない場合は理論値より少なく，多い場合は多く支給される場合が地域全体の単収水準との関係において起こりうる．

第3に，高収益積み立てが発生した場合の生産者積立金の徴収の時期に関してである．制度としての高収益積み立て自体は，既に述べたように生産者の自助努力が明示的に表現されており納税者を一定納得させる役目を果たしているといえる．しかし，業務が年度主義となっている関係で，実際に農家に販売金額が入金されてから生産者積立金が徴収されるまでの間隔が数ヶ月に及ぶ場合も稀ではない．このため，後日無事戻しされるとしても個別生産者にとっては資金繰りの観点から問題視されることが多い．

第4に，制度の根幹となる実績単収の把握についてである．現在，基本的には制度対象地域ごとに10戸の加入生産者の面積と収量の確認を行政サイドで行うことになっているが，実際にはこの作業が困難を極めていると言える．したがって，加入時に生産者から申告された面積と農協サイドで把握した出荷量によって算定している場合が多いというのが現状といえる．この制度は，10a当たりの実現粗収益変動を正確に把握することで理論的な効果が期待できるのであり，この面積と収量との確認作業は制度の運用において極めて重要な意味を持つといえる．

第5に，さらに，近年のハウス栽培の増加により，軟弱野菜等では年間に数回の作付けを行うことが一般的となっており，1年1作が基本となっている当制度の運用上での齟齬が問題となってきている．すなわち，1年に4作か5作かで10a当たりの単収とそれを基礎とした実現粗収益に差が出てくることである．さらに，市場価格の推移次第で他作目との並行作付けが行われる場合もあり，10a当たり粗収益保証方式を採っている当制度の運用に新たな視点の導入が急務となっている．

(4) 価格安定制度一般への応用

ここまでは，京都府方式として有名な「京都府野菜経営安定制度」を例として価格安定制度の持つ「支援」の側面の認識と，「支援」研究としての価格安定制度の課題について言及してきた．そこで，これまでの検討を基礎に国の制度に代表される市場単価保証方式を採用している野菜価格安定制度について検討していこう．

個別生産者にとっての制度の狙いは，京都府方式と基本的には同様と考えられる．そこで，制度の仕組みに関する検討と実際の運用に関する検討とを行っておこう．

1) 制度の仕組みに関して

市場単価保証方式による価格安定制度における各基準値の設定に付いては，京都府方式と同様な「支援」の側面を評価できる指標についての当効果関数の導出が必要となる．しかし，市場単価保証方式では京都府方式と異なり単収変動と市場単価変動とは切り離されており，後者の変動のみが制度の仕組みの中に組み込まれることになる．したがって，長期的な「経営安定効果」を評価する中長期的な期間を前提とした単収×市場単価を基本として導出される10a当たり粗収益の変動を表現できるモデルの開発が必要となる．ここでは，単収変動と市場単価変動が何らかの二次元確率分布モデルに従っていると見なした時，この二つの確率変数の関数として10a当たり粗収益の変動を表現することが可能となろう．そして，その上でその関数を一意に特定する何らかの特性値を導出することによって，当効果関数の導出が可能となろう．ただし，国の制度では対象品目と出荷期間が細かく細分化されており，1年1作を基本とした京都府方式とは異なった対応を対象品目と期間について考慮する必要があろう．

2) 制度の運用に関して

国の制度は，その主な目的が消費地域への「供給安定効果」に置かれており，その手段として当該野菜の「産地保全・育成効果」を目指したもので，産地規模や出荷市場等の制約があり加入要件が極めて厳しいといえる．そのため，制度加入の契約は「野菜供給安定基金」と農協との間のみで交わされ，京都府方式と異なり基本的に基金による個別生産者の把握は全く行われない．そのため，

個別生産者が農協とどのような関係を持ってこの制度に関わっているかは明確でない．具体的には，地域や産地によって個別生産者への対応方法は様々である．具体的には，生産者負担金の支払は農協への出荷手数料に上乗せして徴収している場合や農協が全額立て替えて払い込む場合などがある．また，補給金が交付されたとしても出荷期間にかかわらず生産者に一律に配分している場合や生産部会を通じて配分する場合など様々な形態が存在する．さらに，配分された交付金は個別生産者の農協の口座へ振込まれることが多く，交付金が支払われたとの自覚が乏しい場合も多いといえる．

したがって，個別生産者からみて制度が持つ「支援」の側面を主観的に評価する方法を統一的に開発することは容易でないと言える．しかし，具体的な事例からその方法を開発する糸口をつかむことは必要となろう．

(5)「支援」研究の対象としての価格安定制度研究の課題

以上より，「支援」研究の対象として価格安定制度を野菜作について考えたが，基本的にはその他の農産物についても同様な考察が可能と言え，その場合，次のような一般的な課題が提示できよう．

① 価格安定制度の仕組みと「支援」の側面を客観的に評価するための指標の開発
② 上記指標をターゲットとした価格安定制度の運用における基準値の合理的な設定方法の提示
③ 個別生産者のビヘイビアに直接影響すると考えられる制度運用面における特徴や問題の解明とその解明に基づく個別生産者が持つ制度における「支援」の側面の主観的評価の方法の開発
④ 上記方法を踏まえた問題点の改善と制度運用の合理的方向の提示

① に関しては，価格安定制度を，その仕組みというフィルターに通すことを通じて補助金を制度加入生産者としての個別農業経営に流し，個別生産者にとって長期的な「経営安定効果」を実現するための「装置」と考え，その効果に関して個別農業経営への「支援」としての側面を客観的に評価できる指標を開発することが課題となる．そして，「支援」としての側面の程度をその指標の値によって認識することが可能となる．

② に関しては，① で開発された指標を「支援」としての側面が認識できる程

度の水準へ導くため，操作ターゲットとする制度の基準値を説明変数とした何らかの関数の開発を行い，それに基づいた基準値の合理的な設定方法を提示することが課題となる．

③に関しては，実際の制度運用面において考慮すべき特徴や問題点を実際の運用現場から抽出し，個別生産者が制度運用上受ける規制や影響を「支援」という側面から見直すことによって，それらの規制や影響を主観的に評価する方法を開発することが課題となる．

④に関しては，③で開発された方法を踏まえ，制度運用の合理的方向の提示を行うことが課題となる．その際，産地，地域としての視点も考慮することが重要となろう．

第5節　おわりに

(1)「働きかけ」の方向や方法

本章は，第1節で示した分析枠組みに基づき，農業の制度や政策を，個別農業経営の経営支援という側面から整序したものである．すなわち，国または地方自治体による個別農業経営への「働きかけ」の方向や方法について整理し，その経営支援の固有の意義や，今後に残された研究課題を明らかにしようとするものである．

第1節では，「働きかけ」の方向や方法を把握するための三つの視角を挙げている．第1の視角は，農業経営の個別的成長経路である．すなわち，「働きかけ」の対象になるもので，頼（注37）に従って下記の7局面を挙げている．すなわち，①生産要素調達局面，②生産技術局面，③経営要素構造局面，④経営部門組織局面，⑤マーケティング局面，⑥共同組織局面，⑦経営管理技術局面である．

本章の「第2節 農地制度と農地流動化」（以下，第2節と略す）および「第3節 農業制度金融と農業投資」（以下，第3節と略す）は，①の生産要素調達の局面を扱ったものである．すなわち，第2節が土地用役という生産要素を扱い，第3節が資金ないし資本用役という生産要素を扱っている．また，「第4節 価格安定制度と経営安定」（以下，第4節と略す）は，⑤のマーケティングの局面を扱ったものである．すなわち，農産物の中でも野菜の市場価格を扱ってい

る.

　第2の視角は，個別農業経営と，地域農業・産地・様々な地域主体との関連や連携の程度であり，下記の3局面を挙げている．すなわち，①地域との「摩擦」とその解消に向けた「調整」作業の局面，②産地体制の局面，③農業経営の外部化の条件に関する局面である．

　第2節は，認定農業者などの担い手農家層の農地集積過程・団地化過程における①の「調整」作業の局面を前面に出したものである．第4節は，②の産地体制の局面を前提として議論している．第3節は，個別農業経営（資金需要者）と資金供給者との直接の関係を議論しており，①や②の局面には関係していない．また，本章のいずれの節も③の農業経営の外部化には，直接，言及していない．

　第3の視角は，農業経営を取り巻く地域農業・産地の再編などの社会経済的条件の変化の方向である．下記の2局面を挙げている．

　①農産物の流通・市場条件に関する局面，②国や地方自治体における，補助金等の財政負担や制度に関する局面

　第4節は，①の農産物市場の局面を取り扱ったものであるのに対して，第2節，第3節は，農業生産要素市場の局面を取り扱ったものである．また，第3節は，②に関連して，農業経営の資金需要に対して，政府が資金供給を行うことが当然とされた時代から，なぜ政府が資金供給を行う必要があるのかという時代へ変化してきていることを冒頭に述べている．

　さて，第1節では，「働きかけ」の方向に二つの方向があるとしている．すなわち，第1の方向は，選別的方向であり，特定の農業経営をリーディングファーマーと位置づけるものである．第2の方向は，地域・産地包括的方向であり，「働きかけ」のプロセスにおいて下記の二つに分類している．

　　①「働きかけ」に対して地域農業・産地としての一定のまとまりをもって対応
　　　→ 地域農業・産地の維持・発展 → 個別経営の育成・成長
　　②「働きかけ」に対して一定の戸数的まとまりをもった個別経営が対応
　　　→ 個別経営の育成・成長 → 地域農業・産地の維持・発展

　第2節，第3節は，第1の方向に軸足を置いた議論の展開がなされている．すなわち，第2節では，議論の対象を，認定農業者などの担い手農家層としており，第3節では，巨額な資金需要が発生する多様な担い手としている．他方，

第4節は，野菜の価格安定制度の役割を，ミクロ的効果である制度加入農家の当該野菜部門の「経営安定効果」を通じて，マクロ的効果である当該野菜の「産地保全・育成効果」を達成し，この効果を前提とした消費地域への「供給安定効果」にあるとしている．そして，国がマクロ的効果に重点を置き，地方自治体がミクロ的効果に重点を置いているとしているが，いずれにしても，第4節の野菜の価格安定制度の「働きかけ」の方向は，正しく第2の地域・産地包括的方向であり，その中でも②に該当するものといえる．

（2）経営支援の意義

本項では，前項の議論をベースに，第2節から第4節までの，土地・資金という生産要素，農産物価格に対する制度や政策に固有の経営支援の意義を整理する．

第2節では，農地制度に関する時代的文脈が，統制から管理へ，さらには流動化推進へと移行する中で，農地市場が貸し手市場から借り手市場へと変容している事実を把握した上で，認定農業者などの担い手農家層の農地集積・団地化へのニーズと，それを支援する多様な農地管理システムについて言及している．また，多様な農地管理システムの意義を，土地市場の不完全性に求めている．すなわち，農地管理システムが土地市場の不完全性を補完し，農地利用の効率性を向上させるのである．土地市場の不完全性の原因として，農地と取引相手に関する情報の偏在から生じる取引コストの大きさ，社会的地位を象徴する絶対的な家産としての性格が挙げられる．農地管理システムの主体としては，①行政機関（市町村，農業委員会），②農業者の団体（JA，土地改良区，認定農業者組織など），③公益法人（市町村農業公社，都道府県農業公社など），④農地の権利者が構成する地縁的団体（農用地利用改善団体，地域農業集団など）に分類できる．また，農地管理の手法として，①方向付けの手段と②管理調整の方式の2軸で4タイプに分類できる．

第3節では，制度金融の「働きかけ」の方向と方法として，被支援主体（支援を受けるべき主体はだれか），支援目的（なぜ支援するのか，目的そのものが意義のあるものか），支援手段（採用する手段は目的遂行のために適切か），支援効果（支援の結果，実際にどのような効果があったか）を取りあげ，議論している．さらに，第3節で特徴的なことは，支援主体（支援すべき主体はだれか）そ

のものにも言及していることである．すなわち，政府が資金市場に介入する余地はあるのかという点に言及しているのである．この点は，前述のように，農業経営の資金需要に対して，政府が資金供給を行うことが当然とされた時代から，なぜ政府が資金供給を行う必要があるのかという時代へ変化してきていることとも関連している．そして，政府が資金市場に介入できる余地として，情報の非対称性に直面している資金需要者に対し金融仲介を行う金融機関としての機能と，市場の失敗がある場合にそれを緩和し政策誘導を行う公的機関としての機能を発揮できるかどうかにかかわっているとしている．

第4節では，野菜の価格安定制度を対象にしている．歴史的には，昭和34年の「京都府青果物安値補てん制度」（京都府方式と呼ばれる）を契機に，国の制度にも大きな影響を及ぼしながら今日まで継続・展開している．そして，本制度の個別農業経営への「働きかけ」の内容を，個別農業経営に対する長期的な「経営安定効果」とした上で，「働きかけ」における「支援」の側面を具体的に表現するために，本制度の仕組みの特性や経済効果を何らかの指標として示す必要があるとしている．すなわち，10a当たりの実現粗収益変動を確率モデルと仮定し，これを一意に表現できる指標（パラメータベクトルの関数）と，目標となる指標の期待値等の統計量（＝対象基準値）との関数（等効果関数）をモデル化している．また，京都府方式を一般化するために，粗収益保証方式から市場単価保証方式へと制度を変えた場合の考察も行っている．すなわち，後者の場合，粗収益保証方式（京都府方式）とは異なり単収変動と市場単価変動とを分離し，市場単価の変動のみが制度の仕組みの中に組み込まれているのである．ちなみに，国の制度は市場単価保証方式である．そこで，単収変動と市場単価変動が何らかの二次元確率分布モデルに従っていると仮定し，この二つの確率変数の関数として10a当たり粗収益の変動を表現した上で，その関数を一意に特定する何らかの特性値を導出することによって，等効果関数の導出が可能となるとしている．この等効果関数の導出によって，個別農業経営に対する長期的な「経営安定効果」という「支援」の側面を評価できることになる．

（3）今後の研究課題

前項では，第2節から第4節までの固有の経営支援の意義を整理した．また，各節でのアプローチの仕方，すなわち，方法論についても概説した．本項

第5節 おわりに

では，これら方法論を基に，「農業政策と経営支援」というテーマにより深く迫るために残された研究課題について，まとめることにする．

第2節では，認定農業者などの担い手農家層の農地集積・団地化を推進するための農地管理システムの構築に言及している．また，地主が団地化に協力するためのインセンティブについても触れている．しかし，担い手農家層と地主の両者の関係を結合させるような方法論は示していなかった．今後は，両者を一体的に取り扱い，厚生経済学的に望ましい規範的な農地流動化のパターンを導出できるような方法論の構築が，残された研究課題である．具体的には，担い手農家層の借地に対する需要を明らかにするために，借地の対象となる個々の農地に対して，自宅からの距離，分散または団地化の程度，1筆当たり面積，肥沃度などを指標化して，追加的農地1単位毎のシャドウプライス（限界価値生産力）を計算し，規範的に支払い可能な小作料を導出するような仕方が，一つの方法論として提示できる．そして，地図上，すべての借地，借地の候補地に対して，担い手農家層の支払い可能な小作料を，落とすことによって，より高い農地の限界価値生産力を示す担い手へ，農地を流動化させることが可能になる．このような望ましい農地流動化のパターンと現実の農地流動化とを比較することによって，農地管理システムの主体の役割が明確になってくるのである．

第3節では，融資された制度資金が，個別農業経営の改善にどのように役立ったかを評価することに言及している．そして，① 生産性の向上，② 収益性の向上，③ 安全性の向上，という視点から融資効果を評価することが基本であるとしている．ただし，経営外的要因（農産物市場・生産資材市場の価格変動，自然災害，技術進歩など）や経営内的要因（経営者の努力など）を除去して，制度資金そのものの貢献を経営成果から抽出することが望ましいとしていた．今後の研究課題としては，制度資金そのものの貢献を評価出来るような方法論の確立が求められる．すなわち，他の条件が変わらずに，制度資金が無かりせばという仮説で経営成果を求め，現実の数値と比較するような方法論である．もちろん，金融市場における情報の非対称性をモデル化する必要がある．前述のように，農業経営の資金需要に対して，政府が資金供給を行うことが当然とされた時代から，なぜ政府が資金供給を行う必要があるのかという時代へ変化してきているが，当該方法論の確立は，それに対する回答にもなりうる．

第4節では，価格安定制度による，個別農業経営に対する長期的な「経営安定効果」を評価する等効果関数のモデル化を行っている．そして，粗収益保証方式と市場単価保証方式の両方式について吟味していた．今後は，野菜だけではなく，指定食肉の安定価格帯制度や，指定肉用子牛の保証基準価格と合理化目標価格にまで研究対象を拡張することが課題である．また，粗収益＝市場単価×単収とした場合，単収の変動には，農業共済制度があり，農業共済制度と価格安定制度との関係についても経営支援という側面から深めていくことが，今後に残された研究課題である．

註

(註1) 金沢〔10〕第10章 p.283.
(註2) 金沢〔11〕第9章 p.242.
(註3) 金沢〔11〕p.242.
(註4) 金沢〔10〕p.287.
(註5) 金沢〔11〕p.242.
(註6) 金沢〔10〕p.287.
(註7) 金沢〔10〕p.288.
(註8) 頼〔26〕p.113.
(註9) 稲本〔6〕p.161.
(註10) 稲本〔6〕p.168, ただし，括弧内は執筆者補足．
(註11) 本節の枠組みは小田〔18〕を踏まえた．
(註12) 関谷〔22〕p.1.
(註13) 関谷〔22〕p.15.
(註14) 関谷〔22〕p.37.
(註15) 関谷〔21〕参照．
(註16) もちろん，それは農地法による統制が不要になったことを意味するのではなく，「耕作者主義」の原則にたった統制の上に各種の農地管理手法・流動化手法が立てられているのである．関谷〔22〕p.38.
(註17) 関谷〔22〕p.23.
(註18) そういった調査報告は多いが，さしあたり桂〔13〕を参照．
(註19) 全国の55歳以上の認定農業者727人が調査対象である．

(註20) 桂〔13〕p.99に認定農業者の分散錯圃の状態を表した図がある．
(註21) 生源寺〔24〕参照．
(註22) 関谷〔21〕参照．
(註23) 集合的利用権等調整事業に関しては，矢口〔25〕を参照．
(註24) 桂〔13〕p.39．
(註25) 桂〔14〕p.118．
(註26) 例えば，農地保有合理化法人への農地貸付けに対する地主への奨励金支払いだとか，合理化法人に貸し付けることを条件とした相続税納税猶予や相続における嘱託登記のなど，制度的に検討してみる価値があろう．
(註27) 資金の貸手と借手の間に生じる情報の非対称性の問題に関しては，池尾〔4〕参照．
(註28) 池尾〔4〕，岩本〔7〕参照．
(註29) 農業金融における制度金融の重要性に関しては，泉田〔8〕，加藤〔12〕参照．
(註30) 例えば，泉田〔9〕，荏開津・川村〔2〕，佐伯〔20〕参照．
(註31) 政府金融機関が二つの側面を持つことに関しては，池尾〔4〕参照．
(註32) 公庫資金の貸付方式が農協転貸である場合，基金協会保証の利用が可能であり，必ずしも担保や個人保証は徴求されない．しかし，①1件当たりの借入額が高額の経営，あるいは②農協の経済・信用事業の利用度が低い経営に関しては，農協転貸方式ではなく直貸方式で融資される傾向がある．個人保証確保の困難性については，茂野〔23〕参照．
(註33) 岩本〔7〕参照．
(註34) 中島〔17〕，望月〔16〕の研究成果による．
(註35) 例えば日暮〔3〕参照．
(註36) 本節の枠組みは小田〔19〕を踏まえた．
(註37) 頼平〔26〕を参照．

参考文献

〔1〕荏開津典生「融資効果の捉え方」農林漁業金融公庫『公庫資金の融資効果に関する調査研究』，1977．

〔2〕荏開津典生・川村　保「農業近代化資金の意義と役割」逸見謙三・加藤譲編『基本法農政の経済分析』明文書房，1985．

〔3〕日暮賢司「スーパーL資金を中心とした貸付・借入手続き」『長期金融』第81号，1999．

〔4〕池尾和人「政策金融活動の役割」岩田一正・深尾光洋編『財政投融資の経済分析』日本経済新聞社，1998．

〔5〕今村奈良臣「総合施設資金の融資効果」農林漁業金融公庫『公庫資金の融資効果に関する調査研究』，1975．

〔6〕稲本志良「農業経営発展の経営理論－経営規模・集約度論，経営成長会計から経営発展へ－」『生物資源経済研究』創刊号，1995．

〔7〕岩本康志「日本の財政投融資」『経済研究』第52巻第1号，2001．

〔8〕泉田洋一「法人経営と農林公庫の役割」『長期金融』第81号，1999．

〔9〕泉田洋一「構造政策の推進と農林公庫資金」逸見謙三・加藤　譲編『基本法農政の経済分析』明文書房，1985．

〔10〕金沢夏樹「農業経営政策の構想」農業経営学講座10『農業経営と政策』，1985．

〔11〕金沢夏樹「農業経営と構造政策」農業経営学講座10『農業経営と政策』，1985．

〔12〕加藤　譲「農林漁業金融公庫の性格と役割」加藤　譲先生退官記念出版会『農業発展と政策金融』楽游書房，1985．

〔13〕桂　明宏『平成8年度構造改善基礎調査報告書－滋賀県高月町－』近畿農政局，1997．

〔14〕桂　明宏「滋賀県東浅井郡びわ町における現地実態調査」全国農地保有合理化協会『平成13年度生産政策の展開と流動化施策の効果的推進に関する調査報告書』，2002．

〔15〕亀谷　昰『農業における投資・財政・金融の基本問題』養賢堂，2002．

〔16〕望月　徹「平成8年度第2回農協信用事業動向調査結果」『農林金融』第50巻第5号，1997．

〔17〕中島明郁「農業資金問題と金融システム」『農業経営研究』第27巻第3号，1990．

〔18〕小田滋晃「地域農業・産地の再編と経営政策」，『農業経営研究』第35巻第4号，1998．

〔19〕小田滋晃「野菜価格安定制度の計量的分析方法に関する理論的考察─京都府「野菜経営安定資金制度」の運用改善を目指して─」『生物資源経済研究』第2号，1996．

〔20〕佐伯尚美「農林公庫の金融の展開と変質」佐伯尚美編『農業金融の構造と変貌』農林統計協会，1982．

〔21〕関谷俊作「農用地管理システムについて」『平成5年度　農用地有効利用方策等に関

第5節 おわりに

する調査研究事業報告書-農地管理に関する研究論文編-』農政調査会，1994.
〔22〕関谷俊作『日本の農地制度（新版）』農政調査会,2002.
〔23〕茂野隆一「法人経営体における信用力確保とリスク負担」『長期金融』第81号，1999.
〔24〕生源寺眞一『現代農業政策の経済分析』東京大学出版会，1998.
〔25〕矢口芳生編著『資源管理型農場制農業への挑戦-圃場整備事業と農地保有合理化事業のパッケージング-』農林統計協会，1995.
〔26〕頼　平「園芸経営革新の理論的・実証的分析」『近畿大学農学部紀要』30号，1997.

第6章 農業経営支援研究の到達点と残された課題
―編者コメント―

被支援者から見た経営支援論の展開

　本書は，多くの類似書がそうであるように，農業経営支援のうち主として支援する側，すなわち支援者の立場に立って，支援の主体ごとないしは手段ごとに問題を論じているという特徴がある．支援される側，すなわち被支援者である農業経営の立場に立って，支援をどのように活用すれば経営改善に役立つかとか，その際に発生する問題は何かなどについては体系的に論じられていない．それらは各章に散在している．そこで，ここではその手がかりを得るという目的で，農業経営から見た場合，どのような被支援論が展開できるのかを考えてみたい．もちろん実践論を展開するつもりはなく，方法論の検討に留まることをお断りしておく．

　農業経営から見た被支援論を構築する第1の方法は，支援の主体ごとないしは手段ごとに分割された支援論を統合するというものである．すなわちマネジメントサイクルのうちのsee→plan過程とdo過程を一体のものとしてとらえ，経営支援を総合的に論じることである．農業経営学のテキストで支援論を展開しようとすれば，真っ先に取りあげられる方法である．実はこの方法は『農業経営の外部化とファームサービス事業体の成立・発展に関する研究』(研究代表者稲本志良，科学研究費助成金一般研究B1研究成果報告書)のなかで稲本先生がすでに発表している．本書は基本的にこの研究成果を踏まえて展開されているので，この方法はあえて論じる必要がなかったのかもしれない．なお，農業経営にとってsee→plan過程とdo過程の支援が一体化している事例として，第2章第5節の「おわりに」で紹介されたアメリカの精密農業のくだりは興味深いものがある．

　農業経営から見た被支援論の第2の方法は，経営成長を段階別に，もしくは成長パスを論じるというものである．農業経営が直面する経営課題は，生成−

発展－成熟－衰退・継承の各段階で異なっており，生成の段階では資金・農地の取得，生産技術の習得，地域社会への馴化などが大きな比重を占める．より高次の段階になるにつれて，規模拡大，新技術の導入，仕入・販売チャネルの変更，財務・税務・労務などの管理技術の革新，法人化，後継者の育成，相続，地域社会への貢献などの比重が高まってくる．経営者側から見ると，こうした自らのニーズの変化を踏まえて，定期的な経営診断（カウンセリング＋コンサルテーション）を受け，その時々の課題の解決方法とステップアップへの誘因が与えられることが望ましい．そのためには支援者の専門性が高く，かつ相当の期間にわたって担当者の変更のないことが不可欠である（ホームカウンセラーないしホームコンサルタントの存在）．

農業経営から見た被支援論の第3の方法は，事業領域の拡大について論じるというものである．事業領域拡大の事例としては，すでに体験・観光，加工，直販，レストラン・民宿など地域内発型アグリビジネスへの進出は一般化しており，最近では肥飼料，種子，種苗など資材関係の企画販売部門への進出やそれに関連するパテントの取得，食品残渣など有機性廃棄物の再資源化，海外での委託生産などの事例も増えている．こうした意図をもった経営者は，通常，マスメディア・チャネルから基礎的な情報を収集し，ついで個人間チャネル（対面的交換）から専門的な情報を収集しようとする．問題は，許認可申請にかかる問題も含めて，個人間チャネルのアクセスビリティーをいかに高めるかということにあり，そのためのアドバイザーを身近に確保しておくことが必要である．その場合，最も優れたアドバイザーは同じ志向をもった先人たちということになる．

農業経営から見た被支援論の第4の方法は，経営者の主体的能力の向上について論じるというものである．これに関しては，誰かから支援が与えられるというよりは，自らがすすんで求めなければ得られるものは少ないという基本的前提がある（要件としての自助努力）．その第一はフォーマルなものであって，具体的には研修・講習会への参加がそれにあたる．ビジネススクールへの入学もこれに含まれるであろう．その第二はインフォーマルなものであって，常日頃からマスメディア・チャネル，個人間チャネルを使って関連情報を収集し，オピニオンリーダーとの接触を多くし，社会的参加の度合いを高め，時間的にも空間的にも大きな視野をもつことが必要とされる．一般に，経営改善は，経営

理念・目的の明確化からはじまって，経営戦略の樹立，経営戦術の実現に至るまでの3段階からなるとされるが，このうち優れた経営者に不可欠な条件とされるイノベーター能力が大きな影響を与えるのは，経営理念・目的（経営者の生き方や経営の存在意義）の明確化と経営戦略（長期計画）の樹立に対してである．経営者のイノベーター能力は，これまでの研究で創造的先駆者たる性質にあることが明らかにされている（東畑精一『日本農業の展開過程』）．この創造的先駆者とは，シュンペーターの革新者の意味と，与件変動に対して最も早く最も巧みに適応するといった先駆者の意味を合体させたものであり，それはつまるところ「技術と社会の変化の方向をメガトレンドとしていち早くキャッチし，その先見性にもとづいて市場・製品戦略の変更とそれを確実に実行するための経営システム（経営資源の蓄積と管理）の変更を絶えず加えていくことのできる人」と要約できる．現在のメガトレンドで言えば，技術と社会の変化の方向は環境保全，資源節約，食品の安全性にあると考えられるから，こうした社会が到来するかどうかを見極めるのではなく，自らがこうした社会をつくるのだという変革主体，すなわちホロン（個であると同時に全体としての性格を併せもつ主体）に成長していくことが必要である．このホロンは，ホロンたる性格上，外に向けられたコミュニケーションネットワークをもっているから，そこで知己となった外界のホロン（市民や企業）と共鳴しあうことによって，より大きなビジネスチャンスをつかむことができる．この関係は，自らと外界のホロンが支援しあう関係，すなわち相互支援であると言ってよい．

　以上の検討から明らかになったことを要約すれば，以下のとおりである．

　その第1は，言うまでもないことであるが，経営支援というのは，その性質上，研修・講習会をのぞいて，個々の農業経営を対象になされるものである．このため，支援には手間がかかり，その成果についても短期的にはとらえにくく，かつ農業経営ごとに千差万様である．

　その第2は，被支援者（農業経営者）側の多様なニーズに対して，支援者側の許容性は高くなくてはならないという条件が指摘できる．これは，支援者側から見れば，支援が自己目的化してはならないことを言い表している．

　その第3は，支援者として位置づけられる行政や普及センター，農業委員会，農協などは，農業経営者側から見れば唯一無二であって，選択の余地がない．これら機関からの支援は，被支援者のそれまでの経験に照らして，受けるか受

けないかの二者択一になりがちである．このことから，支援者は支援が被支援者との相互信頼の上に成立することを自覚する必要がある．

その第4は，以上に関連した現象であるが，行政や普及センター，農業委員会，農協などでは，農業者を管理する業務（管理システム）と支援する業務（支援システム）が人的，意識的に未分離な場合が多い．このため，管理システムに対する支援システムの独立性の確保は，経営支援を行う上で必須の条件となる．

その第5は，カウンセリング，アドバイスを経てコンサルテーションに至る，という支援プロセスを確立するためには，前者にあっては技術と経営の総合的支援が，後者にあっては細分化された専門的支援が必要であり，またその両者のリンケージもシステム化されていなければならない．

その第6は，農業経営者に対して効果的かつ効率的な支援が行われるためには，経営者側における「自助」と「自己責任」の意識の醸成が不可欠である．一般に，これらの意識は選択の自由が与えられてはじめて醸成されるものであり，またこれらの意識の高揚を図るには，内なる世界に目を向けるのではなく，外なる世界に目を向けさせるような外部からの刺激が必要である．

その第7は，経営者に対する支援という意味では，フォーマルな支援と同様にインフォーマルな支援，すなわち相互支援の重要性を指摘しなければならない．とくに，身近な人々とのあいだで交わす相互行為よりも，身近ではない人々とのあいだで交わす相互行為の重要性が指摘できるであろう．

最後に，その第8は，実践論との関係で言えば，ビジネススクールで行われるケースメソッドの手法が導入できるような研究体制と研究蓄積が必要である．それは，農業経営研究と普及研究に対して，従来以上に幅広く奥深い研究成果を要求するものである．経営支援は，つまるところ農業経営研究と普及研究の成果の上に立脚するものだからである．

（石田正昭）

「支援」の「誰が何をなぜどれだけ誰に」について考える

1. はじめに

「国家による企業つぶし」が現政権の重要課題としてかかげられて，かかげられているだけでなく現実に不良債権処理の名のもとに「貸しはがし」なるものが強行され，中小企業の倒産の新記録を年々更新し続けているというようなわが国の経済情勢のなかにあって，改めて農業経営支援研究をテーマとして取り上げたという稲本教授を恩師と仰ぐこの若手研究者集団の「意気込みや良し」というのが私の率直な感慨である．

以下では，本書の素原稿を走り読みさせていただいて触発された問題意識にそって，「支援」の，誰が（支援主体とは何か，2項），何を（支援の対象となる用役は何か，3項），なぜ（成立の理論は何か，4項），どれだけ（評価基準は何か，5項），誰に（支援を形成する主体は何か，6項）等々の点についてコメントさせていただきたい．

それに先だって，言及しておきたい一点はやはり「支援」とは何かである．第1章では，用役一般（本書では「働きかけ」）と「支援」とを峻別することの重要性が強調されているが，支援の「支え助けること」という一般的な意味からして，「支援」はやはり利潤動機でない何かが付加されている用役ということになるであろう．つまり，「市場の取引」一般として扱えない用役（社会に役立つ働き）であるのかそうでないのかが用役一般から「支援」を区分可能にする唯一の基準なのではないか．そしてそこで問題になるのが市場の成熟度であり，市場との距離なのではないか．

ふれておきたい第二の点は，市場と個別の経営との関係についてである．政治学では「国家と個人」の関係ということになるが，それを経済学のレベルに下ろして論じるということであればそれは市場と個別の経営との関係ということになるであろう．国家と個人がじかに向き合うという形では，個人は相手にもされないあまりにも弱き存在であるほかはない．であるからこそ家庭，学校，会社，地方自治体，政党等々の中間集団が必要であったわけであるし，それがつぎつぎに，まさに政党までが崩壊していくという現代社会の危機に対す

る警鐘乱打もまたきわめて切実なものである．経済学のレベルに戻して言えば，さまざまな中間組織をおいて抵抗を和らげ，個別の農業経営と市場が対等にもの言える関係に近づける必要がある．つまり，ここに資本主義経済における「支援」の「理念」の根源があるのではないか，という点である．

2．誰が（支援主体，外部主体とは何か）

支援主体について第1章は，第三者，外部主体というおさえ方をしている．そこで問題になるのが外部主体における外部性についての認識である．分析・検討を進めるためには仮説が必要であるから，ここでは仮に支援主体を以下のように分類しておきたい（支援主体の違いに基づく「支援」の分類）

① 未成熟な市場構成者による「支援」
② 共同，協同（の組織）による「支援」
③ 第三者による無償・有償行為としての「支援」（個人・組織）
　　第三者との連帯・連携活動から純粋なボランタリー活動まで
④ 政府による「支援」（直接的・間接的，地方政府・外国政府を含む）

①においては，親類縁者，近隣縁者，知人友人等々が支援主体の主役として活動する．②においては，共同の組織，協同組合が支援主体の主役として活動する．③では，一応完全な第三者の個人・組織による連帯・連携活動，純粋なボランタリー活動を想定している．ここには，広くある種の生産を成り立たせるためのカンパ活動を含めることも可能である．④については説明を加えるまでもないであろうが，「支援」の手法は多様ではあるが，これについてはとりあえずは行政学の政策手法の分類に基づく整理が有効であろう．

ここで重要なのは，②の共同・協同（の組織），③の連帯・連携，④の政府というものと個別の農業経営との関係についての認識である．つまり，自らがかかわって形成し，自らも動かしている共同・協同，連帯・連携，政府等々のものの外部性についてどこでどのように線を引くのか．現代社会の危機としての中間集団の崩壊が言われ，セフティーネットの形成が声高に言われ，そこへの主体的参画，新たな中間組織の形成が言われているときに，これらのものをただ外部主体とするだけですませる，というのではあまりにも芸がなさすぎはしないか．

3．何を（「支援」の対象となる用役は何か）

用役（本書では「働きかけ」）とは，社会のために役立つ働きのことであり，

個別の農業経営に即して考えてみても「支援」の対象となる用役は経営過程のすべてに及ぶであろう．したがって重要なのは，具体例に基づいてそれぞれ「誰が何をなぜどれだけ誰に」の分析を加え，その分析・考察に基づいてそこから法則性を発見するという方法論が有効であろう．分析の対象とすべき用役としては以下のものを仮説的にリストアップしておきたい．

①生産・販売の部分作業のサービス提供，②機械・機具・機器のリース・レンタル，③新技術・新品種の開発・提供，④栽培指導・販売指導，⑤有利販売への誘導，⑥アドバイスの提供，⑦技術の修得・経営術の修得にかかわる教育・訓練，⑧追加的な資金の充当（土地改良資金などを含む），⑨情報の提供，⑩技術の修得・経営術の修得にかかわる教育・訓練，⑪価格安定対策，⑫大資本に対する規制（土地，市場，金融），⑬戦後における農協制度の制定そのもの，⑭国境措置

これらの「何を」と前項の「誰が」の組み合せマトリックスに基づく実態についての整理とその整理結果に基づく，あるいはまた，作物構成，規模構造との関係分析に基づくそれぞれについての「誰が何をなぜどれだけ誰に」の分析を加え，その分析・考察に基づいてそこから法則性を発見するという方法論が有効であろう．

4．なぜ（成立の理論は何か）

資本主義経済の原理である「市場に任せる」に対して，優勝劣敗の市場の原理の貫徹を緩和する措置，そこに「支援」の理念の根源があるのではないか．そして，その根源を背景に下から形成される「支援」と，国家レベルから下りてくる「支援」とがあるとみるべきであろう．たとえば，2002（平成14）年11月に提出された「水田農業政策・米政策再構築の基本方向」にしても，つづいて12月に決定された米政策改革大綱にしても，そこにあるのはまさに「市場に任せる」という資本主義経済の原理のみであり，それ以外の独自の哲学は何もないというのが実体である．国家がそうであるならば，あとは自己防衛のための相互支援に向けて地域（地方自治体，農協等々）がどう動くか，地域の共同組織がどう動くか，地域の連帯・連携がどう動くか，個別の農業経営者がどう動くかしかないのではないか．冒頭に述べたような，「国家による企業つぶし」が横行するような今日の状況においては，改めて下から形成する「支援」についての検討が強く望まれるであろう．この点に関して言えば，第2章第2節「「支援」

研究の動向」が，社会システム論の分野における新しい研究動向を紹介していて興味深い．

5．どれだけ（評価基準は何か）

用役一般のなかに「支援」の介在を確認し，その大きさを計測することははたして可能であろうか．これを可能にするかしないかは，われわれが「支援」を評価する具体的な評価基準をもつかもたないかにかかっている．「支援」の介在する用役ごとにその「支援」の大きさの絶対量を把握すること，そしてその大きさを規定する法則性を発見すること，同時にその相対的な大きさを把握することがここでの重要な課題である．それもこれも，具体的な評価基準をもつかもたないかにかかっているが，とりあえずここで直感的に提案できるのは，市場の成熟度という基準と，共同効果という基準である．

6．誰に（「支援」を形成する主体は何か）

ここでテーマを「支援」を受ける主体とせずに，あえて「支援」を形成する主体は何かとしたのは，4項の下から形成する「支援」の提起を受けてのことである．そしてこのことについて煎じ詰めて考えていくと，結局は，自立した個人の形成というものがあって，自立した個人の新しい関係，自立した個人の集団，新しい社会集団の形成があって，政党についても無党派という形で分散したままではよくない，これをどうするかというところにまで問題は広がっていくのであろう．

国家による「支援」といってもそれは大きく言えば，税金と国有財産の再配分の問題なのであろう．したがってそれは，与えられるものではなく，たたかいを通じて勝ち獲るものでもあろう．再配分ということは，税金と国有財産を，国民が「こういう国に住みたい」と思う国づくりのために使っていくということのはずである．しからば，21世紀前期における日本社会の当面するシリアス・プロブレムとそのための解決課題と展望は何かということになるが，これについてもさまざまな考えがあるにしても，それを国民の大多数の納得のいくものにしていかなければならないであろう．しかしながらたとえば，21世紀前期におけるわが国のシリアス・プロブレムが，①経済ゼロ成長社会，②高齢化・少子化社会（世界一の長寿国），③地球環境の悪化，④食料問題等々といったものであり，したがってその解決課題として眼前にあるものが，①雇用の確保，②高齢傷病者を出さない社会，③地球環境の保全，④食料の安全保障等々

の事案であることについての合意を獲ることがそれほど困難な課題であるようには思えない．21世紀前期における日本社会の当面するシリアス・プロブレムとそのための解決課題と展望という広い視界のなかで，国民とともに日本における農業のあり方を考えていく，そしてそのめざすべき方向のなかに位置づく「支援」について思いをめぐらせなければならないであろう．経営の自己責任がやたらに強調される昨今ではあるが，私はあえて，その先にある「たたかう経営」こそをと言いたい．自立した個人の集団，新しい社会集団の形成を背景にして，主体的にセフティーネットを形成していくという方向に位置づく「支援」の形成こそを展望したい．

(小池恒男)

対称性回復の知としての「支援」

　本書は，従来の研究において，ほとんど断片的・具体的な事例紹介集の域を出なかった各種農業サービスの展開に対して，一定の研究枠組みをもって，はじめて全体像を究明するとともに，今後の検討課題を提示したものである．この意味でこれは先駆的研究といえる．

　編者自ら先駆的研究と本書を評価しながら，しかも自分の力量不足を省みず，この分野の一層研究発展への支えになればと思い，以下，私なりの「編集後記」を述べてみたい．

　まず，次の問いを発してみたい．実はこの本の主題である農業経営支援研究の展開方向に密接に関連すると思うからである．すなわち，不確定な生産現場のもとで，日夜努力している農業の担い手の活動に対して，農業経営学はどんな思想を出発点として接近してきたのか，と．「自立した強い担い手」から出発するか，それとも「担い手を制約している社会」から出発するのか．戦前戦後，ときの政治・経済・社会の事情や知的状況を反映して，農業経営学は両者の間を大きく揺れ動いてきたと考えられる．

　「自立した強い担い手」から出発しているものとして，横井時敬の「家族労作経営」の概念付け，東畑精一におけるシュンペーターの経済主体論の応用した「企業者」概念，岩片磯雄の与件変革する「個別経営の合理化」概念，近年では新古典派経済学を基礎に置いた「合理的経済人」の仮定，をあげることができる．一方「担い手を制約している社会」から出発しているものとして，近藤康

男における「社会の所有構造」の着目と農業経営の存在否定，高橋正郎において担い手の機能喪失にかわるものとして「中間組織」概念の提起をあげることができよう．

振り子のように二つの思想の間を揺れる状況を統合すべく提示されたのが磯辺秀俊・金沢夏樹の構造論的農業経営学における「個別経済」概念である．では，「個別経済」とは何か．一つに独立した個であると同時に社会構成単位としての個であり，二つに主体的な意思経済体であり，三つに歴史的性格を持つ個，である．幾つもの要因が複雑に絡み合う意思経済体に筋を通して運営していく担い手には「自立した強い担い手」としての大きな負荷がさらにかかるはずである．本書の各章を通じて，被支援者である個別農業経営は，上記の出発点としての思想に照らして，どのように扱われているか，今一度読みかえしてみた．各執筆者の個性を割り引いても，その揺れる状況が次の3点を通して，私には浮かんできた．

第1に，支援行為が成立するためには，被支援者たる個別経営は，「自己の経営にとって何が問題なのか，何を援助してもらいたいのか，についての明確な意思表示」が不可欠かどうかの点である．つまり，自己の経営の現在・未来の利害関心に照らして，ある選択肢を他の選択肢より選好し，それを実現したいという明確な意図をもち，しかも他者に援助願う意思表示を自発的に行うことが不可欠の前提になっているかどうか，にほかならない．もしも不可欠とすれば，研究の起点に「自立した強い担い手」を仮定しているといえる．反対にそれを捨象ないし軽視しているとすれば，そこに「担い手を制約している社会」を想定しているといえよう．前者には，第2章，第3章および第5章が位置し，後者には第4章が該当する．

第2に，支援行為が成立するためには，支援者と被支援者の間に支援資源（現物，現金の給付，専門知識）の分配において，非対称関係が前提になるかどうかの点である．第1章の「アドバイスという「働きかけ」」，と第2章の「カウンセリング・コンサルテーション」は支援者優位の非対称性が前提になっている．しかし，第3章の契約関係としての農業サービスにおいては，支援者と被支援者の関係は契約主体関係に転化しており，「自立した強い担い手」は契約相手と堂々渉り合うのである．両者おいて特に交渉能力に格差があるとは指摘されていない．

第3に，支援行為の評価にかかわって，確固たる評価視点が必ずしも定まっておらず，列挙型になっていることである．一つに，個別農業経営からの視点として客観的評価と主観的評価，二つに，外部主体からの視点としても客観的評価と主観的評価，三つに，地域社会・地域農業あるいは国という視点，最後に四つに，歴史的な考慮を踏まえた視点をあげている．これら四つの評価は全て一致するのは珍しく，対立・矛盾するのがほとんどであろう．そのときそれをどう克服するのか．これは，他でもなく「支援とは何か」の根本にかかわっているのである．

　揺れている状況を少しでも安定化するためには，「いまなぜ支援なのか」を，わが国の農業・農村の歴史的変容とむすびつけて冷静に考えてみることが必要であるとおもう．その変容はこうだ．

　都市と農村の社会的連帯が奪われつつある．東北の県境山間地帯が産業廃棄物の巨大な捨て場になっている事態をマスコミが報じている．農地が縮小し，耕作放棄地が急増する一方で，今後10年足らずで農業労働力の二分の一が65歳以上となるという農業就業人口の高齢化は各地の農村，漁村，山村における経済不振と過疎化を加速させている．都市からもたらされた産業廃棄物の捨て場は破壊された山間地帯の最終的身売り現象といっても過言ではなかろう．

　人間と自然との循環関係も寸断されつつある．大量の穀物輸入・増産と長距離輸送のなかで，輸出国では土壌侵食や水資源の収奪，輸入国であるわが国では，大量生産・大量廃棄の結果として河川湖沼の環境汚染，さらには安全であるべき食品が細菌（O157）汚染事件や恐るべき牛海綿状脳症（BSE）の発生によってその安全性が脅かされている．

　都市・人間は他者の都合や思い等お構いなしに，いつでも好きなとき山間地帯・生き物を「モノ」として利用できる考えにさほど疑念をはさまない．こうした他者への感受性と理解の欠如は世の中に非対称な状況を生み出していく．そして自分の成功は他者の失敗によるという競争思想の浸透はグローバリゼーションの勢いが地球全体を覆うにつれて，社会的な強者と弱者の非対称性をしだいに際立たせていく．では，かかる社会的な弱者をどのような思想と政策のもとで救済し，いかにして対称性の回復を模索すべきなのか．

　農業・農村と環境・安全をめぐる社会的連帯および循環関係の喪失が顕在化してきて，農業の担い手への「支援」が，歴史的意味を持って多く登場してきてい

るとおもう．とすれば，被支援者を「自立が危うく弱い担い手」の仮定から出発し，「支援」を対称社会構築の一環として考えるべきことが示唆されているのではなかろうか．支援研究はその対称知性を基盤におくのである．

(佐々木市夫)

農業政策分析の枠組みの農業経営支援分析への利用

1. 10年ほど前稲本氏などと，私が企画，資金調達，実行，成果出版したアメリカ稲作農業・農業政策の研究でアメリカ稲作地帯・経営を調査した．この調査からの帰国直後，ある調査対象農家から私のところへ手紙が来て，テキサスの80haほどの稲作農場を買わないかと尋ねてきた．私はこの調査から，アメリカの稲作農業経営が，耕起・均平化，種まきや収穫など諸作業，稲の肥料要求量や土壌の検査，販売・ヘッジング，財務や税務等稲作経営の全ての分野で経営支援が深く広く進んでおり，電話で経営ができるほどであると知っていたので，一時日本から電話による稲作経営しようかとまで考えた．実際はやらなかったが，私がそう考えるほどアメリカの稲作経営者は経営支援を多く利用していた．

本書は，過去20年ほどの間日本でも進展してきた経営支援を経営学的に分析したものである．私は過去10年ほどの期間稲本氏の同僚として，農政学と途上諸国の農業，農村，農家経済，持続的農業発展，農政・貿易に関して研究を進めてきた．私の専門は農業経営学とは異るが，本書について考えるところを述べさせていただきたい．

2. 本書は経営理論，経済理論，各種経営，地域農業組織，農政・制度の視角から経営支援の展開と問題点，経営支援に関する研究の展開と課題を整理したものであり，私にとっては非常に勉強になり，また農業経営学の研究発展にとって時宜を得たものである．各章で経営支援に関する諸制度，諸事例とその展開理由に関する詳しい説明があり，経営支援研究はまだ新しい研究分野であるそうだから，農業経営学研究の発展におおいに貢献すると考える．

3. 本書を草稿段階から3回ほど読ませていただいた．全体として感じることは，各章経営支援に関する諸制度，諸事例とその展開理由に関する詳しい説明があり，私のような門外漢にとっては非常に勉強になる．しかし各章及び全体を通じてそれら事例と説明を統合する，統一された諸概念とそれらの結びつ

きの枠組み，ないし抽象理論モデルがはっきりしないということを感じる．多分そのためだと思うが，経営支援とはなにでその役割と課題及び問題点を各章及び全体を通じて掴もうとしても，厳密に明らかにならない歯がゆさがあった．本書の基本概念である経営支援も各章微妙に，時として非常に違う．

4. 農業政策学は目的と手段の整合性の分析をその主内容としており，plan/do/see を研究する農業経営学とは同類の normative economics である．農業・経営支援は農業政策の一分野と考えることができる．「農業政策分析」では政策諸手段と政策諸目的との整合性とある一つの政策目的達成のための最適手段とその実行水準を非市場的支出も含めたコストと外部効果も含んだ成果の比較により経済学的・計量経済学的に明らかにする．本書では，可能ならこの政策分析の方法に従って，各章で，経営支援手段と支援目的に関しての整合性と最適支援手段の実行水準を非市場的支出も含めたコストと外部効果も含んだ成果の比較により明らかにする，「経営支援分析」の研究成果を示すべきではなかったかと考える．各章を読んでみて，経営支援の実際やそれに関する制度の記述と経営支援研究の課題が分類学的に示されている．支援の実際と制度の記述はそれなりに必要だがそれは研究の導入部で，本書が追求すべきは経営支援分析ではないのか．この分析に基づいてのみ将来の研究課題もより明晰になると考える．経営支援研究がまだ若い学問だから分類学的になるというのではなくて，そうだからこそ分析的研究が必要なのではないだろうか．

5. 多くの章で，経営支援とは何かが議論されている．① 経営成果に貢献することが経営支援である．経営主催権に過剰介入したり経営成果に貢献しないと支援でなくなる．その場合支援しない方がよい．② 支援主体と経営の契約が支援である．③ 地域農業組織では，それに関わる諸主体の利益を協調的に最大化する「ボランタリー支援」が必要である．④ 公的支援と私的支援．⑤ 制度・政策支援．⑥ 経営意志決定支援．

経営支援は確かに複雑である．しかし複雑だからといって支援の概念を統一しないと，各章と本書全体が示そうとするところが不明確になる．① は神学論争的である．多分支援という言葉を使ったのがこの混乱の一つの原因だろう．稲本氏が彼編の本で使用したファーム・サービスという言葉を使えばよりすっきりしたかもしれない．支援という言葉にこだわれば外部性があるため公的機関や集落のリーダーなどが財政支出に支えられたり利他的・名誉的動機で行う

経営支援だけを研究対象にすることとなる．しかし実態は市場価格での支援も非常に多く，それらも経営を支えているのではないか．故に支援には公的支援と私的支援両方を含めるべきではないか．またこのような支援が成功するかどうかは，論理的に見て支援の概念に含めるべきでなく，すぐ後で述べるようにむしろ分析対象にすべきではないか．

　経営支援は地域農業組織の場合にどう考えたらよいのであろうか．経営支援と地域農業組織との関係を扱った章ではボランタリー支援が議論されている．この場合，支援主体がはっきりと書いてないが，このような支援は外部性が強く関係しており，公的主体の支援とか集落リーダーの利他的・名誉志向的支援が必要となるのだろう．これが「ボランタリー」という用語が使われた理由かと私は考える．ここではボランタリー支援とその他多くの支援との関係も考察する必要があろう．

　本項で述べた問題は，4. で述べた経営支援分析の接近方法で各章が書かれれば起こらなかったであろう．この場合，支援が成功するかどうかは支援の概念に含めず，むしろ経営支援分析の研究対象とすることになる．言い直せば成功するかどうかは支援の目的であり，経営支援分析では支援諸手段とこの諸目的の整合性とこれらの最適結合を非市場的支出も含めたコストと外部効果も含んだ成果の比較により経営学的・経済学的に研究するのである．地域農業組織のボランタリー支援の場合は支援主体を明確にし，支援手段も明確にし，困難であろうが支援諸成果も明らかにして，手段と成果の最適結合の経済分析が必要であろう．上で示した⑤と⑥の支援やその他本書で取り上げられている諸支援も経営支援分析のアプローチで分析すればよいのではないか．ここで経営支援を定義すれば，経営外部からの支援諸手段と支援が対象とする経営の諸目的との関係体系ということになる．

　6. 諸章の概念・方法・論旨と各章内の諸節の概念・方法・論旨の統合が必ずしもうまくいっていないと感じた．各章内の不統合は各章内の各節が異なった著者によって書かれたことが原因であろう．

　7. 農業経営支援はその最近の急速な発展が示すように，多分日本の農業経営・農業の発展に大きな役割を果たしてきたのであろう．この役割の研究を私は本書で，上で述べた経営支援分析の方法でもっと明らかにしてもらいたかったと考える．本書はこの役割に関して全体として，有りとの判断を下している

ように見え，経営支援研究の将来の課題も上で述べた諸側面から示してる．しかし，支援の概念，理論枠組みや方法論が必ずしも統一されておらず，厳密な意味で，日本の農業経営や地域農業組織の発展に対してどのような支援主体・支援手段がどのような役割をどのように果たしたかとか，農業経営や地域農業組織の発展の特定の目的に対して最適の支援主体・支援手段とその支援程度はどうか等は十分には明らかにされていない．これが本書が残した課題である．

参考文献

[1] 辻井 博，酒井貞明「協同製茶工場の投資計画及び経営分析の理論と応用－茶作農家組合員との経済関係を考えて－」『農業経済研究』1993年，181〜18．
[2] 辻井 博「都府県における水田賃貸借の制度的・経済的規定要因」『農家・農村社会の変貌と農地問題（1）』農業の基本問題に関する調査研究報告書18，農政調査委員会，1992年3月，36〜54頁．
[3] 辻井 博「北海道における稲作農家の水田売買（有償所有権移転）行動の計量経済学的分析」『農家・農村社会の変貌と農地問題（2）』農業の基本問題に関する調査研究報告書19，農政調査委員会，1993年3月，28〜43頁．
[4] 辻井 博，「稲作の不確実性と農業保険理論」『農業計算学研究』第23号，1986年．
[5] Hiroshi Tsujii, "An Economic Analysis of Rice Insurance in Japan," in P. Hazell, C. Pomareda and A. Valdes, eds., *Crop Insurance for Agricultural Development, Issues and Experience*, Johns Hopins University Press, pp. 143-155, 1986.
[6] 辻井 博「タイ国ライス・プレミアム政策の諸影響の経済分析」『アジア研究』第24巻3号．
[7] Hiroshi Tsujii, "Food Shortage in the 21 st Century and Its Implications for Agricultural Research", Chapter 1 in K. Watanabe and A. Komamine, eds., *Challenge of Plant and Agricultural Sciences to the Crisis of Biosphere on the Earth in the 21st Century*, George Town, Texsas: Landes Bioscience and Austin, Texsas : Eurekh. Com., pp. 5-28, 2000

（辻井　博）

あとがき

　京都大学大学院農学研究科教授稲本志良先生が平成15年3月末日をもってご退官されるのを記念し，門下生を中心にして本書が最初に企画されたのが平成13年10月28日である．ここでは，「従来型」の記念出版（記念事業会として出版基金を募り，基本的に執筆者がそれぞれ各章を責任分担する等の方式）ではなく，編著者および執筆者が協力し一丸となって統一課題に接近し，研究会費や研究会に伴う旅費，出版費全てを執筆者全員で均等に負担し合い，完成した書籍は商業ベースで販売するという基本路線が確認された．

　その後，編集と第6章の執筆を担当していただくことになった4名の編著者と15名の執筆者を最終的に確定し，第1回合同研究会を平成14年1月26・27日に開催した．この研究会では本書の課題や編集方針が編集を担当していただいた編著者のアドバイスを考慮しつつ議論され決定された．その際，技術的には各章ごとに主要担当メンバーによるサブ研究グループを構成し，執筆に当たることとなった．また，各章のまとめ役による小合同研究会も持たれることとなった．このようなサブ研究グループによる討論や小合同研究会の結果は，絶えずメーリング・リストにより編著者，執筆者全員に公開され，また，メーリング・リスト上で頻繁に討論も行なった．はしがきにも触れられたように本書が編著者および執筆者の共同作品であるというのは以上のような執筆，編集を行なったことによるものである．合同研究会は，その後9月6・7日と12月1日に持たれ，平成15年1月6日に入稿となった．

　この間，編集を担当していただいた4名の編著者からは貴重なご助言・ご援助を賜り，この出版事業のために長期間にわたり多大なご協力を賜った．また，本書の刊行に当たっては（株）養賢堂の及川　清社長に大変お世話になり，様々なご助言を賜った．さらに，京都大学大学院農学研究科生物資源経済学専攻経営情報会計学分野の院生・研究生の諸君には当出版事務局が担当する様々な編集雑務を快く手伝っていただいた．以上，執筆者を代表し，ここに記して深く謝意を表す次第である．

稲本志良教授定年退官記念出版・執筆者代表

JCLS	〈㈱日本著作出版権管理システム委託出版物〉
2003	2003年5月17日 第1版発行

農業経営支援の課題と展望

著者との申し合せにより検印省略

© 著作権所有

本体 4000 円

著作代表者	佐々木 市夫
発 行 者	株式会社 養賢堂 代表者 及川 清
印 刷 者	株式会社 真興社 責任者 福田真太郎

発 行 所　〒113-0033 東京都文京区本郷5丁目30番15号
株式会社 養賢堂
TEL 東京(03)3814-0911　振替00120
FAX 東京(03)3812-2615　7-25700
URL http://www.yokendo.com／

ISBN4-8425-0349-1　C3061

PRINTED IN JAPAN　　製本所　板倉製本印刷株式会社

本書の無断複写は、著作権法上での例外を除き、禁じられています。本書は、㈱日本著作出版権管理システム (JCLS) への委託出版物です。本書を複写される場合は、そのつど㈱日本著作出版権管理システム（電話03-3817-5670、FAX03-3815-8199）の許諾を得てください。